高等院校科学教育专业系列教材

总主编　林长春　蒋永贵　黄　晓

科学实验教学研究

主　编　张红卫　郑　敏　黄　桦
副主编　毛海荣　马永双　宋金榜
编　委（按编写内容顺序排列）：
周颖怡　曹书梅　马一兵　艾振宙
廖　峻　王　鑫　樊　敏　庞谦竺
廖海艳　习　文　周小燕

西南大学出版社
国家一级出版社　全国百佳图书出版单位

图书在版编目(CIP)数据

科学实验教学研究 / 张红卫, 郑敏, 黄桦主编. --
重庆 : 西南大学出版社, 2023.11
ISBN 978-7-5697-2071-6

Ⅰ. ①科… Ⅱ. ①张… ②郑… ③黄… Ⅲ. ①科学实验 - 教学研究 - 师范大学 - 教材 Ⅳ. ①N33

中国国家版本馆CIP数据核字(2023)第230612号

科学实验教学研究

KEXUE SHIYAN JIAOXUE YANJIU

张红卫　郑　敏　黄　桦　主编

总 策 划: 杨　毅　杨景罡　曾　文
执行策划: 翟腾飞　尹清强
责任编辑: 翟腾飞
责任校对: 杨景罡
装帧设计: 起源
排　　版: 陈智慧
出版发行: 西南大学出版社
　　　　　地址:重庆市北碚区天生路2号
　　　　　邮编:400715　市场营销部电话:023-68868624
印　　刷: 重庆市涪陵区夏氏印务有限公司
成品尺寸: 185 mm×260 mm
印　　张: 21.25
字　　数: 504千字
版　　次: 2023年11月 第1版
印　　次: 2023年11月 第1次印刷
书　　号: ISBN 978-7-5697-2071-6

定　　价: 68.00元

编委会

序

科技是国家强盛之基。根据国家战略部署，我国要推进科技自立自强，到二〇三五年，科技自立自强能力显著提升，科技实力大幅跃升，建成科技强国。党的二十大报告明确提出“教育、科技、人才是全面建设社会主义现代化国家的基础性、战略性支撑”。习近平总书记指出：“要在教育‘双减’中做好科学教育加法，激发青少年好奇心、想象力、探求欲，培育具备科学家潜质、愿意献身科学研究事业的青少年群体。”

世界科技强国都十分重视中小学科学教育。我国自2017年以来，从小学一年级开始全面开设科学课，把培养学生的科学素养纳入科学课程目标。这标志着我国小学科学教育事业步入了新的发展阶段。

高素质科学教师是高质量中小学科学教育开展的中坚力量。为建设高质量科学教育、发挥科学教育的育人功能，需要培养和发展一大批高素质的专业科学教师。2022年教育部办公厅印发的《关于加强小学科学教师培养的通知》提出“从源头上加强本科及以上层次高素质专业化小学科学教师供给，提高科学教育水平，夯实创新人才培养基础”。围绕这一建设目标，进行高质量科学教师培养具有重要的现实意义。而培养高素质的科学教师，需要高质量的教材作为依托。

为此，西南大学出版社响应国家号召，以培养高素质中小学科学教师为目标，组织国内相关领域专家精心编写了这套“高等院校科学教育专业系列教材”。这套教材内容紧密对接科学前沿与社会发展需求，紧跟科技发展趋势，及时更新知识体系，反映学科专业新成果、新思想、新方法。同时，这套教材充分考虑教学实践环节的设计，通过实验指导、案例分析、项目研讨等形式，使学生在“做中学”，在实践中深化理论认识，提升科研技能。另外，这套教材秉持科学精神内核，将严谨的科研方法、科学发展的历史脉络、科学家的创新故事等融入各章节之中，培养学生的专业知识与技能、科学实践能力、科学观念、科学思维、科学方法、科学态度等。

该套教材走在了时代前沿，以培养高素质科学教育师资为宗旨，融思想性、科学性、时代性、创新性、系统性、可读性为一体，可供高等院校科学教育专业、小学教育（科学方向）的大学生学习使用，也可以作为在职科学教师系统提升专业素养的继续教育教材和参考读物。

我相信，通过对这套教材的系统学习，大学生和科学教师们将能够领略到科学的魅力，感受到科学的力量，成为具备科学素养和创新精神的新时代高素质中小学科学教师，为加强我国中小学科学教育，推进我国科技强国建设做出应有的贡献。

周忠和

中国科学院院士，中国科学院古脊椎动物与古人类研究所研究员

编者的话

进入21世纪，我国于2001年开启了第八次基础教育课程改革。本次课程改革的亮点之一是在小学和初中首次开设综合性课程——科学。科学课程涉及物质科学、生命科学、地球与宇宙科学等自然科学领域，这给承担科学课程教学任务的教师提出了严峻的挑战。谁来教科学课？这对以培养中小学教师为己任的高等师范院校提出了新的时代要求，同时也为其创造了发展机遇。时代呼唤高校设置科学教育专业以培养专业化的高素质综合科学师资。在这一时代背景下，重庆师范大学在全国率先申报科学教育本科专业，并于2001年获得教育部批准，2002年正式招生。此后，全国先后有不少高等院校设置了科学教育专业。截至2024年4月，教育部批准设置科学教育本科专业的高等院校达到99所，覆盖全国31个省(区、市)。20余年来，高校对科学教育专业人才培养进行了不少的探索与实践，为基础教育科学课程改革培养了大批高素质专业化的师资队伍，为推进科学课程的有效实施作出了应有的贡献。但长期以来，科学教育专业人才培养存在一个非常大的困境，就是科学教育专业使用的教材均为物理、化学、生物、地理等专业本科课程教材，缺乏完整系统的科学教育专业教材，导致科学教育专业人才培养的教材缺乏针对性、实用性。

教材是课程实施的重要载体，是高等院校专业建设最基本和最重要的资源之一。2022年1月16日，由重庆师范大学科技教育与传播研究中心主办、西南大学出版社承办的“新文科背景下融合STEM教育理念的科学教育专业课程体系及教材建设研讨会”在西南大学出版社召开。来自西南大学、重庆师范大学、浙江师范大学、河北师范大学、杭州师范大学、湖南第一师范学院等近30所高等院校80余名科学教育专业的专家、学者，以及西南大学出版社领导和编辑参加了线上线下研讨。与会者基于高等教育内涵式发展、新文科建设、科学教育专业发展需求，共同探讨了科学教育专业课程体系，专业教材建设规划，教材编写的指导思想、理念、原则和要求等问题。在此基础上，成立系列教材编委会。在教材编写过程中，我们力求体现以下特点：

第一，科学性与思想性结合。科学性要求教材内容的层次性、系统性符合学科逻辑；内容准确无误、图表规范、表述清晰、文字简练、资料可靠、案例典型。思想性着力体现“课程思政”，在传授科学理论知识的同时，注意科学思想、科学精神、科学态度的渗透。

第二，时代性与创新性结合。教材尽可能反映21世纪国内外科技最新发展、高等教育改革趋势、科学教育改革发展、科学教师教育发展趋势，以及我国新文科建设的新理念、新成果。力求教材体系结构创新、内容选取创新、呈现方式创新。体现跨学科融合，充分体现STEM教育理念，实现跨学科学习。

第三，基础性与发展性结合。关注科学教育专业学生的专业核心素养形成和科学教学技能训练，包括专业知识与技能、科学实践能力、跨学科整合能力、科学观念、科学思维、科学方法等。同时，关注该专业大学生的可持续发展，激发其好奇心和求知欲，为其将来进一步学习深造奠定基础。

本系列教材编写期间，恰逢我国为推进科学教育改革发展和加强科学教师培养先后出台了系列文件。比如，2021年6月国务院印发的《全民科学素质行动规划纲要(2021—2035年)》在“青少年科学素质提升行动”中强调，实施教师科学素质提升工程，将科学教育和创新人才培养作为重要内容，推动高等师范院校和综合性大学开设科学教育本科专业，扩大招生规模。2022年4月，教育部颁布《义务教育科学课程标准(2022年版)》，科学课程目标、课程理念和课程内容的改革对中小学科学教师的专业素质提出了新的挑战。2022年5月，教育部办公厅发布《关于加强小学科学教师培养的通知》，要求建强一批培养小学科学教师的师范类专业，建强科学教育专业，扩大招生规模，从源头上加强本科及以上层次高素质专业化小学科学教师供给，提高科学教育水平，夯实创新人才培养基础。2023年5月，教育部等十八部门发布《关于加强新时代中小学科学教育工作的意见》，强调加强师资队伍建设，增加并建强一批培养中小学科学类课程教师的师范类专业，从源头上加强高素质专业化科学类课程教师供给。

当今世界科学技术日新月异，同时也正经历百年未有之大变局。党的二十大报告明确提出“教育、科技、人才是全面建设社会主义现代化国家的基础性、战略性支撑”。2023年2月，习近平总书记在二十届中共中央政治局第三次集体学习时指出“要在教育‘双减’中做好科学教育加法”，为加强我国新时代科学教育提出了根本遵循。世界发达国家的经验表明，科学教育是提升国家竞争力、培养创新人才、提高全民科学素质的重要基础。高素质、专业化的中小学科学教师是推动科学教育高质量发展的关键。当前，高等院校应该把培养高素质中小学科学教师作为重要的使命担当，加强在中小学科学教育师资职前培养和职后培训方面的能力建设，保障中小学科学教师高质量供给。没有高质量的教材就没有高质量的科学教师培养。因此，编写出版高等院校科学教育专业教材是解决当前我国科学教育专业人才培养问题的紧迫需要，是科学教育专业发展的根本要求，具有重要的现实意义。

该套教材在编写过程中得到了我国古生物学家、中国科学院周忠和院士的关心与鼓励，在此表示衷心的感谢和崇高的敬意！同时对西南大学领导和西南大学出版社的高度重视和支持表示诚挚的感谢！对编写过程中我们引用过的相关著述的作者表示真诚的谢意！由于系列教材编写的工作量巨大，编写的时间紧，加之编者的水平有限，教材难免存在一些不足，敬请广大的读者朋友批评指正。

林长春

于重庆师范大学师大苑

前 言

当今世界正经历百年未有之大变局，人才是第一资源、创新是第一动力的重要作用日益凸显。科技强国和社会主义现代化强国建设，都需要科学素质建设担当更为重要的使命。为造就党和人民满意的高素质专业化创新型教师队伍，2018年1月，《中共中央 国务院关于全面深化新时代教师队伍建设改革的意见》发布。为贯彻该文件精神、落实《新时代基础教育强师计划》要求，以习近平新时代中国特色社会主义思想为指导，2022年5月《教育部办公厅关于加强小学科学教师培养的通知》发布，提出"从源头上加强本科及以上层次高素质专业化小学科学教师供给，提高科学教育水平，夯实创新人才培养基础"。

义务教育科学课程是一门体现科学本质的综合性基础课程，探究和实践是科学学习的主要方式，对学生形成适应个人终身发展和社会发展所需要的正确价值观、必备品格和关键能力等科学核心素养的培养起着关键性作用。科学实验是人们按照一定的研究目的，运用一定的仪器、设备等物质手段，在人为干预和控制条件下，对自然事物或现象进行观察、研究，以探索其内部规律的社会实践形式。科学实验教学研究是高等学校科学教育专业学生进行义务教育科学实验教学基本训练及实验研究的基础性课程，是培养科学教育专业学生科学素养、探究精神、创新意识和教学实践能力的课程。

2022年4月教育部颁布《义务教育课程方案和课程标准(2022年版)》，新课程标准的立意从学科立场走向利于学生发展的教育立场，将课程目标指向核心素养，凸显和强化人的因素。课程内容作为核心素养形成的载体，在内容标准上落实减负增效，为学生留出更多探索性学习的空间，以激发学生学习兴趣，保护其好奇心，培育其创新精神。教学活动作为核心素养形成的路径，教学活动标准也被提到了与内容标准同等重要的高度。《义务教育科学课程标准(2022年版)》中强调：探究和实践是科学学习的主要方式。科学教师应以探究实践为主要方式开展教学活动，加强对探究和实践活动的研究与指导。本教材是依据《义务教育科学课程标准(2022年版)》中附录4"学生必做探究实践活动"，结合各参编学校科学实验类相关课程具体情况以及义务教育阶段一线科学教学实际，为适应科教兴国、人才强国战略，培养专业化、创新型科学教师而编写的专业教材。

本教材旨在培养科学教育专业学生职前“做中学”、职后“做中教”的教学观念，教材体系结构具有开创性，突出“做实验”，辅以实验教学理论。科学实验知识、实验技能系统化，实验项目层次化，使学生在此基础上“学会教”。具体特点如下：

(1)编写体例的创新性。教材开创性地将义务教育阶段科学探究和实践活动写成理工科实验的体例。这不仅是科学教师的教学实训，更重要的是从较高维度系统、科学地审视实验，体现实验教学研究的思想。

(2)内容整体设计的层次化。结合当前实验教学实际，按照实验教学训练的性质和层次分为科学实验及教学基础知识、科学实验仪器与基本操作、技能类实验、基础类实验、综合设计类实验、数字化实验、项目式实验等多个层次，按照由基础到综合再到创新，能力逐步提高的原则编排实验项目。

(3)注重实验项目的可操作性。具体实验项目注重实验教学的各个环节，实验内容系列化、层次化。每个实验项目的引文从科学教学的角度介绍该项目下的系列实验，起于义务教育课程标准，但在对实验原理的理解和实验项目的创新提高上立足于本科教材。预习要求、实验思考、拓展研究、思考题等促使学生“做中学”“做中思”。

(4)强化技术工程实践。首次在此类教材中对“技术与工程”领域的常用工具、仪器进行阐述，并对技术工程领域的常用技能进行技能类训练。

(5)注重实验创新能力培养。精选各高校的创新比赛、数字实验、技术与工程等实验项目，加强合作与交流、培养科学教师的实验创新能力。

(6)教材使用具有开放性。本教材共编写了36个实验，且多数为系列实验，加上实验前理论部分内容，远远超过实验教学课时数。学校教师在使用时可根据实际情况和学时数予以取舍，且建议理论部分自学或作为工具使用。

本书共分为七章。绪论介绍了课程性质与目标、设计思路与实施策略。第一章介绍科学实验教学，首先建立“做中学”“学中思”的思想，为师范生学习该课程及以后教学树立正确的教学观；其次学习科学实验、科学实验教学基本理论及实验创新的方法和途径。第二章是科学实验室基本常识，重点分析科学实验室安全问题，培养学生安全意识。第三章介绍科学实验中的数据表达与处理。第四章分领域介绍科学实验仪器与基本操作。第五章是技能类实验，以具体实验项目培养师范生在科学实验教学中的基本技能。第六章是基础类实验，选取义务教育科学课程标准中的典型或重点探究实践活动，通过实验操作及再创新的过程，让学生学习掌握新课程标准中各种类型实验及其教学方法，并在行为层面上学习实验创新设计的原则和方法。第七章是综合设计类实验，是通过学科之间融合及应用，解决实际问题的实验。本章除了综合性强的特点外，还有两个数字化实验和三个项目式实验。前者是科学实验数据收集与处理的数字化、可视化实验以及虚拟实验；后者旨在在项目活动实践中使师范生习得项目化学习要素、提高师范生实验研究以及指导实验的能力。

本书由张红卫、郑敏、黄桦担任主编，毛海荣、马永双、宋金榜担任副主编。张红卫负责内容的编排、体例和写作风格，编写了绪论、实验二十。郑敏编写了第一章第一节、第二节、实验三十一。毛海荣编写了实验三、实验十、实验十二、实验十五、实验十九、实验二十一、实验二十六以及附录。马永双编写了第一章第三节，第四章第一节、第三节、实验十七、实验十八。周颖怡编写了第二章。曹书梅编写了第三章。马一兵编写了第四章第二节、实验七和实验九。艾振宙编写了第四章第四节一、实验三十五和实验三十六。廖峻编写了第四章第四节二。樊敏编写了实验四、实验五、实验六、实验十六、实验二十二。王鑫编写了实验一、实验二、实验八和实验二十四。廖海艳编写了实验十三、实验二十七、实验二十八。庞谦竺编写了实验十一、实验十四、实验二十五、实验二十九、实验三十、实验三十四。习文编写了实验二十三。周小燕编写了实验三十二、实验三十三。宋金榜、毛海荣就教材内容与体例给出诸多建设性意见。张红卫、宋金榜、黄桦、毛海荣、马永双、郑敏审稿，张红卫全书统稿。

在本书的编写过程中，我们参考了大量的文献资料，借鉴了众多一线科学教师和学者的研究成果，在此深表感谢！重庆师范大学林长春教授、西南大学出版社翟腾飞副编审为该教材的出版做出了巨大贡献，在此一并表示衷心感谢！同时，本教材还得到了河南省教师教育课程改革研究项目(2022-JSJYZD-041)、河南省高等教育教学改革研究与实践项目(2021SJGLX580)、郑州师范学院教师教育课程改革研究重点项目(JSJYZD-001211548)、郑州师范学院本科教学改革研究重点项目(JXGGZD-65211448)、郑州师范学院教材出版资助项目(JCCB-221876)的资助。

由于实验内容涉及多个领域，体例、内容等方面都是开创性写作，加之时间紧迫，且囿于编者水平，疏漏及不当之处敬请批评指正。

张红卫

2023年8月10日

CONTENTS

目 录

绪论

一、课程性质

科学实验是人们按照一定的研究目的，运用一定的仪器、设备等物质手段，在人为干预和控制条件下，对自然事物或现象进行观察、研究，以探索其内部规律的社会实践形式。这种有目的、有组织、有控制的探索活动是科学发现的源泉，是科学规律和科学理论建立的基础，也是检验人类思想认知的试金石。

在义务教育阶段科学课程教学中，教师通过科学实验引导中小学生体验科学探究和实践的过程，培养中小学生的科学观念、科学思维能力、探究与实践能力、科学态度与社会责任等核心素养，为学生的终身发展奠定基础。《义务教育科学课程标准(2002年版)》提出，科学课程要基于核心素养确定教学目标。要着力培养学生的探究实践能力、科学思维能力、合作交流能力、学习创新能力，以及在真实情境中解决复杂问题的能力。探究实践是学生形成其他素养的主要途径，同时，也是一种关键能力，是主导的科学学习方式。科学课程强调从学生熟悉的日常生活经验出发，通过学生亲身经历动手动脑探究和实践活动学习科学；倡导以探究和实践为主的多样化学习方式，强调“做中学”和“学中思”。由此可知，在义务教育阶段，科学实验作为科学探究实践的主要载体，其教学效果将直接影响科学课程目标的达成。

科学实验教学研究课程是师范院校科学教育专业学生进行科学实验及中小学科学实验教学基本训练的一门独立的基础课程，也是中小学科学教师职前接受科学实验思想教育和实验技能训练的开端。科学实验教学研究课程具有基础性、实践性和综合性的特点。该课程致力于帮助科学教育专业师范生体验科学探究和实验教学实践的过程，学习各种实验方法，提高探究实践能力、思维能力，以及解决教学实践中的实际问题的能力；掌握科学实验教学的基本理论和方法，形成实验创新设计与实验教学创新能力，提升科学实验教学素养。

二、课程目标和任务

本课程可以使学生得到较为系统的实验技能、实验方法、实验教学训练，使学生基本掌握义务教育阶段科学课程实验教学的主要过程和基本方法。旨在培养科学教育专业师范生的义务教育阶段科学实验基本技能、科学实验的改进与创新能力、综合科学实验能力以及实验教学研究能力等。

科学实验教学研究是一门实践性很强的课程。通过完成实验课题和实验教学训练，科学教育专业师范生不仅可以提高实验研究及实验教学能力，而且基于行为层面的教学设计将易于迁移至自己今后的教学中。

本课程具体任务如下:

(1)理解科学实验的教育价值,学习科学实验教学理论,树立正确的科学实验教学观。

(2)通过对义务教育阶段科学实验现象的观察、测量和分析,学习科学实验的基础知识、基本方法和基本技能,体会义务教育科学实验教学中的重点与难点,加深对科学实验理论和科学实验教学理论的理解,并将其与科学学科知识有效融合。

(3)培养学生的科学实验能力。包括:

①阅读实验教材、义务教育科学课程标准、科学课标教材以及其他教学资料,做好实验准备的能力。

②借助教材或其他资料正确使用常用仪器、规范操作实验的能力。

③运用科学理论对实验现象进行分析判断的能力。

④正确记录和处理实验数据、分析实验结果、撰写合格实验报告的能力。

⑤义务教育科学实验研究能力。包括:义务教育科学实验改进与创新的能力,设计综合实验、数字化实验、项目式实验的能力以及开发和利用实验资源的能力等。

(4)培养学生的科学实验教学能力。包括:解读义务教育科学课程标准及教材中探究实践活动的能力、利用科学实验学习理论指导科学实验教学的能力、科学实验教学设计的能力以及实验教学研究的能力等。

(5)培养学生的科学实验素养。包括:理论联系实际、实事求是的科学工作作风,严肃认真的工作态度,积极主动、锲而不舍的探索精神,以及团结协作、遵守规章、爱护公共财物的优良品德等。

三、课程实施策略

本教材包含理论和实验两部分。

第一、二、三、四章为实验教学理论及科学实验仪器介绍。理论教学力求做到少而精,突出重点,将培养和提高实验教学研究能力放在首位。

第五、六、七章为实验。实验项目选取参考《义务教育科学课程标准(2022年版)》附录4“学生必做探究实践活动”。不同的是,第五章以具体实验项目呈现科学实验基本操作与技术;第六章在科学实验的基础上,对教学中的典型实验、重点和难点实验进行改进和创新;第七章综合设计类实验是学科之间的融合应用,以及解决实际问题的实验。

实验教学务必突出“研究”的思想。虽然实验项目起于《义务教育科学课程标准(2022年版)》,但是在实验时师范生必须站位于科学教师,思考挖掘科学实验的教育价值。

为达成本课程的目标和任务,学生应重视科学实验教学的三个重要环节。

1. 实验前预习

实验预习不仅可以提高实验课的效率，加深学生对实验内容的理解，还可以提高学生的实验积极性，培养学生的自学能力、探究能力和创新能力等。为了在规定时间内高效、高质量地完成课程任务，学生应当做好实验前预习。预习内容包括：

(1)实验预习。

主要阅读实验教材及其他实验材料。了解实验目的、实验的理论依据、实验方法、实验用品、实验操作要点以及需要注意的问题，在此基础上预估实验结果并写出简要预习报告，包括实验名称、实验目的、实验用品、简要实验原理、计量测试数据表格等。

如果是综合设计类实验，实验前还需要制订初步实验方案，并对实验用品提出自己的要求。

(2)实验教学预习。

主要阅读《义务教育科学课程标准(2022年版)》、义务教育科学课标教材、实验教材及其他教学材料。总体上在把握课程标准中的教学建议和核心素养学段特征的基础上，研读课程标准中“学业要求”“内容要求”“教学策略建议”“学习活动建议”中与该实验相关的内容。学习参考其他教学案例，为科学实验教学做准备。

只有在充分做好实验前预习的情况下，才能在实验过程中有目的地观察实验现象，减少实验过程中的忙乱和盲目性，思考科学实验教学中可能出现的问题，提高学习的主动性。因此，教师应在实验前检查评估学生的实验预习情况，并以小组为单位提交预习实验报告。

2. 实验室实践

学生在实验室操作实验的目的，不是简单地测得几个实验数据，而是全面提升自己的实验素养以及实验教学能力。学生在实验时应做到：

(1)严格遵守实验室的各种规章，有条理地布置仪器，安全操作，实验结束时整理实验用品。

(2)动手操作前应先认识和熟悉所有实验用品，了解实验仪器的使用方法，记录仪器基本参数。

(3)按步骤进行实验操作，明确每个操作步骤的意义，掌握正确的调整及操作方法，认真、细心观察实验现象，正确记录实验数据，分析误差产生的原因，思考科学实验教学中中小学生可能遇到的困难。

(4)对于实验中出现的不正常现象，可与实验指导教师讨论，做进一步深入研究。

(5)实验结束时，将实验数据交予实验指导教师签字，对不合理或错误数据进行分析后补做或重做。

(6)在完成基础性实验项目后,可根据自己的实验教学设计进行实验教学讨论与练习。

学生在实验室的实践过程是实验—实验教学讨论—实验教学研究的过程,教师应以小组为单位组织教学。

3. 实验后总结

学生通过实验、讨论、再实验的学习过程,应基本掌握义务教育科学实验的操作、教学、实验改进与创新以及教学的再研究,实验课后需提交实验报告和实验教学设计。

(1)实验报告。

实验报告的撰写既是对实验研究的全面总结,也是培养学生学习科研写作的重要途径。实验报告应以简明扼要的语言将实验相关内容完整、准确地表述出来。

本课程完整的实验报告通常包括以下内容:

实验名称:做什么实验。本课程有些实验项目为系列实验,是《义务教育科学课程标准(2022年版)》中学生必做实验项目中的几个相关的实验。

实验目的:做该实验要达到的教学目标,包括实验和实验教学两方面。

实验用品:科学实验涉及多学科领域,且涉及义务教育不同阶段,实验用品可能是材料、试剂、仪器等,比较繁杂。

实验原理:使用自己的语言简要介绍实验所依据的原理。对于义务教育科学实验,可以是较为系统的理论,也可以是实验思想或实验方法,注意不可照抄教材。

实验内容:概括实验的主要内容和关键步骤,注意内容逻辑与条理。

实验记录与数据处理:尽量以表格形式呈现实验中记录的原始数据,并对数据进行处理,注意数据的有效数字和单位。

实验结果与讨论:强调对实验的分析与思考,包括但不限于实验结论、误差分析、对实验现象的解释、对思考题的回答、对实验中存在问题的思考以及对实验的再改进等。

(2)实验教学设计。

教学设计:通常包括教学目标、教学方法、教学内容、教学过程、教学活动、教学评价等。根据《义务教育科学课程标准(2022年版)》的教学建议,科学实验教学设计除了关注科学课程标准中的内容要求外,还需注意以下几点:

教学目标:基于核心素养确定教学目标。围绕科学素养的四个维度确定教学目标,关注科学观念、科学思维、探究实践、态度责任。着力培养学生的探究实践能力、科学思维能力、合作交流能力、学习创新能力,以及在真实情境中解决复杂问题的能力,发展学生的科学观念、科学态度和社会责任感。

教学内容:围绕核心概念组织教学内容。加强知识学习与现实生活、社会实践之间的联系，突出核心概念在真实情境中的应用，实现学生对核心概念的深度理解、有效建构和灵活应用。

教学活动：基于先前经验设计教学活动。要针对实验教学的主要内容，充分考虑学生的先前经验，按照学习进阶设计旨在促进学生自主探究、思考、合作的教学活动。

教学过程：开展真实情境中基于思维的探究实践。主要注意三个问题：一是结合真实情境开展探究和实践活动，二是要激发学生在探究实践中积极思考，三是要处理好学生自主和教师指导的关系，即实验教学要以学生为主体，教师要预估学生实验中可能出现的问题，设计合理的教学指导方案。方案要富于启发性，针对学生的问题进行必要的隐性或显性提示。

此外，实验教学设计中还应分析实验教学的重点与难点、核心素养的学段特征、实验资源利用等问题。

实验后实验报告及实验教学设计的撰写，是学生对实验教学进行研究的总结与反思，也是其实验及教学能力提升的重要途径。

第一章

科学实验教学

第一节　科学实验的教育价值

利用科学实验的教育功能,以科学实验探究作为学习内容和方法的教学过程就是科学实验教学。实验教学在自然科学学习中占有举足轻重的地位,对于培养学生科学思维与创新能力有着不可替代的重要意义。

在科学实验教学中,教师设置一定教学情境,将科学实验贯穿于其中,学生通过各类实验活动,完成对知识和规律的探究实践,形成科学观念、培养科学思维、提高探究实践能力并养成科学态度与责任感。

一、科学实验与科学实验教学的类型

(一)科学实验的类型

根据实验环境,可将科学实验分为实验室实验和自然态实验等;根据实验数据是否量化,可将科学实验分为定性实验和定量实验等;根据实验手段(仪器、设备、工具等)是否直接作用于被研究对象,可将科学实验分为直接实验、间接实验和模型实验等。

义务教育阶段的科学实验中,以科学实验内容和方式进行分类,可分为观测型实验,如观察蚂蚁、鱼、蚯蚓、蜗牛等动物,观察树木、花草、种子及其内部构造、水生植物的整体或其部分等,还常将观察与比较相结合进行;验证型实验,如呼出气体与吸入空气成分的比较,物质的基本性质等;探究型实验,如种子萌发条件、对材料与工具的比较等;设计与制作型实验,如设计制作指南针、过滤装置等。

(二)科学实验教学的类型

以科学实验教学模式为依据,科学实验可分为演示实验、学生实验、师生协作实验、项目式研究、课外实验活动等。

1. 演示实验

演示实验是由教师在课堂上示范操作,启发和引导学生进行观察和思考的实验教学方式。对于学生实验操作水平不足以完成的实验,可以演示实验的方式进行。

2. 学生实验

学生实验是根据实验目的,在教师的组织和指导下,由学生在实验室进行实验的实验教学方式。

学生实验是以学生操作为主，教师引导为辅的科学实验，可以一人独立完成，也可小组分工合作。第一，教师引导或由学生独立提出问题和确定实验内容；第二，制订实验计划，讨论交流后由教师对实验方案进行评价和确定，最终可形成一套或多套实验方案；第三，完成实验，观察记录，搜集证据；第四，讨论和交流，形成结论和进行反思。

3. 师生协作实验

师生协作实验是指教师的讲解与学生实验相结合，通过师生双边活动来完成的一种科学实验教学方式。

在进行师生协作实验时，教师将可实验分解为若干步骤或设计成多个任务，分步进行讲解示范或发布任务，学生根据教师指导完成相应操作，最终完成全部实验探究。在这种模式的实验教学过程中，学生主体地位突出，师生、生生等多边活动结合在一起，方式灵活。

4. 项目式研究

项目式研究是学生通过解决一个开放式问题，主动探索某一情境中的问题或挑战，在此过程中完成核心概念的学习、进行探究实践体验，形成科学思维并形成科学情意。

学生在进行项目式研究时通过跨学科知识的综合应用进行深入学习，过程涵盖但不止于项目计划以及控制项目的实施、知识获取、小组沟通合作等。

5. 课外实验活动

课外实验活动是指科学教学计划以外的科学实验活动或教学，常与综合实践活动、课外科技小组等教学形式相结合，具有兴趣性实验的特征。课外实验活动地点、方式、参与人员灵活多样，实验目的、内容和方法具有较大可变性，更注重实验技能、方法和形式的综合，强调实验中的合作和交流。

课外实验活动可以补充科学课堂内实验教学在时间、空间、资源等方面的不足，增加学生接触社会和自然的机会，促进学生对科学知识、技能、方法等的掌握与综合应用。

二、科学实验的教育价值

科学实验是科学教学的重要基础之一，是促进学生形成科学观念、提升学生探究实践能力、培养学生科学思维、培育学生态度责任感和形成创新精神的重要途径。

（一）科学实验促进学生科学观念形成

通过科学实验，学生运用已有科学概念、规律、原理，完成对新的科学概念、规律、原理的认知。学生对科学的可验证性、相对性、暂时性、人与自然的关系等本质属性进行体验性的认知和内化,体验用科学观念解释实验现象,解决实验问题。科学实验过程是学生全面获得科学观念的过程。

(二)科学实验提升学生探究实践能力

科学探究是探索和了解自然、获得科学知识的重要方法,是科学最重要的学习方式,具有重要的教育价值。学生的科学探究一般包括提出问题、做出假设、制订计划、搜集证据、处理信息、得出结论、表达交流、反思评价等过程,科学实验正是将探究过程具体化、情境化,在实践中体验和积累探究经验,提升探究能力的过程。

同时,科学实验过程中还要求学生掌握正确规范的实验操作方法,理解和运用基本的实验器材和工具,处理实验过程中的一些突发状况和及时调整实验方式方法,对培养学生核心素养具有促进作用。

(三)科学实验培养学生科学思维

科学实验从学生提出问题开始,进行符合逻辑的问题分析,依靠科学思维筛选和制订严谨的实验方案,运用科学手段调控实验条件,进行观察和测量并得到证据,利用归纳、演绎、模型等科学方法分析和得出结论,以求实的精神对实验结果进行分析和判断,用较精确的科学术语进行交流、讨论和评价。

运用科学知识,确定问题和作出具有证据的结论,并对研究结果进行社会性的评价和判断是科学素养的三个主要组成部分。科学实验的过程蕴含了科学素养的基本要素,科学实验可以提升学生科学素养,是实施科学教育不可或缺的基本要素。

(四)科学实验培育学生态度责任感

学生对于科学实验充满了好奇心,无论是观察和参与教师演示实验,还是亲历探究实验的完整过程,抑或亲自设计和动手制作,都可以激发出其科学学习兴趣并进而产生从事科学研究的志向。

在科学实验过程中忠于实验数据、尊重客观事实、基于证据进行结果分析、大胆批判和质疑、多角度思考问题、善始善终不畏挫折,以及主动与他人合作、积极参与交流和讨论、尊重他人的情感和态度、求真务实的素养,都有助于树立学生正确的科学态度和价值观。

(五)科学实验培育学生创新精神

实验是科学家进行科学创新的主要方法,也是培养学生创新精神的有效途径。科学实验每一步的完成,都需要学生具有一定的实验能力和创新精神,求新求变,特别是在设计实验和调整实验方案的过程中,以及在实验遇到瓶颈时。

第二节 科学实验教学设计、实施与评价

一、科学实验教学设计

(一)科学实验教学设计的理念

1. 面向全体学生

教师根据课程标准与所选用的教材资源进行科学实验教学设计时,应充分考虑这一学段学生的普遍特征和一般认知水平,如认知发育和学习能力特点、注意力和兴趣特征等,要尽量将实验内容与学生的一般经验进行联系,使教学过程与学生认识过程高度统一。

教师还需选择符合绝大多数学生实验设计、理解和操作能力的内容,尽量使每位学生都有动手动脑参与实验的机会,并促进学生通过实验探究实践获得相应发展。

2. 体现探究本质

在实验教学中体现科学探究是提高学生探究能力和创新能力的重要手段。在进行教学设计时,教师应通过独立操作仪器和工具,规范地完成实验操作步骤和过程,重视学生基本实验技能和良好实验习惯的养成;应注意突出科学实验为科学探究服务的地位和目的,引导学生主动设计、选择和调整实验方案;应强调观察实验现象、记录和分析实验数据的重要性,指导学生进行实验信息的采集、整理、归纳等。

3. 注重科学思维

在进行科学实验教学设计时,教师应注重鼓励和引导学生自行设计、小组合作、完成完整研究并进行充分交流,这都有利于学生创造性思维的培育;在实验教学中渗透比较、分类、分析、综合、归纳、演绎等科学思维方法,并进行有意识地突出和强调,将学生科学思维的形成与发展、创造性思维能力的形成渗透于教学设计中。

4. 培养科学精神

科学实验教学同时担负着提升学生科学实验兴趣,使学生形成实事求是、严谨客观、不畏困难、互助合作等良好的科学态度和科学精神的重任。在进行实验教学设计时,教师要注重科学实验在科学世界观、价值观形成上的意义和价值。

在科学课堂教学中通过内涵丰富、形式多样的实验活动形成浓郁的实践与求实的氛

围，可以使学生对科学实验产生兴趣，促使其持久投入其中并深入研究。结合科学史、经典实验重现等教学设计引导学生形成科学志趣，树立献身科学研究的理想。

5. 渗透学科融合

跨学科概念在科学课程中依托核心概念的形成进行建构。实验教学在内容设计上应充分考虑和体现出各学科融合的特点，设计跨学科探究环节。教师在实验教学过程设计中引导学生利用多学科融合的方式解决问题，提倡结合项目式学习的基本方法对教学内容进行融合化设计。

6. 善用资源环境

科学实验教学主题、内容、方法、手段等选择确定过程中均应充分考虑环境、文化、地域、民族等资源，利用学生兴趣、班级特色等条件对实验教学内容进行灵活设计及合理取舍，也可灵活补充服务于学生核心素养提升的内容。

7. 符合学习进阶

义务教育阶段科学课程内容的构建服务于学生科学核心素养的形成，并进行进阶式学段设计，实现同一核心观念的螺旋式上升。科学实验教学设计应充分考虑某一核心概念在不同学段的学习进阶要求，设计实施适合某一阶段学生认知特点、思维能力及探究操作技能水平的科学实验，并注重概念形成的前后贯通，帮助学生在每一阶段都进行充分的实验探究和思维训练。

（二）科学实验教学设计的过程

1. 依据课标教材，确定实验教学内容

课标是教师设计和确定教学内容的基本纲领和依据，教师应根据课标要求，围绕核心概念，确定实验教学的主体内容及进阶框架。

科学课标教材全面落实课程标准提出的课程理念与目标，支撑教师教学和学生学习，也为实验教学提供了基本内容和基本素材。教师在进行科学实验教学内容设计时应将教材作为首要资源进行深入钻研和分析。

在围绕教材设计科学实验教学时，教师可考虑先对教材进行整体分析和研读，特别是从整册、整章、整节出发，对科学实验进行合理构建，精心设计和创新实验教学内容；再以节或知识点为单位研究科学实验内容，明确某一科学实验的基本作用，如其对于科学观念形成、探究实践能力形成、科学思维构建和态度责任方法掌握等方面的多重作用及侧重点。

教师在对实验进行教学层面的设计时须结合教学目标、学生学情、教学资源等进行系统梳理、有机组合和合理安排，包括实验引入、实施及评价的教学阶段设计；学生活动环节

及教师引导设计;对实验器材进行评估和准备;进行实验试做,对效果进行优化和改进等;对实验数据进行分析与处理的方式;实验结论获得与确定环节进行设计等。

2. 考虑学情,优化实验教学步骤

在进行实验教学设计时,教师应从学生学情出发,充分考虑学生的学习能力、认知水平、兴趣爱好等,并以此为出发点,对教学内容进行优化或取舍,确保实验探究活动的内容和难易处于学生最近发展区,力争使每位学生都在已有基础上有所发展。

3. 注重生成,调整实验教学实际

与所有教学活动一样,科学实验教学中由于师生、生生以及师生与课堂环境的交互,往往会产生各种计划外的生成性内容。生成性内容具有较大不确定性和随机性,但好的教学生成性内容是创新教学内容、促进学生发展的宝贵资源和良好契机,因而不容忽视。教师应加强对这类内容的重视程度和利用意识,及时予以关注,能够形成教学内容的,可在实施好计划性实验教学内容之余进行适当与及时的调整;不便形成实验课堂教学内容的,可鼓励学生利用课后时间单独或与教师一起进行研究。

4. 整合资源,拓展实验教学内涵

科学实验教学内容的设计还应充分考虑校内外人与物的资源,大胆将对学生核心素养发展有促进意义的资源纳入教学内容中,使其更丰富、更生动、更贴近学生已有认知、更能体现学科和科学技术本身的发展。

二、科学实验教学实施

(一)科学实验教学实施一般过程

科学实验教学实施过程通常包括:启发学生个人、小组或师生共同提出实验问题;进行实验设计并通过讨论等方法优化和确定方案;实施实验方案、观察和记录、取得实验数据或证据;对实验中得到的信息进行分析和处理,得出结论;讨论、交流,达成共识和形成相关素养。

1. 提出实验问题

提出实验问题是科学实验教学的第一步,通常经由教师引导,学生提出需要用实验检验或解决的问题。提出实验问题时注意问题应明确,有确定的指向性,对解决问题的途径应进行一定的猜想或设计。

2. 实验设计

根据提出的实验问题，确定实验中需观察的现象或需测量的数据等，明确因果变量之间的相互关系；设计具体实验方案、操作步骤，并进行讨论、判断和改进，得到最为合理的探究实验设计；选择仪器、设备、材料、药品及它们的组合方式；设计对实验结果的处理方式；预计可能出现的意外情况并设计应对措施。

3. 实验实施

学生动手操作，进行实验，完成观察和记录，得到实验现象或数据，解决出现的实验问题。教师进行及时和适当的协助和引导，帮助学生进行正确的实验操作，督促学生正确记录，得到准确的实验数据。

4. 实验信息处理与分析

对实验实施过程中得到的现象、数据等信息进行科学的整理和分析，并得出符合逻辑的科学结论。将实验结果与实验预期进行对照，判断实验是否完成了对问题的验证。对实验结果进行客观评价，对实验中出现的问题进行理性分析，提出应对方案。

5. 实验讨论与交流

将实验过程、实验数据、实验结论进行整理和总结，形成书面或口头报告，进行讨论交流。对本组或本人实验进行简洁精要的阐述，对他人实验结果进行客观准确的评价。

(二)科学实验教学实施策略

1. 演示实验的实施策略

教学中学生实验项目应尽量由学生动手完成，只有实验条件不具备、教学时间不允许、学生实验操作水平不足以完成或实验存在一定危险性时，才可采取教师演示的方式完成。

(1)实验选择阶段。

为了保证演示实验的效果，教师应尽量选择实验现象明显、易于观察的实验作为演示实验。

(2)实验测试阶段。

首先钻研课程标准和教材，明确演示实验的目的，明确演示实验与整堂课程教学的关系，设计适当的演示和授课方法。预先设计好如何引导学生观察和参与到演示实验中来，如何用启发性的问题带动学生的思维探究活动等。

准备实验期间教师应多次试做，选择合适的仪器、设备、工具，调试药品浓度，选取实验效果最明显的药品配比或器材；寻找使实验现象更为明显和易观察的改进方案，如选用读数更清晰的仪器,利用现代投屏技术放大实验现象,用电脑实用软件使实验数据更精准等;找出实验成败的关键,测试合适的实验条件和时间。

(3)课堂教学阶段。

教师通常可采用提示观察、启发思维和示范指导等方法相结合的方式进行演示实验教学。

首先引导学生对演示实验进行有序观察,对于容易被忽略和较不明显的实验现象,应事先提示学生。其次,用提问、讨论等方法启发学生科学思维,在通过实验建立初步表象基础上,提出思维层面更深层次的问题,鼓励学生通过积极思考找出规律。再次,启发学生运用规律现象进一步判断或推测,并经由实验对更多现象加以验证。

(4)演示实验阶段。

演示之前通过教师讲解或学生讨论明确实验目的、方法、步骤和学生应重点观察或记录的现象与数据,配合具有启发性的问题激发学生观察和思考的兴趣。

演示过程中教师应操作规范,实验过程完整,配以详细解说,用品摆放、操作步骤井然有序,对待实验现象和问题实事求是,严谨客观。还应特别注意对学生实验习惯和科学作风进行潜移默化的影响。对于有一定难度的实验,演示过程中可配以实验装置图、实验原理图等向学生讲解,促使学生将实验与科学知识进行联系。实验后组织学生进行详尽的实验回顾,强调实验操作重点,形成实验结论。

2. 学生实验的实施策略

学生实验是以学生操作为主,教师引导为辅的科学实验。

(1)实验设计阶段。以整节课为基础进行探究实验活动设计,包括教学情境,实验方案,提供有结构的材料供学生设计方案和完成探究。

(2)设计情境阶段。通过教师启发,引导学生提出实验问题,确定实验内容。以学生为主体,制订实验计划,并用文字图示等手段表达。确定实验基本装置、主要步骤和需要测量的数据。师生、生生讨论交流后共同对计划进行评价和确定,最终形成一套或多套实验方案。

(3)实验实施阶段。根据确定的实验方案明确实验注意事项后,学生分组分工进行实验,观察记录实验现象,收集数据,完成实验记录单。对于实验中出现的困难和问题,教师和学生共同分析商讨,找到解决方案。教师采取巡视指导的方法协助学生,指导要富于启发性。

(4)讨论交流阶段。讨论和交流实验信息,进行实验效果分析,对实验操作进行评价,形成实验结论,撰写实验报告,进行实验反思。

3. 师生协作实验的实施策略

师生协作实验过程中教师采用启发式的讲解方式,学生根据教师讲解完成实验任务。

师生协作实验教学适用于学生具备一定的科学探究能力，但其对新的实验仪器或设备使用还不熟练，或实验过程较长较复杂，需要教师介入指导，或整个实验过程适合以多步任务形式完成等情况。教师引导与学生操作同时进行，介于演示实验和学生实验之间。实验教学过程中还可以把师生、生生等多边活动结合在一起，方式灵活。

（1）划分任务阶段。

创设问题情境，进行实验设计和预试，拟订周密的教学计划。把握实验成败的关键，估计学生可能出现的问题点，并预设解决方案，按照一定操作流程或逻辑顺序，将实验分解为若干步骤或设计成多个任务。

（2）分步完成阶段。

教师根据步骤或任务分步进行讲解或示范后发布任务，学生根据教师指导完成相应操作，最终完成全部实验探究任务。

（3）讨论交流阶段。

对比实验效果，评价实验操作，撰写实验报告，进行实验反思，巩固实验知识。

4. 项目式研究的实施策略

项目式研究通常以解决某一实际问题为出发点，设计多学科融合的实验活动方案。其中涉及的实验活动均体现出明确的结果和模糊的任务的特点，这与工程设计过程比较相关。教师对这类实验活动进行设计时要充分发挥学生的创新精神，允许问题有多种解决方案。

（1）提出疑问，定义问题。

引导学生由某种需要、愿望或问题引发疑问，确定需要解决的问题，思考解决问题的方法。

（2）研究问题。

引导学生对基本原理进行学习和探究，研究相关技术和装置。

（3）设计方案，完成计划。

采用团队合作的方式，多渠道寻找信息，进行充分讨论。确定限制因素（如成本、材料、安全等），均衡多方条件，对方案进行切合实际的改进，并利用图表等详细描述设计。

（4）制作测试。

组织小组根据设计的方案完成实验探究或制作，测量和收集数据并进行评估，将结果与预期目标进行比对。

（5）调整方案。

完成测试后，引导学生分析结果并确定哪些部分需要改进，设法排除或解决方案设计中存在的不足，重新设计。

(6)评价分享。

指导学生以小组为单位进行总结汇报与交流,用制作海报、答辩展示、评价量表等方式对实验过程进行评价和分享。

5. 课外实验活动的实施策略

课外实验活动的科学实验教学地点、方式、参与人员都较灵活多样,实验的目的、内容和方法都具有较大的可变性。可以采用学生分组实验的形式,也可以采用师生协作的方式。可以是探究型实验、观测记录型实验,也可以是设计和制作型实验。

教师可采用能激发学生兴趣、符合学生认知发展规律、能充分调动学生积极性的教学方法和教学策略,如戏剧表演、科学游戏、模型制作、现场考察等。

(1)选题准备阶段。

教师根据学生的研究、学习兴趣和专长,鼓励学生自主选定实验题目,确定实验内容,选择实验仪器或工具,设计并确定实验方案。

(2)实验实施阶段。

学生进行充分的思考和自主实验研究,教师适时指导,鼓励学生勇敢面对困难,自主研讨解决方案,最终完成实验。

(3)总结交流阶段。

对学生实验活动过程及结果进行评价,鼓励学生充分思考,形成实验结论或拓展实验内容。

三、科学实验教学评价

科学实验教学评价是在教学活动中,依据科学实验的目标或设计方案对实验过程及结果进行价值判断的活动。科学实验教学评价旨在对教学活动中的教与学双方活动的效能进行综合评判。在实验教学过程中,教师既要重视教学工作的终结性评价,更要重视教学的形成性评价。

评价对于有效实施科学实验教学具有重要的导向功能、诊断功能和教学改进功能。在实施评价时,倡导跨学科融合、校内外结合。

(一)科学实验教学评价的基本原则

无论对教师科学实验教学还是对学生科学实验学习,促进学生科学素养整体发展都是基本目标,也是科学实验教学评价的重要目的。进行科学实验教学应遵循以下原则。

1. 发展性原则

应把学生核心素养的不断发展作为科学实验教学与学习评价的基本依据,把实验教学内容与学业质量标准融入科学实验教学的整个体系当中，让学生明确实验内容的学习目标，指导学生用自评的方法发现自己学习过程中的问题和薄弱环节，分析成因、自我反思、自我改进。

2. 改进性原则

以不断改进实验教学策略与学生学习方式为出发点，从评价的结果找出教学过程中存在的问题，研究有针对性的改进方法。从实验教学目标设置是否合理、教学方式或教学策略的设计是否合理以及教学实施与调控方法是否有效等方面进行全面评价与分析，依据评价结果改进实验教学方法与实验过程设计。

3. 多样性原则

科学实验教学评价工作要充分发挥学校、教师、学生、家长等不同角色的作用，从不同的视角进行评价，综合利用各评价主体的评价结果，促进所有教师教学和学生学习行为与方式的改变。

定性评价和定量评价相结合，单项评价与整体评价相结合，综合利用各种方式，保证评价结果的准确性和有效性。多采用活动表现评价方式，注重评价学生在平时探究实验中的参与和表现情况。

（二）科学实验教学评价的方法

科学实验教学评价可以从教师实验教学与学生实验学习两个角度进行。教师实验教学角度，可从实验教学目标的合理度与达成度、实验设计的科学度与探究度、实验准备的充分度、实验实施过程的有序度与完整度、实验组织与指导的恰当度等角度进行评价。学生实验学习角度，可从科学观念、科学思维、探究实践、态度责任等方面进行评价。

1. 教师实验教学评价方法

（1）实验教学目标的合理度与达成度。

科学实验教学目标设计应以课程标准为依据，并考虑大多数学生的一般认知和操作水平。如考虑科学实验教学是否以学生实际认知水平为出发点，是否充分考虑这一学段学生的基本特征以及不同层次学生水平，是否促进学生通过实验探究实践获得相应发展，是否从课程教学整体目标角度对具体实验进行分析，等等。

（2）实验设计的探究度与科学度。

科学实验教学设计应在符合科学方法和逻辑要求基础上，注重学生探究能力和创新能力的培养。可考虑是否突出科学实验为科学探究服务的地位和目的，是否引导学生主动设计、选择和调整科学可行的实验方案，是否培养学生观察实验现象、记录和分析实验数据的能力，等等。

另外还应考虑实验教学设计是否有利于学生创造性思维的培育,是否帮助学生形成正确的思维与推理方式,是否帮助学生认知和理解比较、分类、分析、综合、归纳、演绎等科学研究思维方法,等等。

(3)实验准备的充分度。

科学实验教学准备中是否充分考虑环境、资源、材料等客观条件,是否进行了充分的预实验并对各类突发情况进行了一定预设,是否根据预实验对实验教学内容进行了灵活的设计、改进及合理取舍,是否对实验器材进行评估和准备,对实验效果进行优化和改进,等等。

(4)实验实施的有序度与完整度。

实验教学过程应组织有序且进行完整,每一步环环紧扣且层层递进,体现出良好的计划性。如教学进行是否符合逻辑并有条不紊,小组分工合作是否合理流畅,各实验环节是否明晰科学,实验课堂是否秩序井然,学生是否各司其职,实验教学安全性是否有保障,等等。

(5)实验组织与指导的恰当度。

教师应随时关注学生的实验进程并在恰当时候进行点拨。如可考虑是否时刻关注学生实验活动中的表现,是否能关注到不同组学生的差异与共性,是否对不同学生因材施教并注重有意义的课堂生成,是否充分调动起了学生实验学习的兴趣,等等。

2. 学生实验学习评价方法

(1)课堂即时评价。

课堂即时评价主要针对学生科学实验过程中的显性表现进行即时评价。如从实验方案设计中对已有科学观念的应用来判断对科学观念的理解与掌握程度,从实验方案设计、调整等角度评价学生探究实践与科学思维的发展;从实验操作等判断学生实验操作能力;从自主探究、小组合作等活动中的表现判断学生对课堂任务的兴趣和态度责任感;从学生对实验的适应性以及在任务解决过程中的表现判断其思维能力发展水平等,从而基于学生在具体任务中的表现来评价教学方式与方法,并做必要的调整。

(2)实验过程评价。

教师可通过观察学生在科学实验过程中完成实际任务时的表现来对学生进行学业评价。评价建立在真实观察、交流的客观基础上,可以综合学生在实验过程中使用已有科学观念解决实际问题、对于整个实验的参与意识、合作精神、实验技能、探究与思维能力、表达与交流技能、科学情感态度等角度进行观察和记录,由此进行与相应科学观念、科学思维、探究实践和态度责任相关的评价。还应综合考虑学生对科学实验的兴趣、思维投入的程度、思维过程的合理性以及学生实验水平与目标之间的差距、学生存在的学习困难、导致困难的原因等方面进行考查。

评价过程也督促教师精心设计科学实践活动任务,确保学生能在活动中有真实的表现。

(3)项目任务评价。

项目任务评价是通过布置任务性作业或通过学生在完成项目式科学实验任务时的表现对学生进行评价。如要求学生进行动手操作,完成某个科学实验;要求学生结合教师给出的情境进行实验设计和探究、科技设计与制作等;也可以是主题学习考查类作业,如研究某一具体的主题或课题。

进行项目任务评价时要注意建立评价标准,从核心素养出发通过学生完成任务时的表现对应标准给出评价结果。对于不同学段学生要给出不同难度的任务,力求既能激发学生探究的热情和思维的欲望,即任务具有一定的难度和复杂度,符合学生的认知水平和思维探究能力,且具有一定的开放性。

(4)个人成长记录评价。

个人成长记录评价即学业档案袋评价,是教师依据教学目标与计划,持续一段时间与学生共同收集、组织与反思学习成果的档案。个人成长档案袋内记录的内容可以是实验设计方案、最佳实验报告或实验记录单、科学小论文、科技小创意、科技设计与制作方案、探究实践活动心得体会、科学竞赛获奖奖状、照片图片、老师与同伴评价、测验或考试试卷等,这些不仅可作为评价的依据,还是科学学习成果展示的最佳素材。

个人成长记录评价是一种充分体现发展性学生评价理念的学业成就评价方法,将教学与评价融为一体,能够在较长一段时间内比较真实地对学生的科学素养发展进行评价。同时,在教师和学生共同完成的评价工作中,学生不仅是被评价者,也是评价的参与者,这样有助于学生不断进行自我反思和提高自我评价能力,也有益于学生科学学习成果的收集与保存。

第三节　科学实验教学创新

一、科学实验教学创新的内涵

科学实验教学创新既包括对实验教学新内容、新方法、新资源、新教具、新原理等的设计与创造,也包括对已有实验或教具的改革与改进。

科学实验教学需要不断创新,使实验探究教学更具创新性和生命力,促使学生不断接触到新实验,提升其科学学习兴趣,并对其创新精神进行潜移默化的影响。同时,对新实验的探索和对已有实验的改进,能解决科学课程教学中实验仪器短缺、教学资源不足、教学效果有待提升等问题。

二、科学实验教学创新的方法

科学实验教学创新来源于科技发展、生活实际、资源环境和优质创意。利用各类资源进行实验内容、方法手段等创新与改进是科学实验教学创新的重要方法和途径。

(一)从学生已有经验出发创新科学实验教学

从生活实际经验出发创设实验情境,将生活中的现象、学生已有经验进行优化设计后用于科学实验教学是进行科学实验教学内容创新的有效途径。如将生活小窍门相关原理和步骤改进后用于科学概念教学与学习,将正在学生群中热销的玩具或游戏用于实验内容、方法手段或教具的创新等。

如本教材中与种植养殖相关的创新实验项目,从生产生活实际出发,将经验系统化,将科学实验生活化,又将生产活动科学化,充分利用学生已有经验创新科学实验教学。模拟光纤通信、设计制作戈德堡装置、制作动力小车等实验将科技发展与科技游戏实验化,充分利用和调动学生与生俱来的对科技装置的好奇心,创新科学实验教学内容。

(二)从资源文化特色出发创新科学实验教学

科学教师应对乡土资源有较清楚的认识和较敏锐的课程化意识。如利用地方、景区、社区、校园等具有的特色动植物资源、丰富的地方特产、人文自然环境、特色乡土文化等进行实验教学内容创新,利用先进仪器、技术手段等进行实验手段创新等。

如本教材中观察常见天气、月相、岩石与土壤等观察实验,从易见易得的材料入手,观察天然产物与自然现象。若教师能充分利用和开发本地区的动植物自然资源,则可完成具有地域特色的科学实验创新。

(三)从科学方法逻辑出发创新科学实验教学

在科学实验设计中渗透各类科学方法,并将科学方法进行组合变化,是实现实验原理创新的重要途径。如利用变量间的关系等实现实验逻辑原理创新等。

如本教材中探究摆的等时性、探究不同材料的保温性能、探究影响摩擦力大小的因素、探究环境因素对光合作用的影响等实验,均体现出科学方法在科学研究中的作用。不仅培养学生利用科学方法及科学方法组合严谨地设计科学实验的能力、求实地完成科学实验的精神,还在实验设计中充分引导学生进行实验方法、数据处理、实验操作等方面的创新。

(四)从实验装置改进出发创新科学实验教学

实验装置的改进是常见和重要的科学实验教学创新方法与途径。如将实验装置进行组合以实现更多功能和实验过程简化，提升实验装置准确性与灵敏度以优化实验结果，利用常见材料设计制造简易装置开发低成本实验等。

如本教材中制作水火箭、制作水钟、设计制作高精度杆秤等，均涉及实验装置的研发与改进，在体现实验装置对于科学实验教学的重要意义的同时，倡导师生共同设计、共同完成实验装置的设计、改进与创新。

（五）从优化实验操作出发创新科学实验教学

优化实验操作一般可从简化实验操作、强化实验现象和提高实验效果等角度入手进行改进。

如本教材中光系列实验、测量固体与液体的密度、电路实验等，均涉及简化操作或强化现象等实验创新与改进。

第二章

科学实验室基本常识

第一节　实验室学生守则

开展探究和实践，是学生学习科学的主要学习方式，科学实验室是学生科学学习最重要的资源，也是主要的学习场所，它对学生科学素养的形成具有不可替代的作用。实验教学可以激发学生的兴趣，极大地调动学生学习的积极性，帮助学生形成科学概念，获得知识和技能，在培养学生的探究能力、创新精神、科学思维等方面具有重要的作用。

实验室是进行科学实验及对学生进行科学训练的场所，实验室规则是为保证正常的实验环境和工作秩序，防止意外事故发生，是做好实验的前提和保障。学生在实验室应遵守以下规则：

（1）实验室专室专用，不应用于其他与实验研究无关的活动。

（2）实验课前应提前五分钟进入实验室，穿着实验服、整理头发，有序就座。实验室内禁止大声喧哗，禁止饮食。

（3）实验室内注意爱护公共财物，小心使用仪器和实验设备，节约药品、水、电和气。不慎损坏物品要赔偿，故意损坏物品或擅自将仪器、药品等带离实验室者，除赔偿外，给予纪律处分。

（4）实验前请认真预习，明确实验目的和要求，弄清实验的基本原理、实验操作技术和基本仪器的使用方法，熟悉实验内容、方法和步骤及注意事项，完成预习报告。

（5）实验开始前应先清点仪器、药品等是否齐全，发现问题请及时报告老师。未经教师允许，不得擅自动用实验台上的药品、仪器、设备等。

（6）实验过程中，一切听从任课教师指导，严格按步骤进行。如出现问题，应立即向指导教师汇报，以便及时解决和处理。实验中积极动手实践，仔细观察并做好记录。

（7）使用药品时注意药品应按实验内容中的规定量取用，若未规定用量，应尽量少用；药品自瓶中取出后，不得倒回原瓶中，以免引起瓶中药品污染变质。

（8）保持实验台面整齐清洁，公用药品和仪器应在原位置取用，不得随意挪动。废纸、废液等应倒入专门的废物/液缸内，严禁倒入水槽内，以防水槽堵塞和腐蚀下水管道。

（9）实验完毕后，应及时清理器皿，按原位置摆放整齐。值日生负责打扫和整理实验室，关好水、电等阀门，检查无误后报告老师，经教师允许方可离开。

（10）实验后需对实验现象认真分析和总结，对原始数据进行处理，对实验结果进行讨论。根据要求完成实验报告，交给教师批阅。

（11）实验室要保持清洁、整齐，经常通风，及时排出有害气体。实验所产生的有毒或腐蚀性废物、污水等要妥善排出或集中深埋，严格按环保部门规定处理，严禁随地抛弃。

第二节　实验室“三废”处理与环境保护措施

一、实验室废水的处理

实验或检测过程中会产生大量的废水，这些废水若不进行处理，直接排放将会造成极大的污染。根据废水的来源，可分为实验前采样多余的水样以及实验过程中所产生的废水。

采样环节所剩余的水样分为污染水样和未污染水样。未污染水样可在进行检测实验后直接排放；污染水样按照污染物质分类，标明时间、监测物质及污水性质后分类处理。

实验过程中废水可分为有机废水及无机废水。有机废水主要为实验常用的有机溶剂以及有机洗涤液，无机废水主要为含重金属废水以及酸碱试剂等。对各类废水按其特性贮存，标明时间及性质，严禁将废水混合存放。部分废水可尝试以废制废，做到减量化。

(1)无毒害的废液，如浓度低的无机盐可以直接排放。

(2)普通废液，可通过氧化还原、酸碱中和处理后加水稀释至盐类浓度低于5%后排放。如HCl和NaOH反应生成盐和水。

(3)含有重金属的废液，可通过混凝沉淀法处理。如含汞废液，可将pH值调至8~10，再加入过量Na_2S，使其生成Hg S沉淀，再加入$Fe(OH)_3$共沉淀后分离除去。

(4)有机废液可以通过物理法(过滤、沉淀、上浮、隔油和离心分离等)、化学法(通过化学反应来分离、去除废液中呈溶解、胶体状态的污染物或将其转化为无害物质)、生物法(通过微生物的代谢分解，使有机污染物转化为稳定、无害的物质)。

对于实验室内无法自行处理的，则联系有处理能力并且有资质的单位统一处理，切勿自行倾倒。另外，实验前，实验人员应充分了解实验方法中的污水性质及水量，避免实验中产生过多的废水。

二、实验室废弃物的处理

实验室废弃物应采用分类收集、回收利用的原则进行处理，不能回收利用的交由有资质的相关处理机构处理。

(1)对于实验室产生的一般固体废弃物，如碎玻璃、纸屑、废塑料等，可以分类后直接倒入垃圾桶，按生活垃圾处理。

(2)学生进行实验操作时，玻璃仪器容易产生损耗。对于破碎的玻璃仪器及其中盛放的药剂应当及时清理，防止有害物质的扩散以及玻璃碎屑划伤人。随后记录损耗的玻璃仪器和试剂，后期采购应当及时补齐。

(3)在实验过程中还会产生残留的固体试剂，如沉淀-絮凝产生的残渣，残留或失效的化学试剂，这些有毒有害的废弃物不得随意丢弃，更不得私自带离实验室。

(4)若危险废弃物学校难以处置，应当进行封存，并交由具有资质的机构处理。

(5)对重金属等有毒有害物质要进行分类储存，避免部分废液混合产生化学反应和有毒物质。

三、实验室废气的处理

实验的过程中会产生有毒有害有刺激性气味的气体，由于其自身的特殊性，不能简单地用一种方法来处理不同的废气，而应针对不同废气类型采用不同的处理方式来选择处理装置。

(1)无毒气体和少量有毒气体，可直接通过通风橱和通风管道经过空气稀释后直接排放。

(2)对于有机废气，一般采用“催化氧化＋活性炭吸附”的处理方式；对于无机废物，采用“喷淋塔+试剂”的处理方式；对于产生刺激性气味的废气，采用“催化氧化＋生物塔处理”的方式。

(3)针对大量有毒气体，可根据不同的化学性质进行吸收处理，无害后排放。如碱性NH_3可用回收的废酸进行吸收，而酸性气体SO_2等则可用废碱溶液吸收后排放。对于可燃性气体，或含苯、醛、酮、醇等有机气体在排放口燃烧排放也可消除污染。

实验室还应设置通风橱和集气罩，有废气产生的实验要开启通风装置才能进行，有特殊要求的实验必须要在通风橱中进行。

第三节　实验安全与防护条例

一、科学实验室仪器的存放

(1)仪器室内须干净整齐，干燥，空气新鲜，配备防火防盗措施。摆放仪器时，有次序分类摆放。

(2)以仪器橱为单位，记录仪器的名称、规格和数量，并在橱内建立细目卡，做到一目了然，取放方便。

(3)木制仪器存放时要防潮、防压以免变形。例如演示直尺、木直尺、杠杆等最好放在专用支架上。

(4)金属制仪器设备使用完毕,要擦拭干净,滴加少量防护油,以防生锈,如游标卡尺、千分尺、圆柱体组、光具座、两用气筒、测力计、验电器等。

(5)电表类仪器应避开磁场,存放于干燥处,以防磁化或退磁,搬动时避免剧烈振动。

(6)标本类仪器设备不应放置在高温暴晒环境中,防止老化褪色变形。

(7)对于昆虫标本、腊叶标本、浸制标本,每年应定期检查,做好防霉防虫蛀等工作。一般在每年夏季到来之前在昆虫标本、腊叶标本橱内放入干燥剂和樟脑,秋季检查浸制标本,药液不满的要及时加注药液,浑浊的要更换新液;标本瓶口密封不严的要重新用石蜡密封。

(8)活动挂图存放在专用仪器柜内,竖直摆放,便于存取。教学挂图要成套保管,使用后平整地放入专用橱中,防止卷曲或部分断裂。

(9)电子秤、温度计、湿度计等精密的量表仪器对存放的环境有较高要求,如果存放条件较差,则会引起仪器的生霉和生锈等问题,从而造成仪器的损坏。存放仪器的房间应做到干燥、明亮、通风条件良好,减少仪器生霉、生锈、生雾等危害的发生。

(10)实验中经常使用到的各种玻璃仪器,使用完之后一定要确保清洗干净,仪器干净与否会影响到实验结果的准确性。所以,每次使用完后,一定要及时认真清洗,并放回原位。

(11)各种仪器、药品应根据不同性质、性能和要求分类,入盘存放,定位入橱,做到存放整齐,取用方便,用后复原;同时要做好防尘、防潮、防压、防磁、防腐、避光等工作。

(12)对贵重仪器和易燃、易爆、剧毒药品须设置专室、专橱,双人双锁管理。

二、科学实验室试剂的存放

1. 需要隔离存放的物质

易燃类、剧毒类、强腐蚀性类、低温贮存类药品需分类放置,存放于通风、阴凉、温度低于30 ℃的药品柜中。有些药品遇光容易分解,须避光保存。固体与液体、酸与碱应分别放置。

2. 试剂存放的要求

(1)实验室内应设置单独存放化学试剂的存储室或存储柜,防止试剂挥发物对实验室的污染,同时避免化学实验产生的物质对化学试剂的影响。

(2)化学试剂要放置在能防尘、防止各种蒸气或气体玷污和侵蚀的专用玻璃试剂柜里,按试剂的性质分类存放。

(3)室内要保持一定的温度和湿度,要避免强光照射,要有良好的排风设备。

(4)对存放的试剂要定期检查瓶上的标签是否完好,有问题应及时更换。

(5)室内应备齐防火器材和沙箱等应急用品。

3. 特殊试剂的存放以及注意事项

(1)易潮解、易失水风化、易挥发易吸收、易氧化、易吸水变质的化学试剂,须密闭保存。

(2)见光易变色,易分解、氧化的化学试剂,须避光保存。

(3)爆炸品、剧毒品、易燃品、腐蚀品等应分开单独存放。

(4)溴、氨水等应放在普通冰箱内,某些高活性试剂应低温干燥贮放。

(5)各种试剂均应包装完好、封口严密,标签完整、内容清晰等。

(6)化学试剂保管员必须每周检查一次温湿度表,并做好记录。记录内容包括检查时间、检查人、温度、湿度、结果、备注等,超出规定范围应及时调整。

(7)保持室内清洁,保证所贮存试剂的实际贮存条件符合规定要求。

(8)配制试剂应在实验室操作区内保存,除执行化学试剂贮存要求外,还应特别注意其外观的变化。由相关化验员负责保管,过期不得使用,须重新配制。

(9)注意室内温湿度变化,夏季高温季节受热易分解试剂应放在冰箱内保存。

(10)配制试剂要进行严密的封口,瓶口或盖损坏要及时更换。

三、防护条例

(1)实验室各类人员牢记"安全第一、预防为主"的思想,重视实验室的安全工作。

(2)按照"四防"(防火、防盗、防破坏、防事故)的要求,建立健全安全责任制和各种安全制度,落实安全措施,加强安全管理。

(3)实验室内实行岗位安全责任制,实验中心主任应经常检查实验室安全情况,指导、督促安全工作的落实。各实验室负责人,要进行定期安全例行检查,发现问题及时报告、及时解决。

(4)实验室钥匙专人管理,严防丢失、私自配制。

(5)严格遵循用电安全的有关规定,严禁超负荷用电、乱拉临时电线,及时发现、及早解决用电安全隐患。

(6)对学生进行实验室安全教育,严肃对待实验操作。未经允许不得进入实验室,不得使用实验仪器。操作仪器设备时精神集中,爱护仪器设备。

(7)实验室仪器设备规范摆放,定期保养维护。

(8)配备合适数量的消防器具,定期组织师生进行消防演练。楼道内禁止堆放物品,保持消防通道畅通无阻。

(9)实验完毕后应检查电器线路、通风设施,整理好设备,发现破损、故障及时维修、报告。离开实验室时切断电源、关好门窗。

第四节　实验室的简单救护

一、气体、液体泄漏的处理

(1)易燃、有毒气体泄漏。现场人员首先切断总闸电源(避免断电时电弧引起火灾),佩戴个人防护用具,然后迅速开门窗通风,并按照危险程度通知邻近实验室或整座建筑人员撤离至上风区,在做好安全保障工作之后对泄漏源进行控制处理。

(2)易燃、腐蚀、有毒液体泄漏。现场人员首先切断总闸电源(避免断电时电弧引起火灾),佩戴个人防护用具,避免中毒和受到灼伤,然后使用相应物质擦拭和吸收。大量泄漏时在实验室门口设置堵截围堰后撤离,等待应急救援人员处置。

二、火灾的处理

实验中一旦发生火灾切不可惊慌失措,应保持镇静。组织人员选用合适的方法进行扑救,同时立即报警。扑救时应遵循先控制、后消灭,救人重于救火的原则。首先应立即切断室内一切火源和电源,然后根据具体情况正确地进行抢救和灭火。常用方法如下:

(1)易燃、液化气体类火灾,首先切断电源,开门窗通风,起火初期首先控制气体泄漏,然后使用灭火毯遮盖扑灭。如无法控制气体泄漏,当容器内容物储存量低于爆炸极限时,使用干粉灭火器扑救,火焰消失后使用灭火器对周边环境降温至室温以免气体重新燃烧或爆炸;否则,必须保持稳定燃烧,避免大量可燃气体泄漏出来与空气混合后发生爆炸。

(2)氧化剂和有机过氧化物的灭火比较复杂,使用者务必慎重考虑安全问题,熟知安全操作知识和理化性质,以备险情发生时采取适当措施。 一般应采取以下基本方法:

①迅速查明着火或反应的氧化剂和有机过氧化物以及其他燃烧物的品名、数量、主要危险特性、燃烧范围、火势蔓延途径、能否用水或泡沫扑救。

②能用水或泡沫扑救时,应尽一切可能切断火势蔓延,使着火区孤立,限制燃烧范围,同时应积极抢救受伤和被困人员。

③不能用水、泡沫、二氧化碳扑救时,应用干粉或用干燥的砂土覆盖。覆盖过程应先从着火区域四周尤其是下风等火势主要蔓延方向覆盖起,形成孤立火势的隔离带,然后逐步向着火点进逼。

(3)对于一些特殊化学药品或物品的处理。

①酒精及其他可溶于水的液体着火,可用水灭火。

②汽油、乙醚、甲苯等有机溶剂着火,应用灭火毯或砂土扑灭。绝对不能用水,否则会扩大燃烧面积。

③金属钠着火,用砂土覆盖灭火。

④导线和电器外壳着火,不能用水及二氧化碳灭火器,应先切断电源,再用干粉灭火器或覆盖法灭火。

(4)若火势较大无法扑灭时,应及时逃生自救。

①提前熟悉实验室的逃生路径、消防设施存放位置及自救逃生的方法,平时积极参与应急逃生预演,将会事半功倍。

②应保持镇静、明辨方向、迅速撤离,千万不要相互拥挤、乱冲乱窜,应尽量往楼层下面跑,若通道已被烟火封阻,则应背向烟火方向离开,通过阳台、气窗、天台等往室外撤离。

③为了防止火场浓烟呛入,采用湿毛巾、口罩蒙鼻,匍匐撤离。

④禁止通过电梯逃生。

⑤如果无法撤离,应退居室内,关闭通往着火区的门窗,还可向门窗上浇水,延缓火势蔓延,并向窗外伸出衣物或抛出物件发出求救信号或呼喊,等待救援。

⑥如果身上着火,千万不可奔跑或拍打,应迅速撕脱衣物,或通过用水、就地打滚、覆盖厚重衣物等方式压灭火苗。

三、爆炸的处理

(1)混合性爆炸发生后,现场和周边实验室人员应开门窗通风,切断电源,熄灭所有点火源,避免发生二次爆炸,尽快通知学校消防及单位安全负责人,必要时拨打 119 报警。

(2)人员紧急疏散、撤离。

(3)受伤人员及时救治。对受到化学伤害的人员进行急救时,按下列方法紧急处理:

①置神志不清的伤员于侧位,防止气道梗阻,呼吸困难时给予氧气吸入;呼吸停止时立即进行人工呼吸;心脏停止者立即进行胸外心脏按压。

②皮肤污染时,脱去污染的衣服,用流动清水冲洗;头面部灼伤时,要注意眼、耳、鼻、口腔的清洗。

③眼睛污染时,立即提起眼睑,用大量流动清水彻底冲洗至少 15 min。

④发生冻伤时,应迅速复温。复温的方法是采用 40~42 ℃恒温热水浸泡,使其在 15~30 min 内温度提高至接近正常。在对冻伤的部位进行轻柔按摩时,应注意不要将伤处的皮肤擦破,以防感染。

⑤发生烧伤时,应迅速将患者衣服脱去,用水冲洗降温,用清洁布覆盖创伤面,避免创

面污染；不要任意把水泡弄破。患者口渴时，可适量饮水或含盐饮料。

⑥误服化学试剂者，可根据物料性质，对症处理，必要时进行洗胃。

⑦经现场处理后，迅速就近护送至医院救治。

四、触电的处理

（1）触电处理方法。尽快让触电人员脱离电源。应立即关闭电源或拔掉电源插头。若无法及时找到或断开电源，可用干燥的木棒、竹竿等绝缘物挑开电线，不得直接触碰带电物体和触电者的裸露身体。

（2）现场急救方法。

①触电者神志清醒，让其就地休息。

②触电者呼吸、心跳尚存，神志不清，应仰卧，周围保持空气流通，注意保暖。

③触电者呼吸停止，则口对口进行人工呼吸；触电者心脏停止跳动，应马上进行心肺复苏；若呼吸、心脏全停，则两种方法同时进行。同时立即拨打120，尽快将触电者送往医院，途中继续进行心肺复苏。

注意：现场抢救不能轻易中止，要坚持到医务人员到场后接替抢救。

（3）触电事故发生后，应立即在现场设置警戒线，同时向单位安全责任人报告，维护抢救现场的正常秩序，警戒人员应当引导医务人员快速进入事故现场。

（4）事故现场警戒线必须待医务人员将触电者带离现场赴医院救治、事故调查和排险抢修工作完毕、现场已无事故隐患时方可解除。

五、突发停电、停水的处理

面对突发的停电、停水事故，首先应维护好现场秩序，防止意外事故的发生，具体如下：

（1）安全责任人及时通知各实验室人员检查开关和水龙头是否关闭。

（2）所有仪器插头全部从插座中拔出。

（3）实验室发生水灾时，应第一时间关闭水阀，并组织人员进行积水清除，防止祸及其他实验室，造成更大损失。

六、机械意外事故的处理

（1）使用机械时，应根据实际配备个人防护用品，如护目镜、手套等。

（2）发现有人受伤后，立即切断设备电源，现场有关人员立即向周围人员呼救，通知实验老师处理现场，根据伤害部位和伤害性质进行处理。

(3)创伤出血者迅速包扎止血，严重者马上送往医院救治。

(4)发生断指立即止血，尽可能做到将断指冲洗干净，用消毒敷料袋包好，放入装有冷饮的塑料袋内，将断指与伤者立即送往医院。

(5)若肢体骨折，固定伤肢，避免不正确的抬运，送往医院。

(6)对不明伤害部位和伤害程度的重伤者不要盲目进行抢救，以免引起更严重的伤害。

(7)做好事故现场的保护工作，以便进行事故调查。

七、割伤的处理

(1)用药棉及硼酸水擦洗伤口，将一切附着物完全清除后涂碘酒。

(2)碘酒蒸发后，用纱布包扎伤口。

(3)若伤口较深较大、大量出血应及时送往医院治疗。

八、轻度烫伤或烧伤的处理

轻度烫伤或烧伤用硼酸水及药膏涂抹，用纱布包扎好；烫泡大者，不可刮破，须前往医院交由医生妥善处理。

九、药品烧伤的处理

(1)被酸或碱烧伤时，尽可能快地用水冲洗，只有用水冲洗后才可涂中和剂(被碱烧伤时用醋酸或硼酸，被酸烧伤时用碳酸氢钠溶液)。

(2)被金属钠蚀伤的情况与被碱烧伤的情况处理方式相同。

十、眼睛受伤的处理

眼睛受伤立即用水冲洗眼睛(不可用手擦或摸眼睛)，对眼睛使用中和剂时应特别小心，只能用不大于1%的硼酸或碳酸氢钠溶液，最后以蒸馏水冲洗。

第五节　实验室消防规则

实验室是校园安全的重点防范对象。一般来讲，实验室消防事故主要因为实验室人员消防安全意识淡薄、违规操作、缺乏消防安全常识等所致。因此，无论是实验室的使用者还是管理者都应掌握基本防火常识和技能，主动预防火灾事故的发生。

（1）实验室中必须放置合乎标准数量的消防器材，而且需要放置在方便取用的醒目位置，指定专人管理，并且定期检查更换。

（2）实验室禁止乱堆杂物，消防通道要时刻保持畅通，保持室内整洁卫生。

（3）实验室中存放的易燃、易爆物品（比如氢气、氮气、氧气等）必须和火源、电源保持一定距离，不能随意摆放。使用和储存易燃、易爆等物品的实验室，必须严禁烟火。易燃液体的废液必须用专门容器收集，防止造成爆炸事故。

（4）实验室内禁止吸烟，一般不准用明火。实验中必须用明火时，操作者不得离开，且必须加强防范措施，周围要清除可燃物品。

（5）实验室中不能乱接电线、不能超负荷用电、不能有裸露的电线头，禁止用其他金属丝代替保险丝，且保险丝规格要符合要求。

（6）电器设备、线路、插头、插座应经常检查，保持完好状态，如发现可能引起火花、短路、发热、绝缘破损、老化等情况应立刻联系实验室负责人通知电工检修。

（7）使用电烙铁要放在非燃隔热的支架上，周围不应堆放可燃物，用后立即拔下电源插头。

（8）可燃性气体钢瓶和助燃气体钢瓶不得混合放置，并严禁靠近热源、明火，同时要做好防晒措施，禁止碰撞与敲击，保持油漆标志完好。

（9）发现火情时，第一时间上报给实验老师，如火势过大，须马上安全逃离火灾现场，待撤离至安全区再拨打119火灾报警电话。

第三章

科学实验中的数据表达与处理

第一节　科学实验中的测量与误差

测量就是利用科学仪器和工具,用某一度量单位将待测量的大小表示出来,是用数据描述观察到的现象的过程。测量既是科学实验的基本方法,是获取事物"量"的信息的重要途径,也是科学探究的重要环节,能为科学探究提供相应的数据支撑。由于每种测量工具或仪器有不同的量程规格和精度等级,测量完成后,一般需要对测量数据进行分析,其中,准确度分析是测量数据分析的重要内容之一。

一、误差的概念

测量值与真值的一致程度称为准确度,通常用"误差"来描述。误差是指测量值与真值之间的差值。在一定条件下,任何一个被测量的大小都是不以人的意志为转移而客观存在的,这个客观存在的量值称为真值。测量的目的是得到待测量的真值,但在实际测量操作过程中,由于测量方法、测量仪器、实验条件、观测者水平等种种因素的局限,对任何一个量进行测量都不可能得出一个绝对准确的数值。真值是一个理想概念,测量值和真值之间的差异不可避免,即由测量获得的一切数据都存在一定程度的测量误差。测量技术水平可以减小测量误差,但测量误差不会降低到零,且误差贯穿于测量过程的始终,误差越小,表示测量结果的准确度越高。

二、误差的种类及产生原因

用误差分析、描述测量数据的准确度时,标准不同,误差的分类方式也不尽相同,其产生原因也各有不同。

(一)绝对误差与相对误差

根据误差比较的方法可分为绝对误差和相对误差。绝对误差是指测量值与真值之差,即

$$E=X_i-T$$

式中E代表误差;X_i代表测量值;T代表真值。当测量值>真值时,E为正值;反之,E为负

值。绝对误差是以同一单位量纲反映测量结果偏离真值大小的值,既能反映误差的大小,又能指明其正负,能确切地表示测量值偏离真值的实际大小。

相对误差指的是测量所造成的绝对误差与被测量(约定)真值之比乘以100%所得的数值,以百分数表示,即

$$E=\frac{X_i - T}{T}\times 100\%$$

相对误差能反映误差在真实结果中所占的比例,这对于比较测量结果的准确度更为方便。

(二)系统误差与随机误差

根据误差产生的原因和性质可分为系统误差和随机误差(偶然误差),它们对测量结果的影响不同,处理方法也不相同。

在同样条件下(方法、仪器、环境、人员),对某一待测量进行多次测量,其误差的绝对值和符号保持不变,或随测量条件的变化而按确定的规律变化,这类误差称为系统误差。系统误差是由某种确定原因所造成的,使测定结果系统偏高或偏低,当在同样条件下重复进行测量时,这种误差会重复出现。系统误差的大小和正负在理论上是可以测定的,所以又称可测误差。

在相同条件下,对同一待测量进行多次重复测量时,即使系统误差减小到最低程度之后,测量值仍然会出现一些难以预料和无法控制的起伏,而且测量值误差的大小和符号会随机变化,这类误差称为随机误差,又称偶然误差。随机误差是由一些未知的偶然因素造成的,其误差表现为时大时小、时正时负。

(三)误差产生的原因

测量过程中误差不可避免,系统误差和随机误差产生的原因不同,对测量结果的影响也各不相同。

1. 产生系统误差的主要原因

(1)测量仪器。仪器本身的缺陷或没有按规定条件使用仪器会给测量带来误差。如测量仪器的刻度不准、仪器本身校正不完善等,都会使测量结果受到影响;另外,仪器在装配、使用过程中,仪器部件老化、松动或装配不到位也会使仪器测量结果偏离真值。

(2)测量方法。由于测量所依据的理论公式本身具有近似值,或测量条件不能达到理论公式所规定的要求等也会引起误差。如单摆周期公式本身是近似值、在空气中测量质量时没有考虑空气浮力的影响、量热时没有考虑热量的散失、伏安法测电阻没有考虑电表内阻的影响等。

(3)测量人员。测量者的心理或生理特点、测量者缺乏技术和经验等也会导致测量值偏离真值。如观测者感觉器官的灵敏度和鉴别能力有限,在仪器的安置、校准、读数等方面都会产生误差。另外,观测者的技术水平和工作态度,也会对观测数据产生直接影响。用游标卡尺测量的量只能记为小球该位置的弦长(图3-1),如果记作该钢球直径就会产生误差;另外,游标卡尺的活动量爪卡得太紧或是太松也会带来误差。

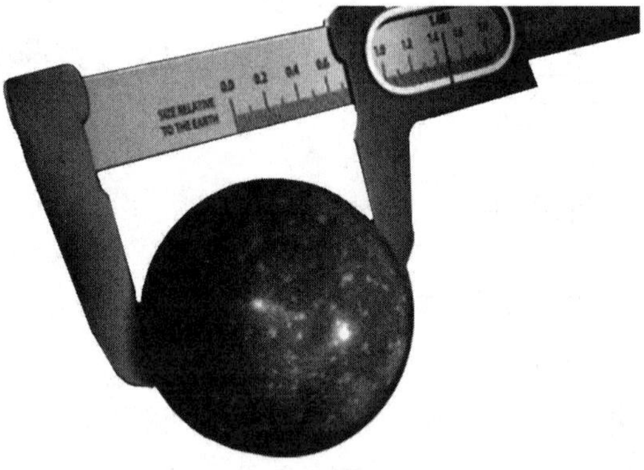

图3-1　游标卡尺测量小球

(4)外界条件。观测者观测时所处的外界条件,如温度、湿度、风力、大气折光等因素及其变化都会对观测数据产生影响。如要测量一颗钢球的直径,选用游标卡尺比米尺的准确度要高,但不同的观测者可能读出来的数据有差异,另外,夏天测量和冬天测量的数据可能也存在差异,这都是不可避免的。

2. 产生随机误差的主要原因

(1)主观方面。测量者由于本人视觉、听觉以及手的灵活性等反应能力的限制,使得在读数时会产生误差。

(2)客观方面。由于实验条件、环境(温度、湿度、光线、气压等)在实验过程中不断起伏变化可能造成每次测量值的不稳定,从而带来误差。

三、提高测量结果准确度的方法

在测量数据分析过程中,为了提高测量结果的准确度,必须尽可能减小误差。

(一)减小系统误差的方法

在很多情况下,系统误差是影响测量结果的主要因素,进而影响实验结果,因此,设法减小或修正系统误差的影响,是误差分析的重要内容。由于人们不可能全部掌握所有系统误差的规律和大小,因而不能全部消除其对测量结果的影响,因此,系统误差只能尽可能设法减小,不可能绝对消除。减小系统误差首先要设法使它不产生,如果做不到,就设法修正它,或者设法在测量过程中减小它的影响。

1. 消除产生系统误差的根源

这是减小系统误差的最根本方法。这要求测量者仔细分析所采用的实验方法、仪器、设备、环境条件和测量者素质等,对可能产生系统误差的因素,尽可能预先处理,从根源上加以消除。如采用符合实际的理论公式、保证仪器及测量满足规定条件等。

2. 用修正值修正测量结果

这种方法是预先用标准仪器对测量器具进行校准,得出误差表或校正曲线,然后取与误差数值大小相同符号相反的值作为修正值,将实际测得值加上相应的修正值,即可得到不包含系统误差的测量结果。或对理论公式进行修正,找出修正值。由于修正值本身也可能包含一定误差,用修正值修正的方法不可能全部消除系统误差,对于残留的系统误差按随机误差进行处理。

(二)减小随机误差的方法

随机误差具有偶然性,似乎没有规律,但若进行多次测量,便会发现数据的分布符合一般的统计规律。因此,在测量过程中通过增加平行测量次数,用平均值报告测量结果,可以减少随机误差。通常,平行测量的次数为3~5次。如测量钟摆1 min摆动的次数,可以通过增加平行测量次数取其平均值提高测量结果的准确度。

表3-1　钟摆1 min摆动次数记录

第1次	第2次	第3次	第4次	第5次	平均值

值得注意的是,不能将任何实验结果的偏差都归咎于误差。如在测量过程中加错试剂、操作不规范、读错刻度、记录和计算错误等过失行为造成的偏差不属于误差,过失是可以避免的。实验结果一旦产生偏差,实验者应反思实验过程,采取实事求是的科学态度,认真分析产生偏差的原因。

思考题

(1)如果没有密度计,想要测量水的密度,可采用哪些测量方法?要提高水的密度测量结果的准确度,你认为可以采取哪些措施?

(2)你认为该如何对测量过程中的系统误差进行判断和评估?

第二节　实验数据的记录与有效数字

通过观察、测量可以得到各种数据，这些实验数据是科学实验过程中的原始资料，因此，实验数据记录是科学实验过程中的必要环节和重要内容，实验数据记录的正确与否，会直接影响实验结果的准确程度。

一、实验数据的记录

科学实验过程中，为了得到正确的分析结果，不仅要准确地进行各种测量，还要正确地记录各种数据。在科学实验过程中，实验者应该准备好实验记录本，细心观察，认真读数，正确记录有关实验数据。进行实验操作之前，首先要明确测量仪器的规格和量程，仪器不同，其规格和量程也不尽相同。因此，正确记录实验数据不仅要体现数值，而且要标注单位。例如，一般的直尺最小分度值为1 mm，游标卡尺最小分度值为0.02 mm，螺旋测微器最小分度值为0.01 mm。

实验数据记录的基本要求如下：

1. 实验数据记录要真实

实验数据记录必须做到及时、真实、准确，不得随意删除、修改或增减数据，严禁伪造和编造数据。如发现实验数据测错、读错、算错而需要修改时，可将该数据用一横线划去，并在其上方写出正确的数字。

2. 实验数据记录要规范

实验数据记录最好使用统一格式且带有页码编号的专用实验记录本，根据科学实验的步骤和测量仪器的规格，记录有效数字，并标注单位。数据记录过程中尽可能采用表格形式，以方便实验结果分析过程中对数据进行归纳整理。

3. 实验数据记录要完整

实验数据记录既要体现根据实验要求选择的测量仪器的规格，也要记录测量过程中各种数据；既包括直接观测到的数据，也包括需要间接处理的中间数据；既要手写记录相关数据，计算机、自动记录仪打印的图表和数据资料等也应贴在记录本相应位置。

记录实验数据时，一定要有严谨的科学态度，实事求是的精神，切忌夹杂主观因素，更不能随意拼凑或伪造数据。

二、有效数字

（一）有效数字的概念

在实验数据的记录和结果的计算中，保留几位数字不是任意的，要根据测量仪器、分析方法的准确度来确定，这就涉及有效数字的概念。所谓有效数字，是指实际能够测量得到的具有实际意义的数字。能够测量得到的数字除了能读到的最小刻度数字外，还应该包括最后一位估计的、不确定的数字。通过直读获得的准确数字叫作可靠数字；通过估读得到的那部分数字叫作存疑数字，也称不确定数字。如图3-2，物体的右端线并没有和某一条刻度线对齐，而是落在两条刻度线之间。若把长度记录为"7.6 mm"，这个结果中有两位有效数字，数字"7"是通过刻度线读出来的，它是确定的、精确的，称为可靠数字，数字"6"是根据右端线大概位置估计的，称为存疑数字，这个过程，就是"估读"，估读出来的数字存在不确定性。这个数字"6"虽然是估计出来的，不可靠，但具有实际意义，数据记录过程中应该予以保留。但若把长度记录为"7.63 mm"也不正确，只需估读一位数字即可，再估读第二位数字没有实际意义，即读数过程中一般只保留一位可疑数字。

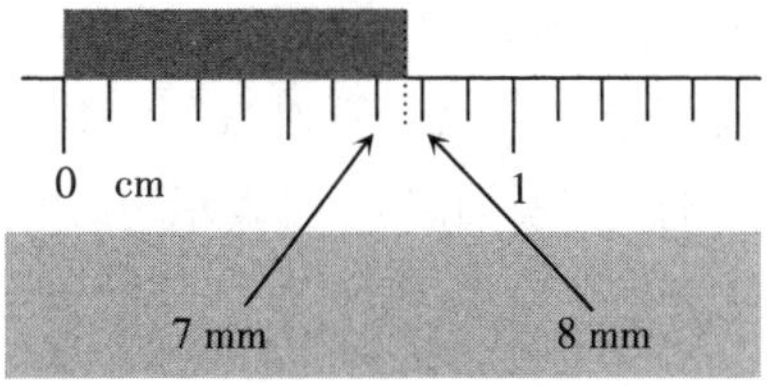

图3-2　长度的测量

（二）有效数字的表示方法

正确记录和计算实验数据，首先要明确数字的位数。数字的位数不仅表示数字的大小，也反映测量的准确程度。有效数字保留的位数，应根据测量方法和仪器的准确度来确定，一般测得的数值中只有最后一位是可疑的，但它在一定程度上反映了客观实际，因此，这位可疑的估读数字也是有效的。例如，1.35是三位有效数字，1.350是四位有效数字。注意，科学测量的数值和数学上的数值具有不同意义。在数学上，1.35=1.350=1.350 0=…；而在科学测量数值表示上，1.35≠1.350≠1.350 0≠…，位数不同，说明测量数值也不同。

有效数字的位数取决于测量仪器的精确程度，不同仪器测量同一个量时，测量结果的有效数字位数一般不相同，位数越多，测量精确度越高，反之越低。因此，在记录实验测量数据时，即便在量值上相等，也不能随意增减零。例如用最小刻度为1 mL的量筒测量溶液的体积为10.5 mL，其中10是准确的，0.5是估计的，有效数字是3位。如果用精度为0.1 mL的滴定管来测量同一溶液的体积，读数可能是10.52 mL，其有效数字为4位，小数点后第二位0.02才是估计值。

有效数字的位数还反映了测量的误差范围，若某铜片在分析天平上称量得0.500 0 g，表示该铜片的实际质量可能在（0.500 0±0.000 1）g范围内，测量的相对误差为0.02%，若记为0.500 g，则表示该铜片的实际质量可能在（0.500±0.001）g范围内，测量的相对误差为

0.2%。准确度比前者低了一个数量级。

除了记录有效数字外，有时还需要对实验数据进行进一步的计算，在计算一些有效数字位数不相同的数时，可以按有效数字运算规则进行计算。

1. 加减运算

加减运算结果的有效数字的位数，应由运算数字中小数点后有效数字位数最小者确定，即只保留一位可疑数字。计算时可先不管有效数字直接进行加减运算，运算结果再按数字中小数点后有效数字位数最小的作四舍五入处理。如0.764 3、25.42、2.356三个数相加的计算式如下（“?”表示可疑数字）：

$$\begin{array}{r} 0.7643 \\ 25.42 \\ +2.356 \\ \hline 28.5403 \\ ??? \end{array}$$

数据结果应记为28.54。因为在25.42中估读位已到小数点后第二位，即25.42±0.01，其余的数再精确到第三位、第四位就没有意义了。

2. 乘除运算

几个数相乘或相除时所得结果的有效数值位数应与各数中有效数字位数最少者相同，跟小数点的位置或小数点后的位数无关。如0.98与1.644相乘为1.$\underline{61112}$，其中下划线部分数字是不准确的，故得数应记为1.6，计算时可以先四舍五入后计算。但在几个数连乘或除运算中，在取舍时应保留比最小位数多一位数字的数来运算，如0.98、1.644、46.4三个数连乘应为74.76。按取舍规则0.98×1.64×46.4为74.57，二者结果一致，记为75。若只取最小位数的数相乘0.98×1.6×46=72，这样就导致误差扩大了。

3. 对数运算

在进行对数运算时，所取对数位数应与真值的有效数字位数相同。如$\lg 1.35\times10^5=5.130$，结果为三位有效数字，其中5为10^5经对数运算所得，不是有效数字。

由于不确定度本身只是对误差的一个估计值，所以有效数字最后一位估读数字反映了误差的范围。在记录实验测量数据时必须使用有效数字，不能少记，也不可多记，要按有效数字正确记录和计算。

思考题

（1）你认为有效数字与误差之间有无关系？请阐述你的理解。

（2）测量仪器是如何确定测量结果的有效数字的？请举例说明不同仪器如何影响有效数字的确定。

第三节　实验数据表示与处理

在科学实验过程中观察或测量所得到的各种数据，需要进行准确描述和恰当处理。从获取数据到得出结论的整个过程称为数据处理，包括数据记录与整理、计算与分析、得出结论等过程。实验数据及其处理方法是分析和讨论实验结果的依据，数据处理涉及的内容有很多，在进行科学实验时，通常用到的科学实验数据处理方法有列表法、作图法、逐差法等，其基本要求是准确、清晰和便于应用。

一、列表法

在记录和处理数据时，常常将所得数据列成表。数据列成表后，可以简单明确地表示出有关被测量之间的对应关系，便于随时检查结果是否合理，及时发现问题，减少和避免错误，并有助于找出有关量之间规律性的联系，进而求出经验公式等。如表3-2是某同学串联电路实验数据记录情况。

表3-2　串联电路实验数据

实验序号	灯泡1		灯泡2		实验现象
	电压(V)	电流(A)	电压(V)	电流(A)	
1	2.0	0.10	1.0	0.10	灯泡1比灯泡2亮
2	3.0	0.12	1.5	0.12	
3	4.0	0.14	2.0	0.14	

列表记录、处理数据是一种良好的科学实验工作习惯，数据在列表处理时，应遵循以下原则：

(1)完整的表格应当包括表格序号、表格名称、项目及数据单位、数据和必要的注解等要素。单位写在标题栏中，不要重复地记录在各个数据上。

(2)项目的排列顺序关系到表格设计的技巧，应充分注意数据间的联系和计算的程序，力求简明、齐全、有条理，便于数据的查找、比较和反映数据间的联系，便于数据的计算和进一步处理。

(3)列入表中的除原始数据外，计算过程中的一些中间结果和最后结果也可以列入表中。表中所列数据要正确反映测量结果的有效数字。

(4)若是函数测量关系的数据表，则应按自变量由小到大或由大到小的顺序排列，并注意函数关系的对应。

二、作图法

作图法是根据实验数据在坐标纸上描点，并将所有点连成光滑曲线（含直线），从而直观反映各个量之间变化关系的图像的方法。如图3-3是某同学在实验测得的8组电流、电压数据基础上，根据8个实验数据点作出的小灯泡伏安特性曲线图。一般情况下，先用表格记录实验数据，再画出图像，但有时也可以由实验直接作出图像。

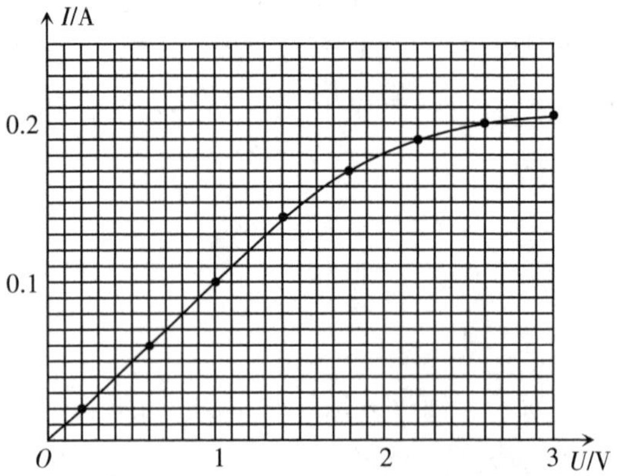

图3-3　小灯泡伏安特性曲线

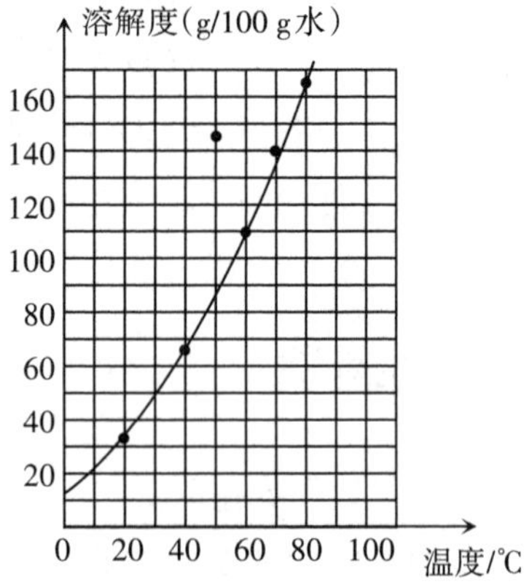

图3-4　硝酸钾的溶解度曲线

在根据实验数据描绘图像时，数据点并不一定都在曲线上，可以使数据点均匀分布在曲线的两侧，从而减小实验的随机误差。如有个别数据点离曲线很远，则该点在一般情况下是错误的，但遇到这种情况要谨慎处理，最好对该点的数据进行重新测量。如图3-4是某实验小组对6个不同温度下硝酸钾的溶解度所作的溶解度曲线，图像中有一个实验数据点不在曲线上且离曲线较远。若重新测量后发现测量无误，则应考虑其特殊性，并将此数据纳入所作的图像中。

制作一张完整且正确的图像，其基本步骤包括：图纸的选择，坐标的分度和标记，标出每个实验点，作出一条与许多实验点基本相符合的图像，注解和说明。

作图法处理科学实验数据是数据处理的常用方法之一，其优点是直观、简便，能清楚地显示出所研究对象各量之间的对应关系和变化规律。如极大值或极小值、转折点、周期性、变化速度等。另外，作图法还能起到取平均值的作用，并能提供图像中的异常点，发现测量中存在的可能错误。特别是在某些科学实验规律和结果还没有完全掌握或者还没有找到明确的函数表达式时，采用作图法来表示实验结果，能形象直观地显示实验量的变化规律。

作图法的基本原则是：

（1）根据函数关系选择适当的坐标纸（如直角坐标纸、单对数坐标纸、双对数坐标纸、极坐标纸等）和比例，画出坐标轴，标明物理量符号、单位和刻度值，并写明测试条件。

(2)坐标的原点不一定是变量的零点,可根据测试范围加以选择。为了使图线在坐标纸上布局合理和充分利用坐标纸,坐标轴的起点不一定从变量“0”开始。

(3)描点和连线。根据测量数据,用直尺和笔尖使对应的实验点准确地落在相应的位置。一张图纸如需画几条实验曲线时,每条曲线应用不同的标记符号标出,以免混淆。连线时,要顾及数据点,使曲线呈光滑曲线(含直线),并使数据点均匀分布在曲线(直线)的两侧,且尽量贴近曲线。个别偏离过大的点要重新审核,属过失误差的应剔除。

(4)标明图名。即做好实验图像后,应在图纸下方或空白的明显位置处,写上图的名称、作者和作图日期,有时还要附上简单的说明,如实验条件等,使读者一目了然。作图时,一般将纵轴代表的物理量写在前面,横轴代表的物理量写在后面。

三、逐差法

逐差法是对等间距测量的有序数据进行逐项或相等间距相减得到结果的方法。逐差法计算简便,在检查测量数据时,可以随测随检,能及时发现数据差错和数据变化规律,是科学实验中数据处理的方法之一。

逐差法是把实验数据列成表格进行逐次相减或等间距相减。如表3-3是一组弹簧伸长与受力关系的实验数据。

表3-3　弹簧伸长与受力关系及相关计算数据

砝码质量(g)	弹簧增重读数(mm)	弹簧减重读数(mm)	平均位置L读数(mm)	逐次相减(mm)	等间距相减(mm)
0	58.2	61.2	$L_0=59.7$	$L_1-L_0=14.3$	$L_3-L_0=42.7$
200	73.8	75.2	$L_1=74.0$	$L_2-L_1=14.3$	
400	87.2	89.4	$L_2=88.3$	$L_3-L_2=14.1$	$L_4-L_1=42.4$
600	101.0	103.8	$L_3=102.4$	$L_4-L_3=14.0$	
800	115.7	117.1	$L_4=116.4$	$L_5-L_4=13.0$	$L_5-L_2=41.1$
1 000	129.4	129.4	$L_5=129.4$		

表中的计算结果表明,逐次相减的结果相近,说明弹簧伸长与所加砝码质量呈线性变化关系;同时表中$L_5-L_4=13.0$ mm,较其他相减结果偏小,可能是这个值有某种程度的系统误差。因为实验中增加砝码读一次数,减少砝码读一次数,减砝码读数普遍比增加砝码读数偏大,从L_0到L_4的结果都是增重和减重的平均值,因此抵消了一部分系统误差,而L_5是一次测得值,增减砝码之间的差异在这个值上没有被抵消。由此可见,通过逐差法进行数

据处理，可获得更多信息。

科学实验离不开误差分析，离不开对数据的处理，在科学实验的数据处理环节，实验者可以根据实验数据的特点选择相应的处理方法。

思考题

(1)你认为列表法处理实验数据有何优点？使用列表法处理实验数据时应该注意哪些问题？

(2)选择实验数据处理方法的主要依据是什么？你认为需要考虑哪些问题？

第四章

科学实验仪器与基本操作

第一节　物质科学领域常用仪器

在中小学阶段，物质科学领域的仪器最庞杂。本节主要介绍常用仪器的使用。

一、常用玻璃仪器及基本操作

1. 量筒

【仪器介绍】

量筒是量度液体体积的一种玻璃仪器，如图4-1所示，少数使用透明塑料制造。量筒的规格以所能量度的最大容量表示，常用的有10 mL、25 mL、50 mL、100 mL、250 mL、500 mL、1 000 mL等。

量筒一般只能在精度要求不很严格时使用，是一种粗略的量器，通常用于定性分析。

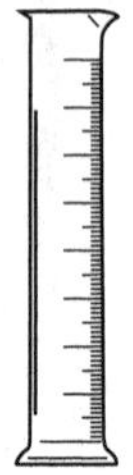

图4-1　量筒

【基本操作】

(1)根据所取溶液体积，选用能一次量取的最小规格的量筒。

(2)使用前，先清洗量筒或者使用待量取溶液进行润洗。

(3)将液体注入量筒时，应左手拿量筒，量筒略倾斜，右手拿烧杯(或试剂瓶)紧挨量筒口，让液体缓缓流入，直到液面接近所需体积；改用胶头滴管吸取液体逐滴加入，直至凹液面的最低处到达指定刻度线。

(4)读数时应将量筒放水平桌面上，视线与量筒内液体的凹液面的最低处保持水平，读出所取液体的体积数。

(5)读数后，应立即将液体倒入指定容器中，倾倒完毕后将量筒小嘴在容器壁上轻轻刮一下，最后用清水清洗量筒。

【注意事项】

(1)量筒不能做反应容器，也不可配制溶液。

(2)量筒不可加热，也不能量取热溶液。

(3)量筒清洗时，不可使用去污粉，以免划坏刻度；应用清水冲洗干净。

2. 试管

【仪器介绍】

试管是中小学实验室常用仪器，可用于少量液体或固体试剂的反应容器，在加热或常温下使用。试管分普通试管和具支试管等多种，如图4-2所示。普通试管一般以管口外径（mm）×长度（mm）表示，如10×100、15×150、18×180、25×200等。具支试管是一根具有侧支管的平口试管，它的侧支管主要用于与抽气管连接，也可用于装配气体发生器或小型气体发生器。

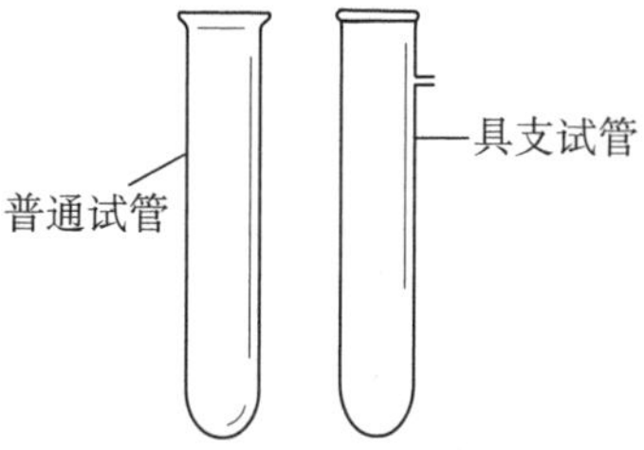

图4-2　常规试管

【基本操作】

（1）根据需要选择合适材质、容积、规格的试管，并用试管刷与少量洗液或去污粉清洗；带有刻度的试管不能使用试管刷和去污粉。

（2）装液时，可用试剂瓶瓶口紧挨试管口倒入，或者使用滴管悬空滴加。

（3）装块状固体时，试管横放，使用镊子夹取放置试管口，然后慢慢竖起试管使固体滑入试管底；添加粉末时，应用药匙伸入试管底部，再缓慢直立试管。

（4）加热液体时，使用试管夹或应用铁架台夹持，将试管夹从试管底部往上套，夹在试管中上部或离管口1/3处，试管口略向上倾斜；先用酒精灯预热，再集中加热。

（5）加热固体时，试管口略向下倾斜，先用酒精灯预热，再集中加热。

（6）使用完毕，应及时清洗，并置于试管夹干燥。

【注意事项】

（1）装溶液时不超过试管容量的1/2，加热时不超过试管容量的1/3。

（2）用滴管往试管内滴加液体时不得伸入试管口；取粉末状或块状固体放入试管要用纸槽或镊子，不能使固体直接坠入试管中，防止洒落或试管底破裂。

（3）加热使用试管夹，试管口不能对着人。

3. 烧杯

【仪器介绍】

烧杯是常温或加热情况下，配制溶液、物质溶解和稀释、较大量试剂反应的最常用的容器。通常由玻璃、塑料或者耐热玻璃制成，如图4-3所示。常见的烧杯的规格有50 mL、100 mL、250 mL、500 mL、1 000 mL、2 000 mL、3 000 mL、5 000 mL等。

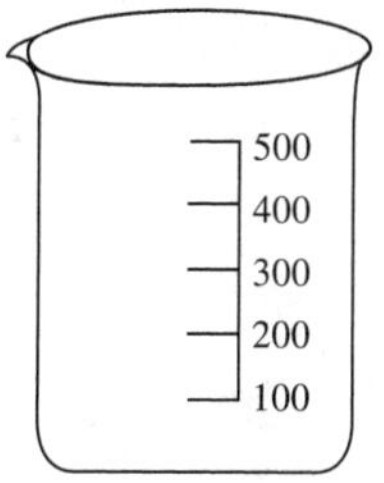

图4-3　烧杯

【基本操作】

（1）根据需要选择合适材质、容积、规格的烧杯。

（2）烧杯使用前要进行清洗，可用洗液或去污粉。

（3）烧杯加热时应将外壁的水珠擦掉，垫上石棉网使之均匀受热，不能直接加热烧杯。

(4)使用完毕,应及时清洗。

【注意事项】

(1)不能用火焰直接加热烧杯。

(2)用于溶解时,液体的量以不超过烧杯容积的1/3为宜,并用玻璃棒不断轻轻搅拌。溶解或稀释过程中,用玻璃棒搅拌时,不要触及杯底或杯壁。

(3)盛液体加热时,不要超过烧杯容积的2/3,一般以烧杯容积的1/2为宜。

(4)不可用烧杯长期盛放化学药品,以免落入尘土或使溶液中的水分蒸发。

4. 烧瓶

【仪器介绍】

烧瓶是中小学实验室常用的有颈玻璃容器,主要用于盛放液体物质,也可在试剂量较大而又有液体参加反应时使用。通常有圆底烧瓶和平底烧瓶两种。其中,平底烧瓶多在室温下使用,而圆底烧瓶可加热使用,如图4-4所示。烧瓶的容量有10 mL、25 mL、50 mL、100 mL、250 mL、500 mL、1 000 mL等多种规格。

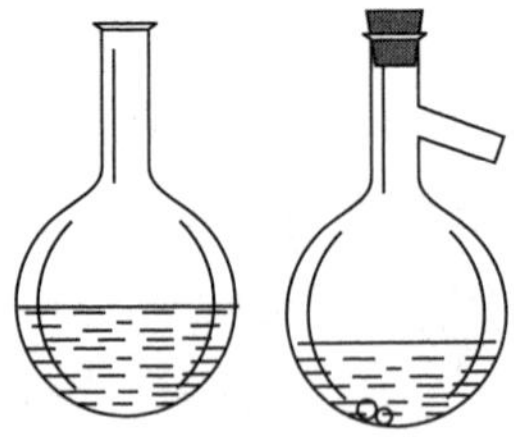

图4-4 常规烧瓶

【注意事项】

(1)加热时要垫石棉网,也可以用热浴法加热,使其受热均匀。加热时烧瓶外壁应无水滴,液体量不超过容积的2/3,不少于容积的1/3。

(2)平底烧瓶不能长时间加热;不加热时,若平底烧瓶作为反应容器,无须用铁架台固定。

(3)用蒸馏烧瓶蒸馏时最好事先在瓶底加入少量沸石,以防暴沸;配置附件(如温度计等)时,应选用合适的橡胶塞,特别注意检查气密性是否良好;蒸馏完毕必须先关闭活塞再停止加热,防止倒吸。

5. 蒸发皿

【仪器介绍】

蒸发皿是用于蒸发、浓缩溶液或灼烧固体物质的器皿,可在三脚架上直接加热,也可用石棉网、水浴等间接加热,如图4-5所示。蒸发皿有6 cm、9 cm、12 cm和18 cm等多种规格。最常用的为瓷制蒸发皿,也有用玻璃、石英、铂等制成的。

【注意事项】

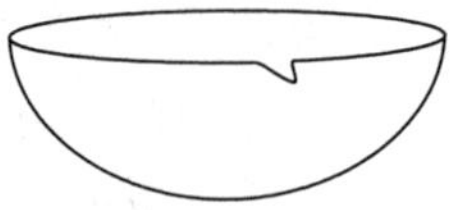

图4-5 蒸发皿

(1)加热后不能骤冷,防止破裂。

(2)加热时用三脚架或铁架台固定,应先用小火预热,再用大火加强热。

(3)加热后,要使用预热过的坩埚钳取拿或移动热的蒸发皿,不能直接放在实验台上,应放在石棉网上,以免烫坏实验台。

(4)加热蒸发皿时要不断地用玻璃棒搅拌,防止液体局部受热四处飞溅。

（5）液体量多时可直接在火焰上加热蒸发，但是液体的量不能超过其容积的2/3。大量固体析出后就熄灭酒精灯，用余热蒸干剩下的水分。

（6）液体量少或黏稠液体要垫石棉网或放在泥三角上加热，使其受热均匀。

6. 锥形瓶

【仪器介绍】

锥形瓶是平底窄口的锥形容器，又称三角烧瓶、依氏烧瓶、锥形烧瓶，主要用于装配气体发生装置、振荡、滴定操作，以及蒸馏装置的接收容器，如图4-6所示。锥形瓶的规格由50 mL至250 mL不等，亦有10 mL和2 000 mL的特制锥形瓶。

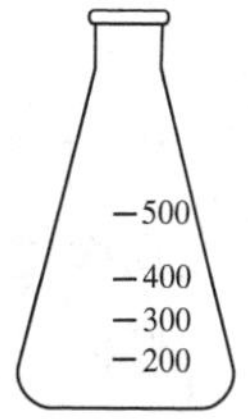

图4-6　锥形瓶

【基本操作】

（1）根据实验需要选择合适规格的锥形瓶；锥形瓶在使用前，应使用洗液进行清洗，并使用烘干器烘干，保存于干燥容器中。

（2）加热前应擦干外壁水珠，并使用石棉网。

（3）锥形瓶注入的液体不要超过其容积的1/2；振荡时，用手握住瓶颈，用手腕使瓶内液体做圆周运动，不得左右或上下振动。

（4）使用完毕，应及时清洗。

【注意事项】

（1）注入的液体最好不超过其容积的1/2，过多容易造成喷溅。

（2）锥形瓶不能用于存贮溶液。

7. 广口瓶

【仪器介绍】

广口瓶是盛放固体试剂的玻璃容器，有透明和棕色两种，有塞、无塞两类，如图4-7所示。规格以容积大小表示，小至30 mL、60 mL，大至几千至几万毫升不等。棕色瓶用于盛放需避光保存的固态试剂（如硝酸银等）。广口瓶一般用于存放固态试剂，也可用来装配气体发生装置。

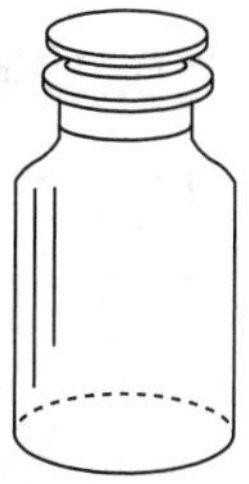
图4-7　广口瓶

【注意事项】

（1）广口瓶不能用于加热实验操作。

（2）取用试剂时，瓶塞要倒放在桌上，用后将塞塞紧，必要时密封。玻璃塞的广口瓶不能盛放强碱性试剂。如果盛放碱性试剂，要改用橡皮塞。

（3）具有磨口塞的试剂瓶在不用时，需洗净后在磨口处垫上纸条。

8. 细口瓶

【仪器介绍】

细口瓶是存放液体试剂的玻璃容器，也可用于盛放粉末状固体，有透明和棕色两种，有塞、无塞两类，如图4-8所示。规格以容积大小表示，小至30 mL、60 mL，大至几千至几万毫升不等。棕色瓶用于盛放需避光保存的液态试剂。

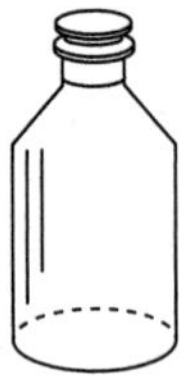

图4-8 细口瓶

【注意事项】

(1)细口瓶不能用于加热。

(2)取用试剂时，瓶塞要倒放在桌上，用后将塞塞紧，必要时密封。如果盛放碱性试剂，要改用橡皮塞。

(3)倾倒时标签朝向手心，残液流下才不会腐蚀标签。

(4)有些特殊试剂(如氢氟酸等)不能用任何玻璃试剂瓶，而选用塑料瓶盛装。

9. 集气瓶

【仪器介绍】

集气瓶是一种广口玻璃容器，瓶口平面磨砂，能跟毛玻璃保持严密接触，不易漏气，如图4-9所示。可用于收集气体、装配洗气瓶和进行物质跟气体之间的反应；收集或储存少量气体，用于气体的燃烧实验，物质在该气体中的燃烧；也可作为洗气瓶，如加入浓硫酸作为干燥装置等。

图4-9 集气瓶

【注意事项】

(1)集气瓶不可加热。

(2)用集气瓶做燃烧实验时，要在瓶底铺细砂或水，以防炸裂。

10. 普通漏斗

【仪器介绍】

普通漏斗是用于向小口径容器中加液或配上滤纸作过滤器而将固体和液体混合物进行分离的一种仪器，如图4-10所示。漏斗有长颈和短颈之分，规格以漏斗口径大小表示，如40 mm、60 mm、90 mm等。普通漏斗通常用于过滤或往口径小的容器中注入液体以及装配易溶于水的气体吸收装置。

在过滤实验中有时会使用滤纸以过滤结晶物等化学物质，过滤时根据过滤的不同要求可选用不同的滤纸。

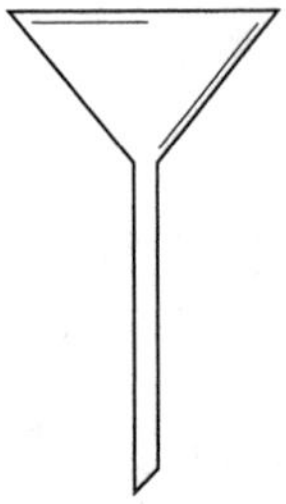

图4-10 普通漏斗

【注意事项】

(1)滤纸与漏斗内壁贴近。

(2)向漏斗中注入需要过滤的液体时,要沿玻璃棒引流入漏斗,右手持烧杯,左手持玻璃棒,玻璃棒下端紧贴漏斗三层滤纸处,使杯口紧贴玻璃棒,待滤液沿杯口流出,再沿玻璃棒倾斜之势,顺势流入漏斗内。流到漏斗中的液体,液面不能超过漏斗中滤纸边缘的高度。

(3)漏斗不能直接用火加热。若需趁热过滤时,应将漏斗置于金属加热夹套中进行。若无金属夹套时,可事先把漏斗用热水浸泡预热方可使用。

11. 分液漏斗

【仪器介绍】

分液漏斗是实验室中使用的一种玻璃仪器,包括斗体和盖在斗体上口的斗盖,如图4-11所示。斗体的下口有三通结构的活塞,活塞的两通分别与两下管连接。有球形、锥形和筒形等多种样式,规格有50 mL、100 mL、150 mL、250 mL等。球形漏斗的颈较长,多用作制气装置中滴加液体的仪器;锥形分液漏斗的颈较短,常用作萃取操作的仪器。

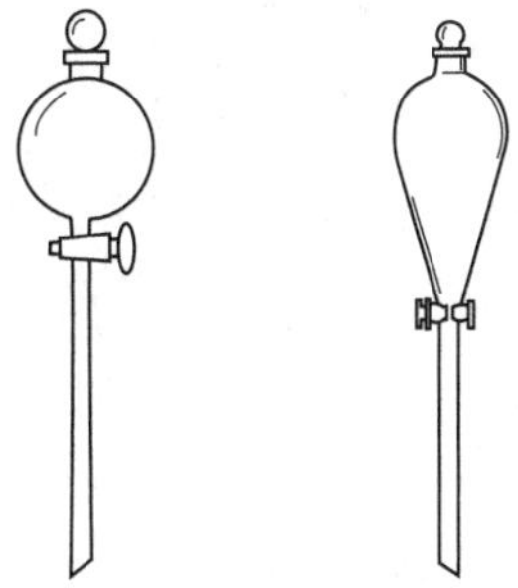

图4-11 分液漏斗

【注意事项】

(1)分液漏斗在使用前要将漏斗颈上的旋塞芯取出,涂上凡士林,插入塞槽内转动使油膜均匀透明,且转动自如。然后关闭旋塞,往漏斗内注水,检查旋塞处是否漏水,不漏水的分液漏斗方可使用。

(2)漏斗内加入的液体量不能超过容积的3/4,而且不宜装碱性液体。为防止杂质落入漏斗内,应盖上漏斗口上的塞子。

(3)漏斗用后要洗涤干净。长时间不用的分液漏斗要把旋塞处擦拭干净,塞芯与塞槽之间放一纸条,以防磨砂处粘连。

(4)分液漏斗不能加热。

12. 胶头滴管

【仪器介绍】

胶头滴管是用于吸取或滴加少量液体试剂的一种仪器。胶头滴管的规格以管长表示,常用为90 mm、100 mm两种,如图4-12所示。胶头滴管每滴为0.05 mL。

图4-12 胶头滴管

【基本操作】

(1)使用滴管时,用手指握住橡胶帽,排出滴管中的空气,然后将滴管伸入试剂瓶,松开手指,试剂就会被吸入。

(2)取完液体后,滴管应保持橡胶头在上方,不要平放或倒置,以防止溶液回流并腐蚀橡胶头。滴液体时,将其悬挂在烧杯上方,不要接触烧杯壁,以免污染滴管或试剂。

(3)不要将滴管放在测试台上或其他地方,以免污染滴管。用过的滴管应立即清洗,以便再次使用。严禁使用未清洗的滴管吸取其他试剂。

【注意事项】

(1)胶头滴管加液时,不能伸入容器,更不能接触容器(防止滴管沾上其他试剂)。应垂直悬空于容器上方0.5 cm处。

(2)使用时胶头在上,管口在下(防止液体试剂进入胶头而使胶头受腐蚀或将胶头里的杂质带进试液),不能倒置也不能平放于桌面上,应插入干净的瓶中或试管内。

(3)用完之后,立即用水洗净。严禁未清洗就吸取另一试剂。滴瓶配套的滴管无须清洗。

(4)用过后应立即洗涤干净并插在洁净的试管内,未经洗涤的滴管严禁吸取别的试剂。

13. 滴瓶

【仪器介绍】

滴瓶瓶口内侧磨砂,与细口瓶类似,瓶盖部分用滴管取代,分无色和棕色两种,用容积表示,有30 mL、60 mL、120 mL等不同规格,如图4-13所示。通常用来装使用量很小的液体,大多数在实验室内使用。当使用的液体化学药品每次的用量很少,或者是很容易发生危险时,则通常选用滴瓶来盛装该溶液。通常液态的酸碱指示剂都装在滴瓶中。

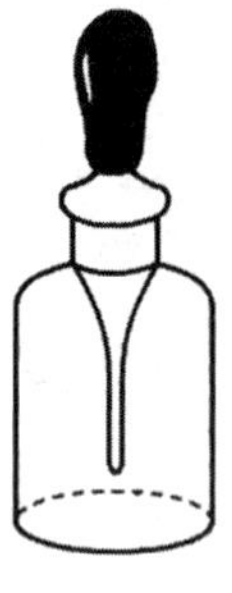

图4-13　滴瓶

【注意事项】

(1)取液时,先取出滴管,捏紧胶头,排出空气,再从瓶中吸取溶液,吸上的药品若有剩余不可倒回。

(2)滴瓶上的滴管与滴瓶配套使用,滴管下端严禁接触容器,用后插入原试剂瓶,专管专用。

(3)滴瓶配套的滴管不要水洗,滴管要竖直放置,不得平放和放倒,以免试剂腐蚀滴管。

(4)不可久置酸性、碱性、强氧化性试剂。盛碱液时,要改用软木塞或橡胶塞。

(5)滴液时,滴管不能伸入容器内,以免污染滴管,损伤容器。

二、常用观察类仪器及基本操作

1. 音叉

【仪器介绍】

音叉是呈“Y”形的铝合金或钢质发声器,可以产生单一频率的声波,如图4-14所示。音叉产生的频率由其材质、尺寸、叉臂长短等因素决定。叉臂越长,即音叉越高,产生的波长越长,音调越低;反之,波长越短,音调越高。音叉产生的声音响度,与敲击的轻重有关。轻敲音叉,产生的振幅小,响度小;反之,产生的振幅大,响度大。

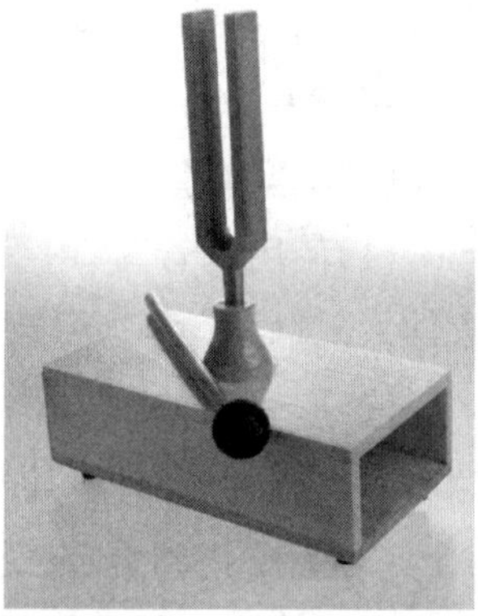

图4-14　音叉

【基本操作】

(1)在安静无声的环境内进行实验。

(2)将两个音叉分别插在共鸣腔插座上,使两个共鸣腔的开口相对,彼此相距0.5 m左右,敲击其中一个音叉,经过2 s以后,用手按住音叉使其不响,却能听到另一个音叉发生共鸣发出的声音。

(3)在音叉的叉股上套一个变频箍做实验,则因两音叉的频率不同而不会发生共鸣。

【注意事项】

(1)音叉应避免摔砸及受高热,以防频率变化,敲击音叉须用软槌,使用后表面涂上不带酸性的防锈油。

(2)音叉和共鸣腔应有可靠连接,插入与取下音叉时应避免摇动,以防插孔成喇叭形以致音叉插入时松动,影响实验效果。

2. 验电器

【仪器介绍】

验电器是用于检验物体是否带电及粗略估计带电量多少的仪器。它由外壳、绝缘塞、导棒、安在导棒下端的箔片(或指针)等部件组成,如图4-15所示。

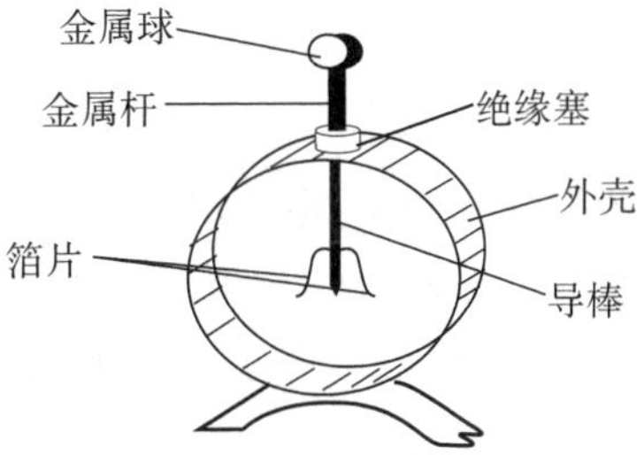

图4-15 验电器

【基本操作】

(1)检验物体是否带电。将被检验的物体与验电器金属球接触或靠近,箔片张开表明物体带电,否则不带电。

(2)检验物体带何种电荷。将所带电荷(设为正电荷)的带电体与验电器金属球接触,此时验电器上带上正电荷,箔片张开,然后将被检验的物体靠近验电球,箔片张开角度变小或合拢,那么该物体带负电荷。箔片张开角度变大,那么该物体带正电荷。

【注意事项】

(1)验电器应存放在空气流通、环境干燥的地方。

(2)如果两箔片使用前已张开,则应先用手接触验电器金属球使之中和后再实验。

(3)绝缘塞是验电器的重要部件。绝缘塞还可以用石蜡灌注或用有机玻璃及其他硬塑料来做,以提高绝缘性能。

三、常用测量类仪器及基本操作

1. 刻度尺

【仪器介绍】

刻度尺是测量物体长度的工具,刻度尺的分度值一般为1 mm。使用刻度尺测量长度是物理实验的基本技能，使用刻度尺正确读数通常也是使用其他测量仪器正确读数的基础。

【基本操作】

（1）观察刻度尺。拿到刻度尺后，观察零刻度线、量程和最小刻度值。

（2）测量物品。将刻度尺的零刻度线对准被测量物的起始点，刻度线紧贴待测物且与待测物平行。

（3）读数。视线垂直于刻度，读取刻度尺对于测量物的数值并进行估读，记录数据与单位。

【注意事项】

（1）使用前要观察刻度尺的零刻度线、量程和最小刻度值，根据待测物的大小和所需达到的测量准确度选择合适的刻度尺。

（2）为尽可能使测量精确，测量长度需要多次测量，取平均值。

2. 机械停表

【仪器介绍】

停表是实验室常用的测时间间隔的计时工具，机械停表的准确值可以达到0.1 s，电子停表的准确值可以达到0.01 s。机械停表是利用摆的等时性控制指针转动计时，它的正面是一个大表盘，上方有小表盘。秒针沿大表盘转动，分针沿小表盘转动。分针和秒针所指的时间和就是所测的时间间隔。（如图4-16所示为机械停表）

图4-16　机械停表

【基本操作】（以机械停表为例）

（1）使用前先上好发条，测量时用手握住停表，大拇指按下“开始／停止”按钮，停表指针立即走动，计时开始。

（2）再次按下“开始／停止”按钮，停表指针停止走动，指针指示出两次按压对应时刻经过的时间。

（3）测量完成，按动“复位”按钮，秒针和分针都弹回原点（零刻度处）。

【注意事项】

（1）使用前，首先要将停表调零；上紧发条，但不宜过紧。

（2）按表不要用力过猛，以免损坏机件。

（3）使用时，防止摔碰；用后，让表走动，放松发条，放回盒内。

3. 托盘天平

【仪器介绍】

天平是一种常用的称量物体质量的仪器，它由托盘、砝码、横梁、平衡螺母、标尺、刻度盘、指针等组成，如图4-17所示。托盘天平的铭牌上标有感量和最大载荷，其中感量，即精确度一般为0.1 g或0.2 g，最大载荷有100 g、200 g、500 g、1 000 g。天平依据杠杆原理制成，在杠杆的两端各有一小盘，一端放砝码，另一端放要称的物体，杠杆中央装有指针，两端平衡时，表明两端的质量（重量）相等。

【基本操作】

（1）首先拿出天平放置在水平桌台上，使用前将游码移至称量标尺左端的零刻线处。

（2）调节横梁上的平衡螺母，使指针指在分度盘的中央刻线处，这时横梁平衡。调节平衡螺母的方法，可归结为“螺母反指针”。

（3）右盘砝码的质量加上游码标尺上的刻数就是被测物体的质量。

（4）测量完毕，将被测物体取下，砝码放回盒中，游码拨回标尺零刻度线处。

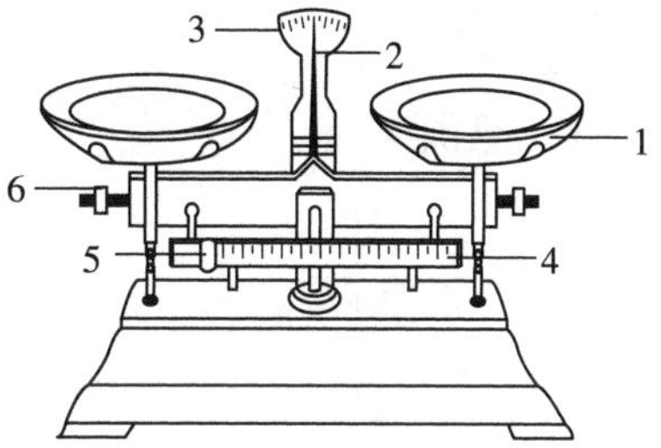

1.托盘　2.指针　3.刻度盘
4.标尺　5.游码　6.平衡螺母

图4-17　托盘天平

【注意事项】

（1）调节平衡螺母时最好用镊子，使天平左右平衡。称量过程中，不可再碰平衡螺母。

（2）右放砝码，左放物体。砝码不能用手拿，要用镊子夹取。在使用天平时游码也不能用手移动。

（3）过冷过热的物体不可放在天平上称量。应先在干燥器内放置至室温后再称。

（4）加砝码应该从大到小，可以节省时间。

4. 弹簧测力计

【仪器介绍】

弹簧测力计是测量物体重力的工具，它利用胡克定律的原理制成，即弹簧所受拉力与伸长的长度成正比，如图4-18所示。

【基本操作】

（1）使用弹簧测力计前应先进行调零，使指针正对零刻度线，并注意弹簧测力计的测量范围和最小刻度值。

（2）测力时注意使弹簧测力计的轴线与被测力的作用线一致，指针不与外壳摩擦。

（3）读数时，视线应正对刻度面。

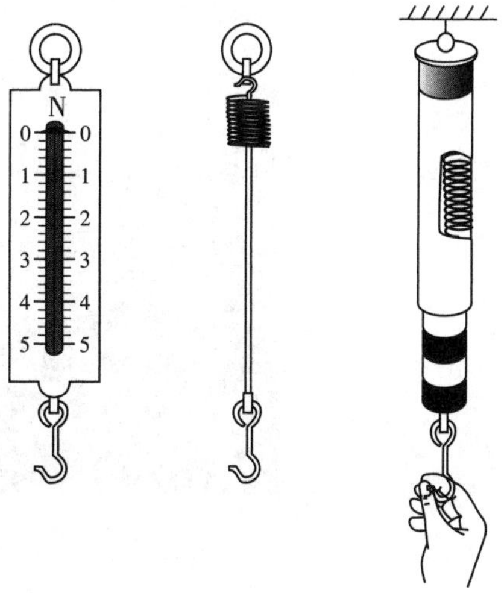

图4-18　弹簧测力计

【注意事项】

（1）弹簧测力计使用时一般要先估计被测力的大小，然后观察测量范围和最小刻度。

（2）使用前，让弹簧测力计处于竖直位置，来回拉动弹簧挂钩几下，让弹簧能自由伸长，防止卡住。

(3)检查在不加外力时指针是否指在零刻度,否则必须调零,使指针正对零刻度线。

(4)测量时,被测力的作用线要沿着弹簧的轴线方向,切勿使弹簧或弹簧指针与面板接触摩擦;力不能超过弹簧测力计的量程。

5. 电流表

【仪器介绍】

电流表是测量电路中电流大小的仪器,如图4-19(a)所示,电流表分为交流电流表和直流电流表,交流电流表不能测直流电流,直流电流表也不能测交流电流。

【基本操作】

(1)根据被测电流大小选择合适的量程。检查电流表,并将电流表串接在被测电路中。

(2)测量直流电流时,电流表接线端的"+""-"极性不可接错,否则可能损坏电流表。

(3)选择合适的准确度以满足被测量的需要。电流表具有内阻,内阻越小,测量的结果越接近实际值。为了提高测量的准确度,应尽量采用内阻较小的电流表。

(4)在测量数值较大的交流电流时,常借助于电流互感器来扩大交流电流表的量程。

【注意事项】

(1)电流表使用前要校零,用平口改锥调整校零按钮。

(2)电流表应串联在被测电路中,避免短路,让被测电流流过电流表。

(3)被测电流不要超过电流表的量程,应事先估计被测电流大小来正确选择量程;在不能估计实测电流大小的情况下,应采用试触法,先拿电路的一个线头迅速试触最大量程的接线柱,根据指针的偏转情况选择量程。测量大电流时,必须采用电流互感器。

(4)使用电流表时还应注意仪表的使用环境要符合要求,要远离外磁场。

(a)　　　　　　(b)

图4-19　电流表和电压表

6. 电压表

【仪器介绍】

电压表是测量电压的一种仪器,又名伏特表,如图4-19(b)所示。中小学科学实验常用的电压表有电压值数字表盘、指针、归零螺丝和3个接线柱。学生用电压表有两个量程，分别为0~3 V和0~15 V。在电路中，电压表可以看作是一个阻值相当大的电阻。

【基本操作】

(1)选取适当的量程，选择0~3 V，读取表盘下面的示数；选择0~15 V，读取上面的示数，确定精确度。

(2)电压表一定要并联在电路中。

(3)根据电流方向，正接线柱(+)接高电位，负接线柱(-)接低电位。

(4)待指针稳定时读数，并根据精确度估读。

【注意事项】

(1)电压表使用前要校零，用平口改锥调整校归零螺丝。

(2)电压表应该与被测电路并联。

(3)实验室中大部分电压表都分为两个量程0~3 V和0~15 V，有3个接线柱，一个“+”接线柱，两个“-”接线柱，电压表的“+”接线柱与电路的正极连接，“-”接线柱与电路的负极连接，绝不能将正负接线柱接反。

7. 多用电表

【仪器介绍】

多用电表是一种多用仪表，也称万用表，如图4-20所示，有指针式多用电表和数字式多用电表两种，可用来测量直流电流/电压，交流电流/电压，电阻阻值，电容器容量等，并且每种测量都有几个量程。

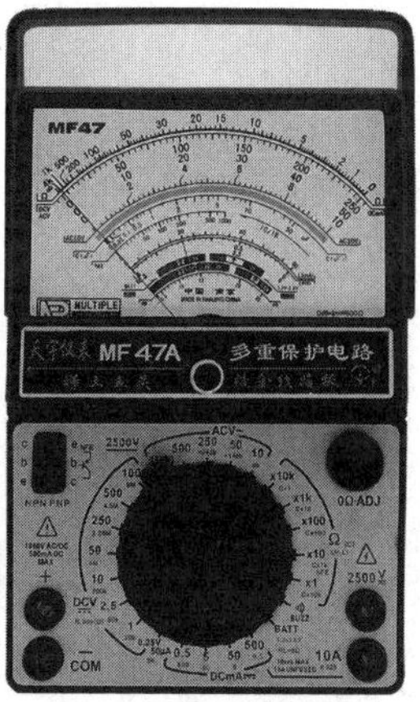

图4-20　万用表

【基本操作】(以指针式为例)

(1)利用螺丝刀对万用表进行机械调零。

(2)根据被测量的种类及大小，选择转换开关的挡位及量程，找出对应的刻度线。

(3)测量电压。测量电压(或电流)时要选择好量程。量程的选择应尽量使指针偏转到满刻度的2/3左右。

(4)测电流。测量直流电流时，将多用电表的一个转换开关置于直流电流挡，另一个转换开关置于50 μA到500 mA的合适量程上，电流的量程选择和读数方法与电压一样。

(5)测电阻。用多用电表测量电阻时，应按下列方法：

选择合适的倍率挡。多用电表欧姆挡的刻度线是不均匀的，所以倍率挡的选择应使指针停留在刻度线较稀的部分为宜，且指针越接近刻度线的中间，读数越准确。一般情况下，应使指针指在刻度线的1/3~2/3之间。

欧姆调零。测量电阻之前，应将2个表笔短接，同时调节“欧姆(电气)调零旋钮”，使指针刚好指在欧姆刻度线右边的零位。如果指针不能调到零位，说明电池电压不足或仪表内部有问题。并且每换一次倍率挡，都要再次进行欧姆调零，以保证测量准确。

读数。表头的读数乘以倍率，就是所测电阻的电阻值。

【注意事项】

（1）在使用多用电表之前，应先进行机械调零；选择合适的量程，使指针停留在表盘刻度的1/3~2/3或使数值显示处于刻度盘的中间部分，减少误差。

（2）测电流、电压时，不能带电换量程；测电阻时，不能带电测量。换挡必调零，红黑表笔短接，保证红进黑出。

（3）多用电表在使用时，必须水平放置，以免造成误差。同时，还要注意避免外界磁场对多用电表的影响。

（4）多用电表使用完毕，应将转换开关置于交流电压的最大挡。如果长期不使用，还应将多用电表内部的电池取出来，以免电池腐蚀表内其他器件。

8. 温度计

【仪器介绍】

温度计是测温仪器的总称，可以准确判断和测量温度，以固体、液体、气体受温度的影响而热胀冷缩为设计的依据。温度计有煤油温度计、酒精温度计、水银温度计（图4-21）、气体温度计、电阻温度计、温差电偶温度计、辐射温度计、光学测温度计、双金属温度计等。实验室中常用的温度计有煤油温度计、酒精温度计和水银温度计等。

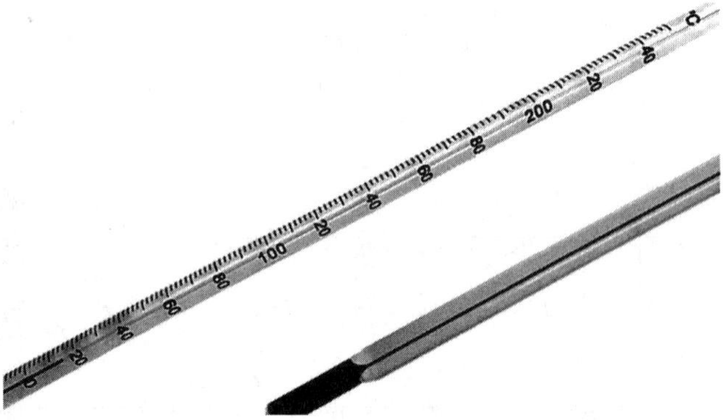

图4-21　温度计

【基本操作】

（1）使用温度计之前，应先观察它的量程，根据对待测物体温度的估计选择量程合适的温度计；认清温度计的分度值和零刻度线，以便准确读数；在测温前千万不要甩（体温计除外）。

（2）测量时，手拿着温度计的上端，使温度计的玻璃泡全部浸入被测液体中（即与待测物体充分接触），但不能碰到容器底和容器壁（用手拿温度计的一端，可以避免手的温度影响其内液体的胀缩。如果温度计的玻璃泡碰到容器的底或壁，测定的则不是被测液体的温度；如果不等温度计内液柱停止升降就读数，或读数时拿出液面，所读的都不是被测液体的真正温度）。

(3)温度计玻璃泡浸入被测液体中稍等片刻，待温度计的示数稳定后再读数，视线要与温度计中液柱的上表面相平，注意读数时玻璃泡要继续留在液体中，不能离开被测液体(体温计除外)。

(4)若测的是热交换过程达到的温度，则应特别注意温度计示数的变化，一般应读出变化达到的最高温度或最低温度，以尽量减小环境温度对待测温度的影响。

【注意事项】

(1)常用温度计的最小刻度为1 ℃，读数一般不要求估读，记录数据应带单位。

(2)不能将常用温度计作搅拌棒用，其玻璃外壳易碎，使用时要小心。

(3)如果测定室外的温度，要把温度计挂在背阴通风的地方。

第二节　生命科学领域常用仪器及基本操作

中小学生命科学领域常用仪器，根据其具体用途可分为观察类、生物培养制备类、标本制作类和生理生化类四大类别。

一、常用观察类仪器

1. 放大镜

【仪器介绍】

用来观察物体细节的简单目视光学器件。它由透镜、镜柄两部分构成，如图4-22所示。

图4-22　放大镜

【基本操作】

将需要进行观察的物体放在一个固定的位置上，再将放大镜靠近物体一侧，然后沿着肉眼与物体之间的直线方向，缓缓地移动放大镜，直至看清楚物体的细微结构为止。

【注意事项】

(1)轻拿轻放。

(2)不用手摸镜片，擦拭时用擦镜纸。

(3)不要将放大镜直接暴露在阳光之下，不要用眼睛对准焦点避免眼球被烧。

(4)太阳直射的时候，不要在焦点之下放置易燃物品。

2. 光学显微镜

【仪器介绍】

光学显微镜一般由载物台、压片夹、聚光照明系统(光源和聚光器等)、物镜、目镜和调焦系统(粗准焦螺旋和细准焦螺旋等)组成。如图4-23所示。

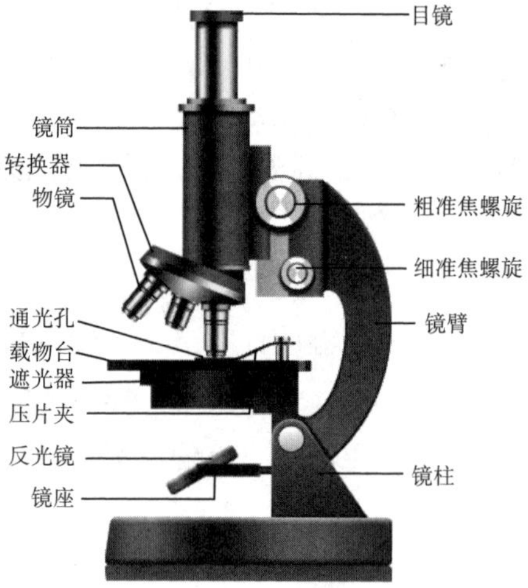

图4-23　显微镜

【基本操作】(以低倍镜的使用方法为例)

(1)取镜和放置。显微镜存放在柜或箱中,取出时右手紧握镜臂,左手托住底座,将显微镜放在自己左肩前方的实验台上,镜座距桌沿6~7 cm,便于坐着操作。

(2)对光。用拇指和中指移动转换器(切忌手持物镜移动),使低倍镜对准载物台的通光孔(当转动听到碰叩声时,说明物镜光轴已对准镜筒中心)。转动遮光器,选择合适的光圈,并将反光镜转向光源,左眼观察(右眼睁开),同时调节反光镜方向,直到视野内的光线均匀明亮为止。

(3)放置玻片标本。取一玻片标本放在载物台上,使有盖玻片的一面朝上,用压片夹夹住,将所要观察的部位调到通光孔的正中。

(4)调节焦距。左手按逆时针方向转动粗准焦螺旋,使载物台缓慢地下降至物镜距标本片约5 mm处,在下降载物台时,切勿在目镜上观察,一定要从侧面看着载物台下降,以免下降过多,造成镜头或标本片的损坏。然后,两眼同时睁开,左眼在目镜上观察,左手沿逆时针方向缓慢转动粗准焦螺旋,使载物台缓慢上升,直到视野中出现清晰的物像为止。

(5)使用完毕,须检查物镜镜头是否沾有水或试剂,如有则要擦拭干净,并把载物台擦拭干净;取下标本片,转动旋转器使镜头离开通光孔,下降载物台,盖上外罩,将显微镜放回实验柜。

【注意事项】

(1)持镜时右手握镜臂、左手托底座,不可单手提取,不能倾斜,以免目镜等零件脱落或碰撞。

(2)观察过程中,不能随便移动显微镜的位置。

(3)保持显微镜干燥、清洁,光学和照明部分只能用擦镜纸擦拭。

(4)勿随意转动调焦手轮。用细准焦螺旋时,轻用力,慢转动。

(5)不得任意拆卸显微镜上的零件,严禁随意拆卸物镜和目镜镜头。

3. 解剖镜

【仪器介绍】

解剖镜的基本结构主要是镜体，包括几组不同放大倍数的物镜。镜体的上端安装着双目镜筒，其下端的密封金属壳中安装着五组棱镜组，镜体下面安装着一个大物镜，使目镜、棱镜、物镜组成一个完整的光学系统。如图4-24所示。

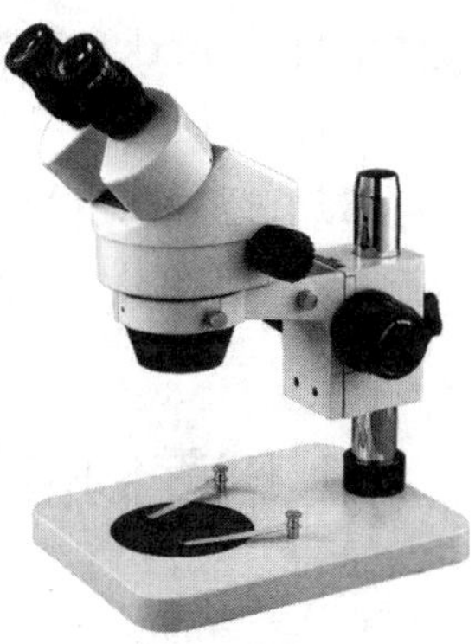

图4-24　解剖镜

【基本操作】

(1)取下防尘罩，换上目镜，再将眼罩放在目镜的上端。

(2)将物体置于玻片上或蜡盘中，再放到载物盘上，待观察。

(3)拧开锁紧螺丝，把镜体上升到一定高度，然后锁紧镜体。

(4)观察时，先转动目镜管，使两个目镜间的宽度适合于两眼间的距离，然后转动升降螺丝，使无视觉圈的目镜成像清晰，同时转动视觉圈，使另一目镜的物像清晰。需要放大观察时，转动倍率盘。

(5)用毕，清理载物盘，松开锁紧螺丝将镜体放下，并锁紧。用布把镜身擦干净，放入镜箱内。

【注意事项】

(1)取用(或放回)时，若需要搬动镜箱，应将镜箱锁好，以免零件倾出而损坏，同时镜箱的钥匙必须拔出，避免不小心将钥匙碰断在锁孔里。

(2)使用前必须检查附件是否缺少及镜体各部有无损坏，检查升降螺丝有无故障。

(3)调节焦距时，转动升降螺丝应适度，不要用力过猛，以免滑丝。

4. 测微尺

【仪器介绍】

常见测微尺由台式测微尺和目镜测微尺组成。台式测微尺是一种特制的载玻片，中央有一带刻度的标尺，长1 mm，共分为100个小格，每小格长0.01 mm，即10 μm。目镜测微尺是放在显微镜内的一种标尺，为一圆形的玻璃片，直径20 mm左右，其上刻有直线或网格式标尺。如图4-25所示。

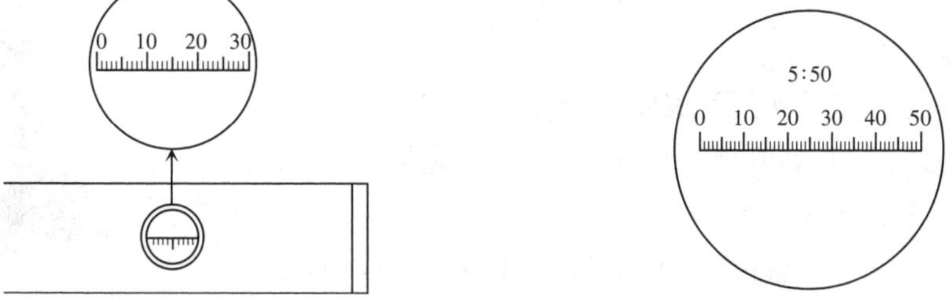

(a)目镜测微尺　　(b)台式测微尺

图4-25　测微尺

【基本操作】

(1)把台式测微尺置于显微镜的载物台上,调节焦距直至可以清晰地看到标尺的刻度。

(2)将目镜测微尺放入目镜圆筒内的铁圈上,观察时可见标尺的刻度。

(3)推动显微镜的推进器使两种测微尺的刻度重合,选取整数重合的一段,记录重合段的格数,然后计算目镜测微尺的格值。如目镜测微尺重合段为100格,台式测微尺为50格,则目镜测微尺在用该物镜观察时,每格代表5 μm。确定目镜测微尺的格值后,去掉台式测微尺,把需观察的样品制片置于载物台上,即可用目镜测微尺测量样品的实际长度,如被测细胞直径为目镜测微尺的2格,该细胞直径则为10 μm。

二、培养制备类仪器

1. 培养皿

【仪器介绍】

培养皿是一种用于盛载液体培养液或固体琼脂培养液进行细胞培养的圆形器皿,由一个底和一个盖组成,一般由玻璃或者塑料制成。培养皿常用于培养细菌、真菌、植物组织等。

【基本操作】

(1)培养皿灭菌一般有两种方法。干热灭菌法,先将需要灭菌的培养皿用报纸包起来,置于干燥箱内加热到160 ℃灭菌90~120 min(干热灭菌);高压蒸气灭菌法,在121 ℃高压灭菌20~30 min,然后放到烘箱中干燥,去除蒸气凝结的水。

(2)使用完毕的培养皿要及时清洗干净,存放在安全、固定的位置,防止损坏。

【注意事项】

(1)培养皿必须清洁使用。

(2)塑料制的培养皿不能重复使用。

2. 徒手切片器

【仪器介绍】

徒手切片器是实验室中用于制作细胞或组织切片的常用仪器,可切削当年生植物为薄且均匀的组织切片,以便观察、研究细胞结构及其生长规律。如图4-26所示。

图4-26　徒手切片器

【基本操作】

(1)首先松开徒手切片器螺栓,将所切植物装入内套管。

(2)将螺栓紧固,刻度盘退回,对准零刻度线进行切削。

【注意事项】

(1)所切植物一般直径在10 mm以下,长度为25~30 mm。

(2)切片时刀片需蘸水切削,用力均匀,刀要斜拉。

(3)徒手切片前,应先准备好一个盛有清水的培养皿,切削后用湿毛笔把切片取下,放入盛水的培养皿中备用。

3. 电热恒温箱

【仪器介绍】

电热恒温箱是在一定的温度下,用于微生物和生物材料(细胞等)的培养或饲养的箱型器具,装有电热器和温度调节器,是一种外壁上装有绝热材料的箱子或柜橱。如图4-27所示。

【注意事项】

(1)箱内应保持清洁,放物网不得有锈,否则影响玻璃器皿洁度甚至污染生物样品。

(2)使用时应定时查看温度,以免温度升降影响使用效果或发生事故。

(3)切勿拧动箱内感温器,放物品时也要避免碰撞感温器,否则温度不稳定。

(4)保持恒温箱内外清洁干燥,防止锈蚀;不准放置腐蚀性药品于恒温箱内。

图4-27　电热恒温箱

三、常用标本制作类仪器

1. 捕虫网

【仪器介绍】

捕虫网是用来捕捉飞行迅速、善于跳跃和在水中游动昆虫的网,依各种昆虫生活的场所、取食方式和个体大小等不同,分为捕网、扫网、水网和刮网四种。

(1)捕网。捕网主要用来捕捉空中飞行或悬停在枝叶端的昆虫,如蝴蝶、蜂和蜻蜓等。捕网由网袋、网圈和网柄组成。网袋用轻便通风的纱布制成,直径约30 cm,袋深约65 cm,略呈圆锥形,底部稍圆。底部也可做成带结的活开口,便于取虫。网柄长1~1.5 m。

(2)扫网。扫网主要用来捕捉杂草、灌木丛中隐蔽栖息不易发现的各种昆虫,如甲虫等。扫网的结构与捕网相同,但网袋应选择结实、耐磨的白布或亚麻布制作,直径和袋深比捕网略小,网底留有开口,以套接不易破碎的指形塑料管,使采到的昆虫直接入管。另外,扫网的网圈更坚固,网柄更短。

(3)水网。水网专门用以捕捉水生昆虫。水网有铲网、捞网和撑网等较多种类,其形状与结构根据水域的深浅、宽窄、水草的疏密及所采种类而定。制作水网的材料要求具有坚固耐用、透水性良好、涨缩性小、耐腐蚀、不变形等特点,通常用细纱或亚麻布制作。网圈规格与捕网相同,但网袋较短呈盆底状,网柄长,以便使用者站在塘边或小溪岸边,采集水面或水中的昆虫。

铲网用于采集水下及水草中的昆虫，可以在水草中上下、左右捞起，也可在漂浮物多处使用，如采集水龟虫及龙虱等；捞网用于采集水面及水中游动的昆虫，呈匙形，可以单手或双手迅速捞取水面及水中的昆虫；撑网用于采集浅水处及缝隙等处的昆虫，可以用两手撑着，在浅水处来回扫截昆虫，也可以接取水中石缝边掉下的昆虫。

(4)刮网。用于采集树干、树皮下的昆虫，其构造是在捕网的基础上，将网圈制成部分开放式，以绳相连，或只用铅丝弯成一个心形，手持即可。使用时，开口处对准树干，接取因震动而坠落的假死成虫或幼虫。

2. 诱虫灯

【仪器介绍】

诱虫灯是夜晚用来引诱和捕杀有趋光性的昆虫的灯，也称诱蛾灯，利用夜间多种昆虫特别是蛾类的趋光性来诱捕昆虫。诱虫灯的光源必须具有射程远的特点，可见光和紫外光等均可作诱虫灯的光源。如图4-28所示。

图4-28　诱虫灯

3. 展翅板

【仪器介绍】

展翅板是展开昆虫翅用的特制木板，一般用轻软木材，如泡桐或杉木制成，便于插针，也可用硬泡沫挖槽制成简易展翅板。展翅板种类有多种，长短、宽窄也不完全相同，一般分为活动式和固定式两种。活动式展翅板的下面为一块长方形的硬质木板(底托)，左右各架一块狭长的轻软斜坡木板，其中一块可以自由移动，斜坡面均向中央倾斜，两块斜坡木板的中间为沟槽，沟槽中放置一块软木条或泡沫塑料，以便插针，沟槽的宽窄可通过移动活斜坡木板来调节。

【基本操作】

(1)用昆虫针将昆虫插在展翅板缝隙底板的软木上，把翅展开，用大头针和纸条把翅压住，直到虫体干燥为止。

(2)用纸条展翅时，两前翅的后缘呈一直线，并与虫体垂直，再使后翅的前缘和前翅的后缘相接。蜻蜓目、脉翅目昆虫的前翅后缘呈圆形，后翅的前缘与虫体垂直。

【注意事项】

(1)固定式展翅板的两块斜坡木板均被固定而不能活动，沟槽的宽度也不能随虫体的大小而变动，因此需要做成各种大小沟槽的展翅板才能适于多种昆虫展翅用。

(2)展翅板保持干燥，预防酸碱腐蚀。

(3)如果标本已经干燥，应还软后再展翅，以免损伤触角、翅和附肢。

4. 昆虫针

【仪器介绍】

昆虫针是制作针插昆虫标本的必备用品。因昆虫虫体大小不同，采用昆虫针的粗细各异。昆虫针通常长为38 mm，粗细有00、0、1、2、3、4、5、6、7等号码，00号的直径为0.3 mm，依次加粗，品质以弹性优良的不锈钢制品为最佳。

【基本操作】

选择大小合适的昆虫针，从昆虫中胸垂直向下插入，使虫翅与展翅板沟面相平，并使虫体离板一定距离，以便风干。

5. 三级台

【仪器介绍】

三级台是用来针插标本的，它可以使所有制作的标本及其标签高度统一。可用一块木板做成长12 cm、宽4 cm、高2.4 cm的三级台，第一级高0.8 cm，第二级高1.6 cm，第三级高2.4 cm，每一级中间都有一个和5号昆虫针一样粗细的小孔，以便插针。如图4–29所示。

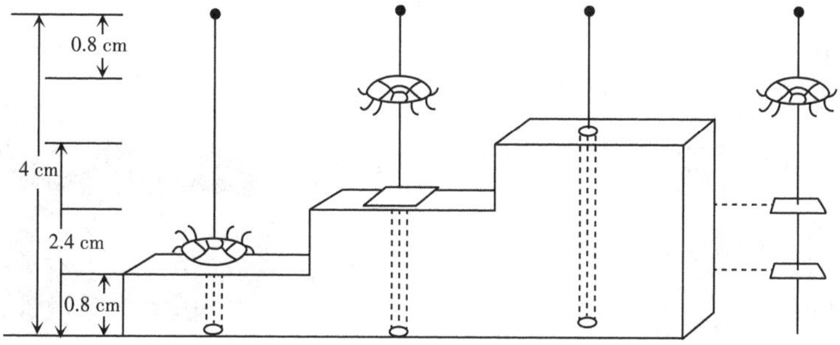

图4-29　三级台

6. 枝剪

【仪器介绍】

枝剪又称整枝剪、修枝剪或剪枝剪，是一种双刃园艺工具，两刃交错，可以开合。枝剪由手柄、与手柄相连的刀体、将两刀体连接的转轴构成。主要用于修枝，修剪病虫害枝条或保持树体美观。

【注意事项】

(1)枝剪使用后要清洗干净，干燥保存。

(2)遇到夹皮、不张口、掉螺丝等常见故障，及时修理。

7. 标本夹

【仪器介绍】

标本夹是在采集途中临时装压标本或压制腊叶标本的实验工具。通常用厚1~1.5 cm的木条做成两片尺寸相同的栅状夹板，架上留有可绑绳索的头，两条栅状夹板之间放吸水纸，用绳绑好便于随身携带。栅状夹板的尺寸根据需要而有所不同。如图4–30所示。

图4-30　标本夹

【基本操作】

在标本夹一侧先放一层吸水纸，再摆放一件植物标本，再放一层吸水纸，再摆放一件植物标本，这样重复直到标本放完，最后再放一层吸水纸(两边可以多放些)，压上标本夹的另一片栅状夹板，用绳子从周围打十字捆绑结实，放在阳光下晒干或灯下烘干。

【注意事项】

(1)根据被压制标本的尺寸选择标本夹，标本边缘不要超出栅状夹板的边缘。

(2)不用时妥善保存，防止酸碱腐蚀。

四、常用生理生化类仪器

1. 采血针

【仪器介绍】

采血针的特点是：三棱刃口，穿刺锋利，放血简单，痛感小。普遍用于点刺验血和血细胞计数实验。如图4-31所示。

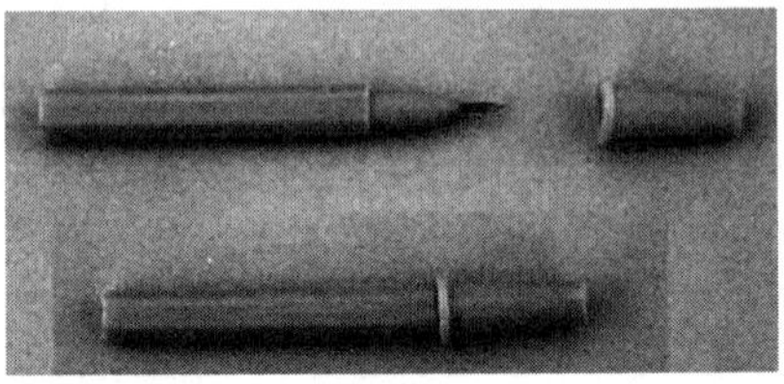

图4-31　采血针

【基本操作】

(1)采血前温暖、清洁并擦干手指。

(2)选取合适的采血深度，紧靠皮肤按下采血针。

(3)选择指尖侧面的皮肤作为采血点。

(4)轻轻按摩指尖以采取足够的血样。

(5)多次使用时更换一个侧面采血。

2. 血细胞计数板

【仪器介绍】

血细胞计数板，是一种在显微镜下用于微生物或细胞等(如白细胞、红细胞、细菌、花粉等)计数的实验工具。如图4-32所示。

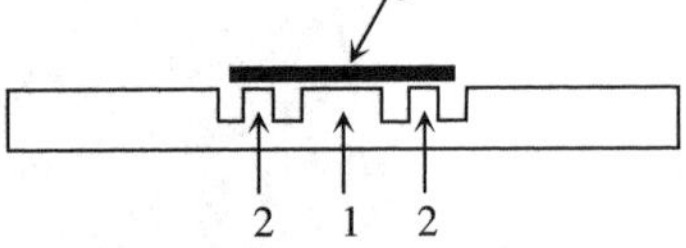

1.计数池 2.支持柱 3.盖玻片

图4-32　血细胞计数板(侧面图)

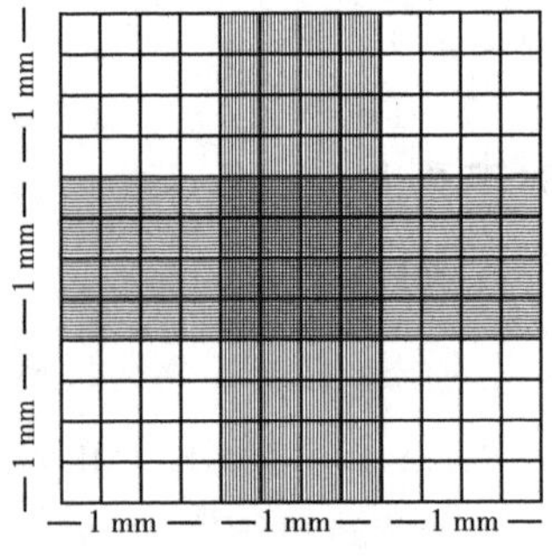

图4-33　血细胞计数板计数池

血细胞计数板是一块特殊的刻有一定面积刻度的长方形厚玻璃板。每块计数板由H形凹槽分为2个同样的计数池。计数池两侧各有一支持柱，将特制的专用盖玻片覆盖其上，形成高0.1 mm的计数池。计数池画有长、宽各3.0 mm的方格，分为9个大方格，每个大方格面积为1.0 mm^2容积为0.1 mm^3。中央大方格为计数池，可分成16个中方格，每个中方格又分为25个小方格；也可分成25个中方格，每个中方格再分为16个小方格，即中央大方格有400个小方格。以常用的16×25为例，计数时选取计数池内四个角的中方格进行计数。如图4-33所示。

【基本操作】

(1)在细胞计数板中央放置计数专用的盖玻片。

(2)用滴管吸取细胞悬液，让滴管在盖玻片上或下侧的计数板凹槽处流出悬液，至盖玻片被液体充满为止，勿使气泡产生，并用吸水纸吸去沟槽中流出的多余悬液。

(3)静置片刻，使细胞沉降到计数板上，不再随液体漂移。将计数板放置于显微镜的载物台上夹稳，置显微镜下计数不同大方格内的细胞(或微生物)总数。对于压线的细胞只计数在上线和左线者，对于细胞团按单个细胞计数。

(4)以16×25的血细胞计数板为例，可用下式将计数池内观察到的细胞或微生物数量转换为每毫升悬液中的数量。

$$\text{细胞或微生物数/mL}=\frac{n\text{个小方格内细胞或微生物个数}}{n}\times 400\times 10^4\times \text{稀释倍数}$$

其中，n根据计数板的具体使用方法和实验要求来确定。在常规使用中，对于16×25的计数板，n通常取100(即选取计数室4个角的中方格进行计数，每个中方格包含25个小方格，共100个小方格)。

需要注意的是，由于细胞(或微生物)在悬液中的分布可能不均匀，因此通常需要多次计数并取平均值以提高结果的准确性。

(5)测数完毕，取下盖玻片，用水将计数板冲洗干净，切勿用硬物洗刷或抹擦，以免损坏网格刻度。洗净后自行晾干或用吹风机吹干，放入盒内保存。

【注意事项】

(1)取样计数前，充分混匀细胞(或微生物)悬液。

(2)滴入悬液时液量要适当，过多则悬液溢出并流入两侧深槽内，导致计数不准。

(3)不要使计数区两边平台沾上菌悬液，防止加盖盖玻片后造成计数区深度的升高。

(4)各种用具要事先清洗，计数池用蒸馏水洗后，再用软纱布或擦镜纸吸干。

3. 听诊器

【仪器介绍】

听诊器主要由拾音部分(胸件)、传导部分(胶管)及听音部分(耳件)组成。

【基本操作】

(1)把耳管戴上之前，将听诊器的耳管向外拉，金属耳管应向前倾斜，将耳管戴入外耳道，使耳管与耳道紧密闭合。注意听诊器的耳件应与外耳道开口方向一致(向前)。

(2)以右手的食指、拇指和中指轻持听诊器胸件，紧贴于受试者胸部皮肤上。

(3)听音。

【注意事项】

每个人的耳道大小不一样，应选择大小适当的耳管。

4. 离心机

【仪器介绍】

离心机是利用离心力把密度不同的固体或液体分开的装置。根据转速的不同，可分为低速、高速和超速等不同类型。如图4–34所示。

图4–34　离心机

【基本操作】

(1)将平衡好的离心管放在离心机转子的对称位置上，并盖好拧紧离心机盖，以免离心时飞出造成事故。

(2)离心机启动后，如有不正常的噪声及震动，可能是离心管破碎或相对位置上的两离心管质量不平衡，应立即关机处理。

(3)离心完毕，离心机自动降速，待离心机自行停止转动后，才可打开机盖，取出离心样品。

(4)离心结束后取出的转头要倒置于实验台上，擦干腔内余水，此时离心机盖处于打开状态，同时检查是否有液体溢到离心机内，如有应及时擦干净，确保机内干燥。

【注意事项】

(1)使用前要检查电源有无漏电，转子安装是否牢固。

(2)离心前，先将离心的物质移入合适的离心管中，其量以距离心管管口1~2 cm为宜，以免在离心时甩出。

(3)将装有溶液的离心管在天平上平衡，安全、正确地使用离心机，关键在于做好离心前的平衡。

(4)机器在转动时，严禁开盖。

5. 离心管

【仪器介绍】

离心管是一种管状试样容器，可带密封盖或压盖，常用于离心机盛放离心样品。一般按体积大小可分为大量离心管(500 mL、250 mL)、普通离心管(50 mL、15 mL)和微量离心管(2 mL、1.5 mL、0.65 mL、0.2 mL)。材料可以是塑料、玻璃或不锈钢等。如图4–35所示。

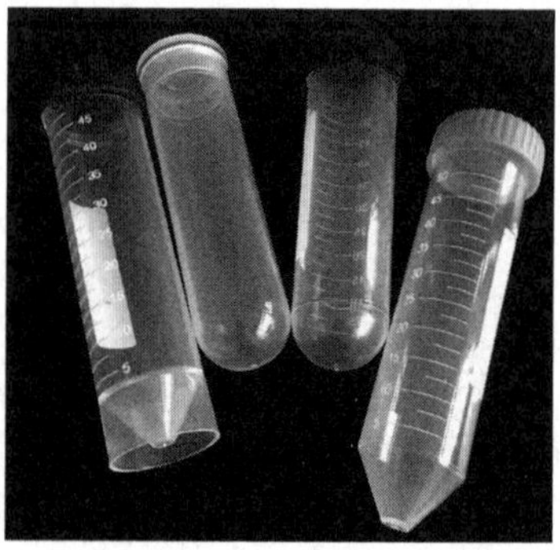

图4–35　离心管

【注意事项】

(1)用过的离心管需洗净、晾干，如污损严重或变形，应废弃不用。

(2)大多数固定角式及垂直管式转子要求离心管有

管帽，以防使用过程中样品溶液漏出，并在离心过程中支撑离心管，防止其离心时变形。

(3)收集沉淀时，用圆锥形管底的离心管较好，进行密度梯度离心时则用圆底离心管。

(4)玻璃管及塑料管可重复灭菌使用，但多次高压灭菌可能导致离心管变形，甚至开裂。

6. 烘箱

【仪器介绍】

烘箱是利用电热丝隔层加热使物体干燥的设备，电机通过风道送风使烘箱内部温度达到均匀。烘箱的型号很多，但基本结构相似，一般由箱体、电热系统和自动控温系统三部分组成。如图4-36所示。

图4-36　烘箱

【注意事项】

(1)放置箱内的物品排列不能太密，必须留出空气自然对流的空间，使潮湿空气能在风顶上加速逸出。散热板上不能放试品，以免影响气流向上流动。

(2)温度设定不要超过烘箱的最高使用温度。

(3)禁止烘焙易燃、易爆、易挥发及有腐蚀性的物品。

(4)烘箱工作时箱门应尽量少开，以免影响恒温。特别是当工作温度在200 ℃以上时，开启箱门有可能使玻璃门骤冷而破裂。有鼓风的烘箱，在加热和恒温的过程中必须将鼓风机开启，否则影响工作室温度的均匀性和损坏加热元件。

(5)为防止烫伤，取放试品时要用专门工具。

(6)工作完毕后应及时切断电源，确保安全。

第三节　地球与宇宙科学领域常用仪器

1. 地球仪

【仪器介绍】

地球仪即地球的模型，是仿照地球实貌按一定比例缩小制成的。中小学常用的地球仪为台式地球仪(见图4-37)，它由底座、球体和中心转轴三部分构成。其中，中心转轴与水平方向成66.5°；球体上设有长度、方向、面积和形状的变形，借助比例尺可观察七大洲、四大洋、世界各国疆域等信息。该仪器主要用于学习世界海陆分布、地质地貌、各国疆域等内容。

【使用方法】

(1)根据需要选择合适的地球仪。

(2)移动地球仪时,要用两只手托住底座,将其置于水平桌面,且使地轴指向北极星方向。

(3)观察地球仪上七大洲、四大洋、各国疆域以及赤道、经线、纬线等信息时,可从地球仪上直接读取。

(4)测量地球仪上地方时和区时、两地间距离和方位、地区面积等项目时,可根据地球仪上的时规、子午线和比例尺等进行测算。时规是指在地球仪地轴的北极一端,一半涂成黑色另一半涂成白色的圆形金属片。

(5)演示昼夜交替时,应自西向东逆时针旋转地球仪,并借助手电筒等物品进行操作。

(6)使用完毕,要及时擦拭球体、支架和底座,待干燥后放回存放橱柜。

【注意事项】

(1)旋转地球仪时,一手应扶住底座,防止用力过大导致地球仪侧翻。

图4-37 地球仪

(2)地球仪不要置于太阳光直射处,以免褪色影响使用。

2. 三球仪

【仪器介绍】

三球仪又称月地运行演示仪,由模拟太阳、月球和地球的红、白、蓝三种颜色的塑料球,以及机械联动装置组成。模拟太阳的红球中装有激光笔或灯泡,下方是标注四季和二十四节气等信息的四季盘;模拟地球的蓝色球下方装有标注月相位置和地球上的昼夜等信息的月相盘。齿轮和皮带组合而成的回归组件与推柄连接,并安装在底座旋转轴上,如图4-38所示。该仪器主要用于演示三个天体间的运行关系及相关天文现象。

图4-38 三球仪

【使用方法】

(1)三球仪应在遮光室内使用;取放时,两手分别托住底座和回归组件,置于水平实验台上,且使地球北极指向北极星方向。

(2)打开电源开关,检查电池或灯泡是否工作正常,并调整太阳、月球和地球在同一水平高度。

(3)演示地球的自转、公转,月球公转时,轻推推柄让地球自西向东旋转,同时逆时针绕着太阳公转,同时,月球逆时针绕着地球公转。

(4)演示日食、月食、昼夜交替、二十四节气和四季更迭时,打开电源开关,用手连续推动推柄让地球绕太阳公转,月亮绕地球旋转,可以看到月圆和月缺。

(5)使用完毕,关掉电源,擦拭仪器并放回仪器存放橱柜。

【注意事项】

(1)使用前,需要检查太阳球内是否需要更换电池,检查齿轮间的流畅性,若卡顿,则及时添加润滑油。

(2)使用时,应缓慢启动,切忌用冲击力和高速度转动。

3. 天文望远镜

【仪器介绍】

天文望远镜是观测天体、捕捉天体信息的主要工具。天文望远镜由光学系统和机械装置构成。光学系统主要包括物镜、目镜和主镜筒;机械装置分为地平式和赤道式两种,主要包括三脚架、赤道仪、微调手轮等,如图4-39所示。

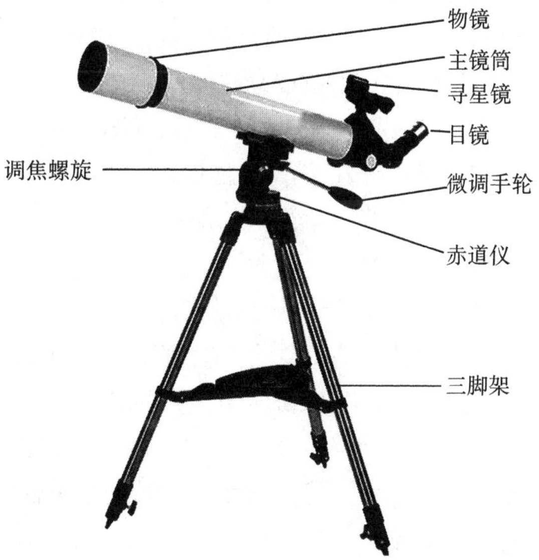

图4-39　天文望远镜

【使用方法】

(1)望远镜的组装。

①地平式装置组装。按照地平坐标在垂直和水平方向上调整好三脚架。

②赤道式装置组装。赤道仪的极轴应和地球自转轴平行,指向北天极,即指向北极星附近;极轴的地平倾角应等于观测地点的地理纬度,且位于子午面内。

(2)望远镜的调试。

①调平底座。

②调整极轴高度与方位。松开纬度螺旋,根据当地的地理纬度调整极轴的高度。转动转盘组,调整极轴的方位,使望远镜对准北极星,再固定螺旋。

③调节寻星镜光轴与主镜光轴平行。先选择最大焦距的目镜安装到主镜上,用主镜找准所看物体;缓慢转动寻星镜上三个螺丝,将主镜中心影像调至寻星镜十字线中心。

(3)观察天体及星象。

①先用寻星镜观察,把要观察物体放到寻星镜十字线中间。

②调节焦距,使主镜视场中的像变清晰,即可开始观察。

③使用完毕,盖好镜头盖。

【注意事项】

(1)严禁直接利用望远镜对准太阳观察。

(2)搬动或拆卸时,应轻拿轻放,不能随意拆卸仪器的各部件和有关的调整螺丝。

(3)清洗镜片时,应先用吹风球或软毛刷将灰尘除掉,再用脱脂棉蘸无水乙醇和无水乙醚的混合液轻轻擦。镀铝反射层的镜头,只能用吹风球吹。

(4)望远镜不要置于温度过高或过低、潮湿的环境,应置于干燥通风处。

4. 指南针

【仪器介绍】

指南针,如图4-40所示,是一种用来指示方向的简单仪器,别称有指北针、罗盘等,古代称之为司南。根据制作技术不同分为地磁指南针和电子指南针。其中,由磁性物质制作的,磁针受地磁场作用而指示方向的指南针就是地磁指南针,它往往受地磁偏角影响;采用磁场传感器和磁通门等磁阻技术加工而成的指南针是电子指南针,可消除地磁偏角的影响。指南针主要用于野外考察方位辨别。

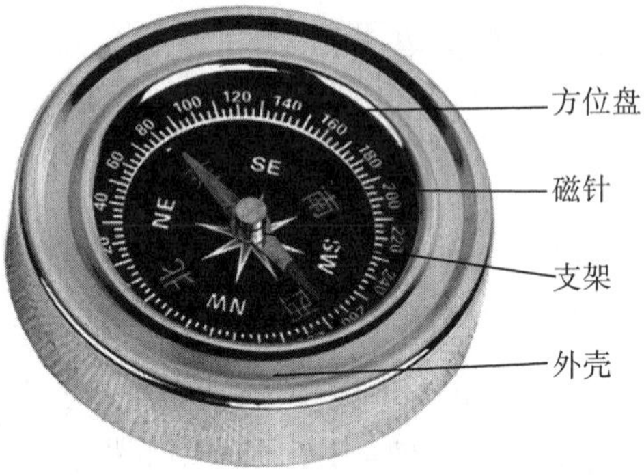

图4-40　指南针

【使用方法】

(1)水平放置指南针,待指针停止摆动后,根据指针所指方向可判定南北方位。

(2)通过指南针寻找方位,可以缓慢地转动指南针,当指针红色端与指南针刻度盘的"北"重合之后,就能知道自己所在的方位了。

(3)指南针处在静止状态时,红色端指向的方位就是南方,接着缓慢地转动指南针,直至白色端与表盘刻度上显示的"南"完全重合时停止转动,此时指南针所指向的方位就是实际地理方位。

【注意事项】

(1)使用和放置指南针时不要靠近铁磁物质、高压线及电磁器件等,以免造成误差和灵敏度降低。

(2)长期不使用时,应置于通风干燥处,以免发霉。

5. 地质罗盘

【仪器介绍】

地质罗盘,又称袖珍经纬仪。地质罗盘式样很多,但结构基本是一致的,常用的是圆盆式地质罗盘仪。由磁针、刻度盘、瞄准觇板、水准器等几部分安装在一铜、铝或木制的圆盆内组成,如图4-41所示。该仪器主要用于确定方向、测量坡度和空间位置等。

【使用方法】

(1)校正磁偏角。在使用前必须进行磁偏角的校正。

(2)目的物方位的测量。测量时,放松制动螺丝,使对物觇板指向测物,南端靠着自己,进行瞄准,使目的物、对物觇板小孔、盖玻璃上的细丝、对目觇板小孔等连在一直线上,同时使底盘圆水准器水泡居中,待磁针静止时指北针所指度数即为所测目的物之方位角。

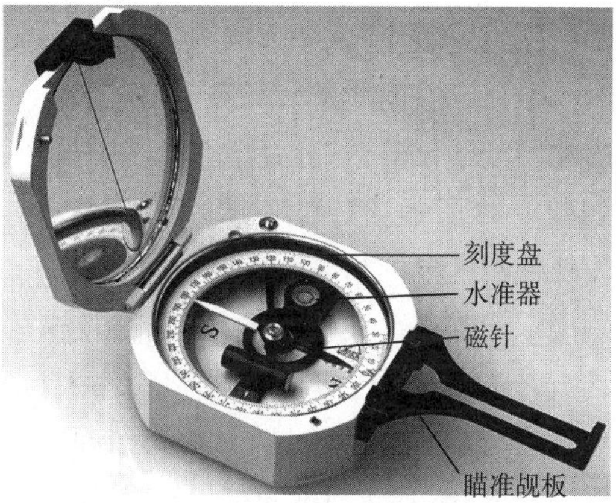

图4-41　地质罗盘

(3)测岩层走向。测量时,将罗盘长边与层面紧贴,然后转动罗盘,使底盘圆水准器的水泡居中,读出指针所指刻度即为岩层之走向。

(4)测岩层倾向。测量时,将罗盘北端或对物觇板指向倾斜方向,罗盘南端紧靠着层面并转动罗盘,使底盘圆水准器水泡居中,读出指北针所指刻度即为岩层的倾向。

【注意事项】

(1)不要拆卸合页等部件,以免松动影响精度。

(2)避免高温暴晒,防止水泡漏气失灵。

(3)存放于通风、干燥的橱柜中。

6. 风向标

【仪器介绍】

风向标是用来测定风来向的仪器。它由风标、动杆、主杆和底座四部分构成。其中,风标包括箭头、风轮、尾翼和风向杆四部分,它是一个非对称形状的物体,尾翼大于箭头,其重心在竖直的主杆处,如图4-42所示。当风吹过时,对空气流动产生较大阻力的尾翼一端便会顺风转动,箭头所指即风吹来的方向。

图4-42　风向标

【使用方法】

(1)熟悉风向标判定风向方法及原理。

(2)确定动杆与主杆、风轮与风向杆之间活动自如。

(3)待风向标稳定时,记录箭头的指向,即风吹来的方向。

【注意事项】

(1)风向标应置于开阔地带,减少周围建筑物等影响。

(2)经常在风轮、动杆等衔接处滴加润滑油,减少摩擦。

7. 干湿球温度计

【仪器介绍】

干湿球温度计是一种测定空气温度和湿度的仪器，一般置于百叶箱中，如图4-43所示。它利用蒸发吸热，蒸发快慢与空气的相对湿度有关的原理制成。通常由两支普通的水银温度计构成，一支露置于空气中，用于测定空气温度的干球温度计；另一支温度计是湿球温度计，其球泡用纱布包好，纱布一端浸入水槽中，利用毛细作用使纱布经常保持潮湿。

图4-43 干湿球温度计

【使用方法】

（1）干湿球温度计固定在特制的架子或塑料壳中，干球温度计在左、湿球温度计在右，湿球温度计球泡包裹的纱布下端浸入小水桶中。

（2）确定干湿球温度计量程和测量精度。

（3）观测顺序是先左侧干球温度计，后右侧湿球温度计，记录数据；重复观测记录干湿球温度计示数。

（4）查看温度计背面的数值表，即可获得空气湿度数值。

【注意事项】

（1）干湿球温度计应置于距地面1.2~1.5 m高处。

（2）避免在酸性、碱性及有机溶剂、高粉尘的环境中使用。

（3）如果长期测定室外的温度，要把干湿球温度计挂在背阴通风的地方。

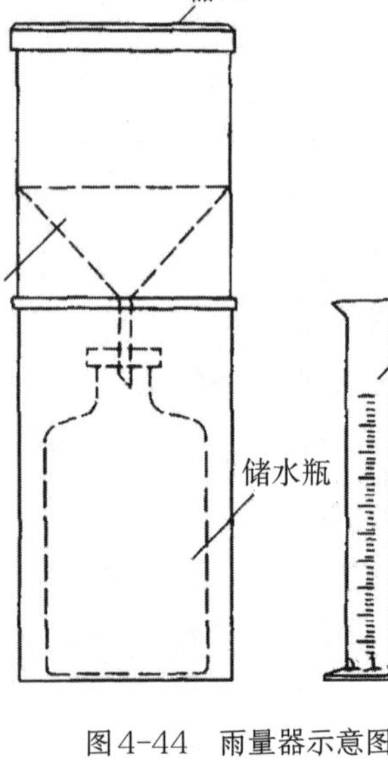

图4-44 雨量器示意图

8. 雨量器

【仪器介绍】

雨量器是用来测定降水量的专门器具，通常是不锈钢材质，也可使用玻璃、塑料等制作。它的外部是一个不漏水的铁筒，内部有漏斗和储水瓶，另外还备有与储水瓶口径相同的雨量杯,如图4-44所示。

【使用方法】

(1)液态降水的观测记录。

在观测期间若降雨大,则取出储水筒内的储水瓶放入备用储水瓶,然后到室内用雨量杯测记降水量。使用量雨杯,读数时视线应与水面凹面最低处平齐,观读至量雨杯的最小刻度,并立即记录,然后校对读数一次。降水量很大时,可分多次量取,并分别记在备用纸上,然后累加并记录。

(2)固态降水观测记录。

将已承接固态降水物的储水筒用备用雨量筒换下,盖上盖子后,取回室内。待固态降水物融化后,用量雨杯量取。读数方法同上。观测时间及记录均同液态降水。

【注意事项】

(1)每次巡视仪器时,注意清除漏斗、储水瓶内的昆虫、尘土、树叶等杂物。

(2)定期检查雨量器的高度、水平,发现不符合要求时应及时纠正;如外筒有漏水现象,应及时修理或撤换。

9. 气压计

【仪器介绍】

气压计也称气压表,是测量大气压强的装置。常见的有水银气压计和空盒气压计两种。其中,水银气压计是利用托里拆利管来测定大气压的装置,如图4-45所示。

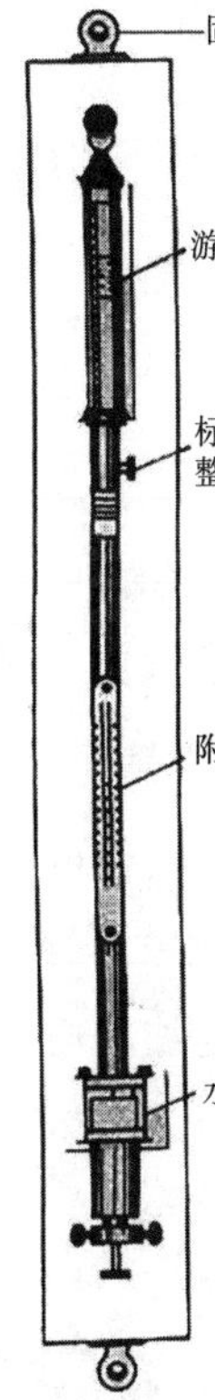

图4-45　水银气压计

【使用方法】

(1)从气压计所附的温度计上读取温度,注意估读。

(2)调节水银面高度。慢慢转动底部的水银面螺旋,使水银槽中水银面与象牙针尖恰好接触,调节时动作要轻且慢,观察水银面和针尖接触位置变化情况。

(3)调节游标尺。转动游标螺旋使游标尺的下沿略高于水银柱面,然后缓慢下降直至游标尺下沿与水银柱的凸面相切。

(4)读取并记录大气压强。先从主标尺读出靠近游标尺下端的刻度,此为大气压的整数部分,再从游标尺上找出与主标尺某一刻度相吻合的刻度线,此刻度值即为大气压的小数部分。数值后要有单位(kPa)。

【注意事项】

(1)气压计使用前应进行校正,校正时按照仪器出厂校正表进行校正。

(2)调整气压计的螺旋时一定要轻且慢,读数应待液面稳定,且视线要与水银凸面在同一水平面上。

第四节　技术与工程领域常用工具与加工仪器

一、技术与工程领域常用工具

1. 钢丝钳

钢丝钳又称老虎钳、平口钳、综合钳，是一种夹持和剪切工具，用于夹持或弯折薄片、圆柱形金属零件及切断金属丝，其铡口也可用于切断细金属丝。在工艺、工业、生活中都很常用。

【工具结构】

钢丝钳由钳头和钳柄组成，钳头包括钳口、齿口、刀口、铡口。

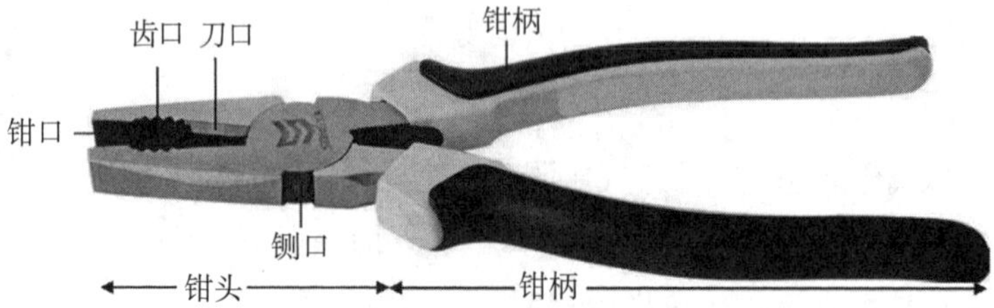

图4-46　钢丝钳

【使用方法】

使用钢丝钳时，用右手握住钳柄后端，用小指伸在两钳柄中，张开钳头，这样分开钳柄灵活，使钳口开闭。

使用时电线或金属丝与刀口平面相垂直。

在剪断金属丝或电线时用力要猛，在咬切、勒掉电线线头的绝缘外皮时用力要适当，以防损伤电线的芯线。钳口用来夹持或弯折薄片形、圆柱形金属零件；齿口用来紧固或拧松螺母；刀口用来剪切电线、铁丝，也可用来剖切软电线的橡皮或塑料绝缘层；铡口用来切断电线、钢丝等较硬的金属线。

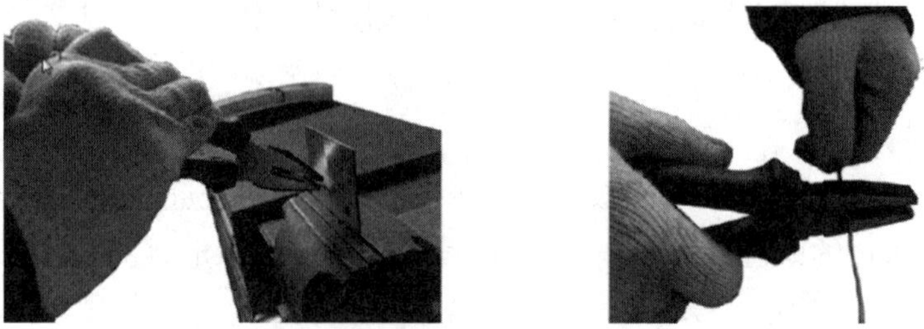

图4-47　钢丝钳使用方法示意图

【注意事项】

(1)不要把钢丝钳当成锤子去敲击金属物,否则会造成钳轴变形,使钢丝钳动作不灵活。

(2)禁止使用锤子击打钢丝钳的钳头来增加切削力,不要用钢丝钳的刀口去剪过粗或过硬的钢丝,以防止损坏刀口。

(3)要定期在钢丝钳的钳轴处注入润滑油,以保持钳轴动作灵活。

(4)带电操作时,手与钢丝钳的金属部分保持2 cm以上的距离。

2. 尖嘴钳

尖嘴钳又叫修口钳、尖头钳。钳口向前端逐渐变小,主要用来剪切线径较小的单股与多股线,以及单股导线接头弯圈、剥塑料绝缘层等。可夹持较小的工件,可深入较窄的缝隙中进行操作,不带刀口者只能夹捏工件,带刀口者能剪切细小零件,它是电工尤其是内线器材等装配及修理工作的常用工具之一。

【工具结构】

尖嘴钳由尖头、刀口和钳柄组成。

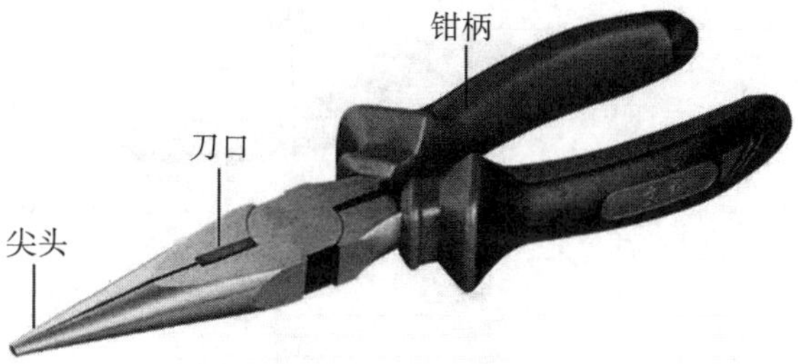

图4-48　尖嘴钳

【使用方法】

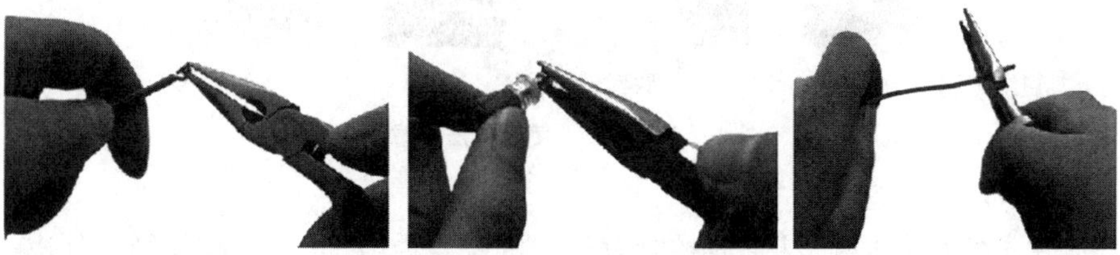

折弯金属丝　　夹持小零件　　剪断硬电线

图4-49　尖嘴钳使用方法示意图

一般用右手操作,使用时握住尖嘴钳的两个手柄,开始夹持或剪切工作。

【注意事项】

(1)严禁对尖嘴钳的钳头部施加过大的压力。

(2)不允许用其他方法来增加剪切力。

(3)使用中切忌乱扔,以免损坏绝缘塑料管,并且要注意防潮。

(4)为防止生锈,钳轴要经常加润滑油。

(5)带电操作时,手与尖嘴钳的金属部分保持2 cm以上的距离。

(6)根据不同用途,选用不同规格的尖嘴钳。

(7)使用钳子要量力而行,不可以超负荷使用。

(8)禁止把尖嘴钳当作扳手拆装螺栓、螺母。

3. 斜口钳

斜口钳用于精准剪切金属丝和钢钉。钳口边缘的角度可使它几乎紧贴工件表面操作,刀口比较短和厚,所以可以用来剪中等硬度的元器件引脚和连接线等。有的斜口钳刀口处还留有小缺口,专门用来剥去电线外皮。

【工具结构】

斜口钳由钳口和钳柄组成。

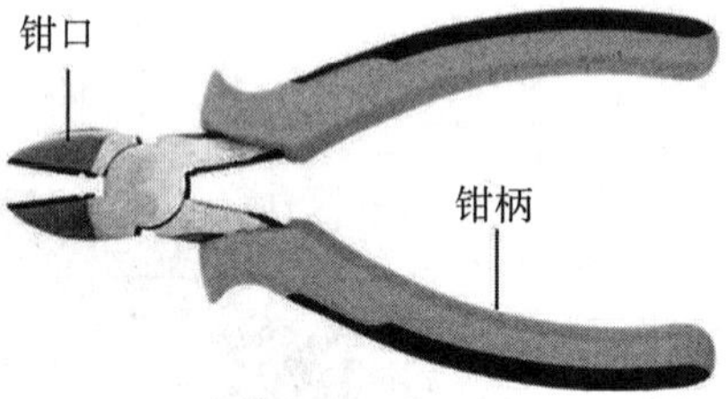

图4-50　斜口钳

【使用方法】

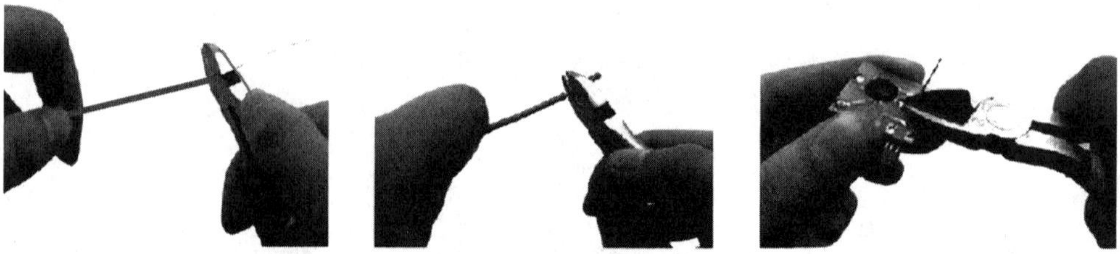

剪短细金属丝　　捋掉导线外皮　　修剪多余线头

图4-51　斜口钳使用方法示意图

【注意事项】

(1)在捋导线的绝缘外皮时,要控制好钳口的咬合力度,既要能咬住绝缘外皮,又不会剪伤绝缘层内的金属线芯。

(2)使用斜口钳时,注意不可用于剪硬度较大的金属丝,如钢丝,以防止钳头变形或断裂。

(3)带电操作时,手与斜口钳的金属部分保持2 cm以上的距离。

【小结】钳类工具的养护

(1)严禁超出钳子的使用范围进行操作,要在相关硬度承受范围内使用。

(2)严禁将钳子当作锤头使用,按照正确的操作方法进行使用。

(3)在使用完钳子之后,要做好钳子的存放。擦净表面污渍,并在相应部位涂上润滑油,防止钳子生锈,影响正常使用。

(4)平时钳子应置于干燥处,以防生锈。

4. 活动扳手

活动扳手简称活扳手,开口宽度在一定尺寸范围内可进行调节,用来拆装开口尺寸限度内的螺栓、螺母,特别是不规则的螺栓或螺母。

【工具结构】

活动扳手主要由固定钳口、活动钳口、标尺、调节螺杆和扳手柄五大部分组成。

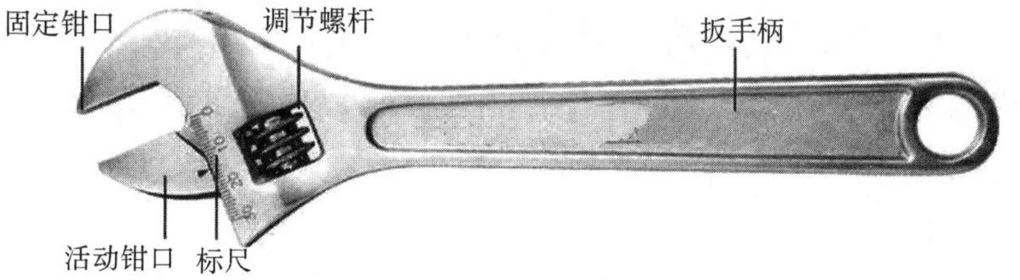

图4-52　活动扳手

【使用方法】

使用时,右手握手柄;手越靠后,扳动起来越省力。扳动小螺母时,因需要不断地转动蜗轮调节扳口的大小,所以手应握在靠近固定钳口的地方,并用大拇指调节调节螺杆,以吻合螺母的大小。

用活动扳手的扳口夹持螺母时,固定钳口在上,活动钳口在下。

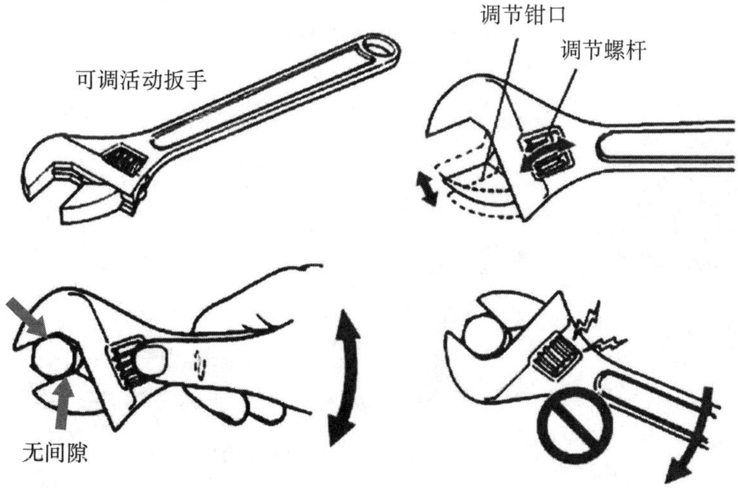

图4-53　活动扳手使用方法示意图

【注意事项】

(1)活扳手切不可反过来使用。

(2)调节开口大小,让扳手钳口面紧贴在螺母或螺栓的面上。

(3)工作时朝扳手的活动钳口方向用力,手握扳手的另一端,这样可以避免用力太大损坏扳手。

(4)在扳动生锈的螺母时,可在螺母上滴几滴煤油或机油,便于拧动。

(5)在拧不动时,切不可用钢管套在活扳手的手柄上来增加扭力,以免损伤活动扳手。

(6)手臂尽量垂直于扳手方向,可更省力。

(7)使用扳手时,不能双手同时扳动扳手,应一只手用力,没有用力的一只手做支撑,双脚丁字形岔开站稳,避免操作者用力过程中扳手滑落摔倒而发生事故。

5. 梅花扳手

梅花扳手俗称眼镜扳手,两端呈套筒式圆环状,尺寸不同,圆环内一般有12个棱角,能将螺母或螺栓的六角部分全部围住,常用于拆装部位受到限制的螺母和螺栓。工作时不易滑脱,安全可靠。

【工具结构】

梅花扳手由大花环、小花环和手柄组成。其结构为两端呈花环状,内孔由2个正六边形相互同心错开30°。常见弯头角度为10°~45°之间。侧面看手柄部分和旋转螺栓部分是错开的。适用于初松螺帽或者是最后螺帽的缩紧。它的转角比较小,因此可以用在只有比较小的摆角的地方,而且由于其接触面积大,可以用作强力拧紧。

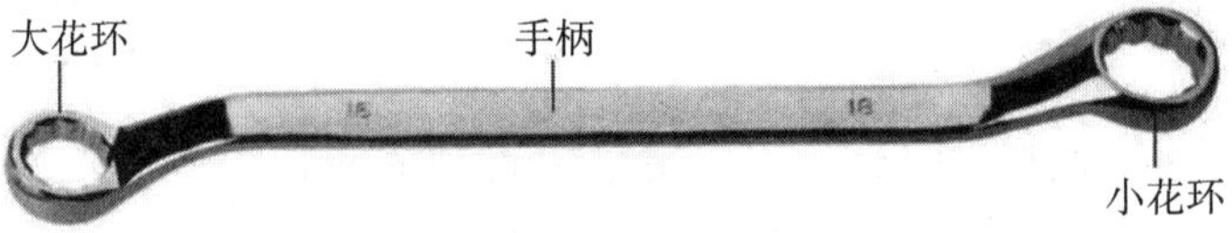

图4-54 梅花扳手

【使用方法】

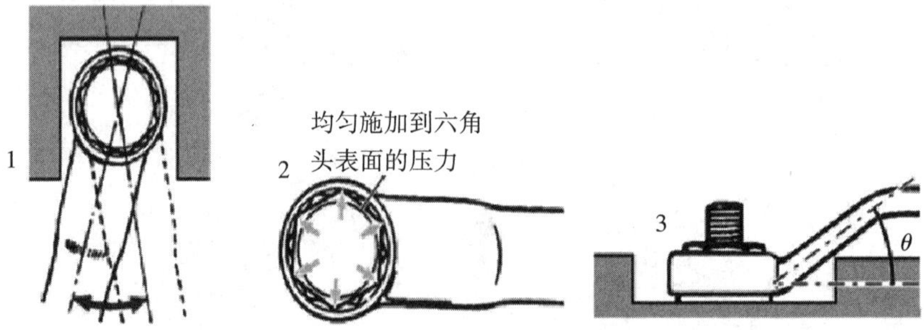

图4-55 梅花扳手使用方法示意图

选择与螺母或螺栓规格相同的梅花扳手。在使用梅花扳手时,左手推住梅花扳手与螺栓连接处,保持梅花扳手与螺栓完全配合,防止滑脱。右手握住梅花扳手另一端并加力。梅花扳手可将螺栓、螺母的头部全部围住,因此不会损坏螺栓角,可以施加大力矩。

【注意事项】

(1)不要使用带有裂纹和内孔已严重磨损的梅花扳手。

(2)六边形的梅花扳手比12边形的梅花扳手更具有防滑性。

(3)要将螺栓或螺母套牢固后才能用力扳动,否则会损坏螺栓或螺母。

(4)扳转时,严禁将加长的管子套在扳手上以延伸扳手的长度来增加力矩,这样会损坏扳手或螺栓和螺母;严禁锤击扳手以增加力矩,否则会造成工具的损坏。

(5)扳手手柄带有弯曲或角度,使用时可以为手指提供间隙,防止擦伤手指。

6. 呆扳手

呆扳手的一端或两端带有固定尺寸的开口,其开口尺寸与螺钉头、螺母的尺寸相适应,可以上下套入或横向插入,用来拧紧或松动标准规格的螺栓和螺母。

【工具结构】

呆扳手主要由小钳口、大钳口和手柄三部分组成。

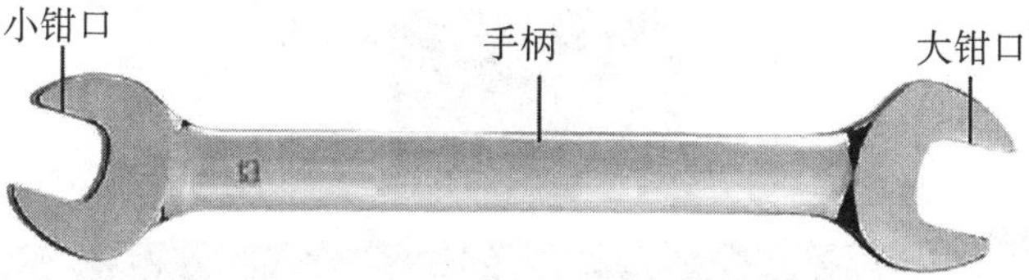

图4-56　呆扳手

【使用方法】

使用时,应先根据螺栓或螺母的尺寸选择相应开口尺寸的扳手,保证开口的两个面与螺栓或螺母的两个面紧密接触。

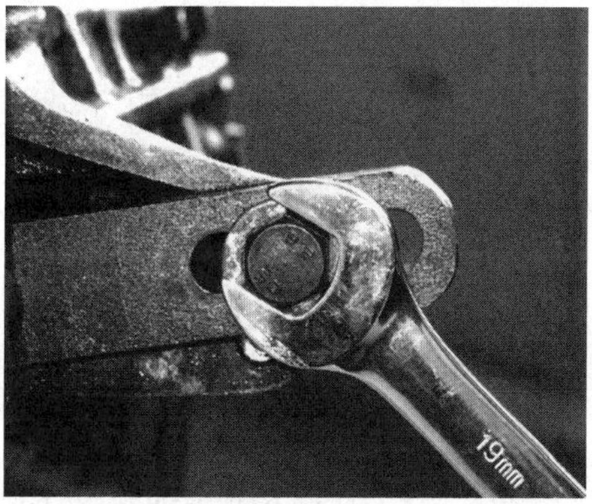

图4-57　呆扳手使用方法示意图

为防止扳手损坏或滑脱,拉力应作用于开口较厚的一侧。扳手转动应缓慢,慢速加力矩。

【注意事项】

(1)呆扳手只能在一个有限的空间里扳动螺栓或螺母,在螺栓或螺母被扳动到极限位置后,再将扳手取出重复上述过程。

(2)扳动扳手的方向应朝附钳口方向。

(3)使用扳手进行最后拧紧时,加在扳手上的力不能太大,否则会导致螺纹滑丝。

(4)扳手应完整地夹在螺栓上,增大接触面积。

(5)只能选用与螺栓或螺母对边距尺寸相同的扳手。

(6)如果扳手规格尺寸选大了,会损坏螺栓或螺母。

7. 锉刀

锉刀主要用于对金属、木料、皮革等表层做微量加工。锉削加工简便,工作范围广,多用于錾削、锯削之后对工件上的平面、曲面、内外圆弧、沟槽以及其他复杂表面进行加工。

【工具结构】

锉刀由锉柄、锉舌、锉刀尾、锉刀面组成。锉刀面由底齿和面齿构成,锉刀的大小以锉刀面的工作长度来表示。

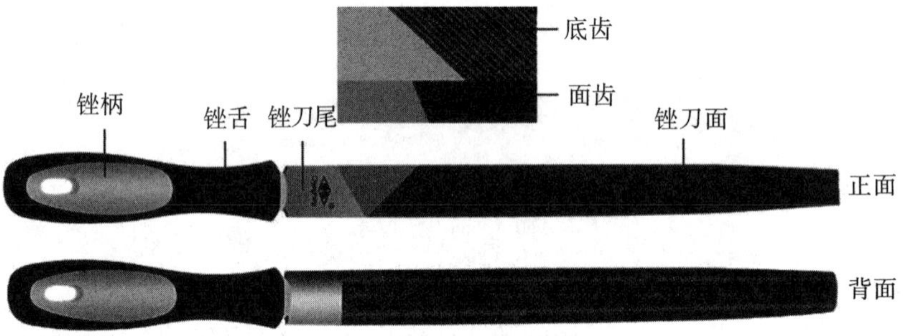

图4-58　锉刀

锉刀按用途不同分为普通锉、特种锉和整形锉,其中普通锉按截面形状不同分为平锉、方锉、圆锉、半圆锉和三角锉;按其齿纹疏密可分为粗锉、细锉和油光锉等。

【使用方法】

选择锉刀的原则:

(1)根据工件形状和加工面的大小选择锉刀的形状和规格。

(2)根据加工材料软硬、加工余量、精度和表面粗糙度等要求选择锉刀的粗细。粗锉刀的齿距大,不易堵塞,适宜于粗加工(即加工余量大、精度等级和表面质量要求低)及铜、铝等软金属的锉削;细锉刀适宜于钢、铸铁以及表面质量要求高的工件的锉削;油光锉只用来修光已加工表面,锉刀愈细,锉出的工件表面愈光,生产率则愈低。

锉削操作:

(1)装夹工件。工件必须牢固地夹在虎钳钳口的中部,需锉削的表面略高于钳口,不能高得太多。夹持已加工表面时,应在钳口与工件之间垫以铜片或铝片。

(2)锉刀的握法。正确握持锉刀有助于提高锉削质量。

①大锉刀的握法。右手心抵着锉刀木柄的端头,大拇指放在锉刀木柄的上面,其余四指弯在木柄的下面,配合大拇指捏住锉刀木柄,左手则根据锉刀的大小和用力的轻重,可有多种姿势。

②中锉刀的握法。右手握法大致和大锉刀握法相同，左手用大拇指和食指捏住锉刀的前端。

③小锉刀的握法。右手食指伸直，拇指放在锉刀木柄上面，食指靠在锉刀的刀边，左手几个手指压在锉刀中部。

④更小锉刀(什锦锉)的握法。一般仅右手操作，拇指放在锉刀的左侧，食指放在锉刀上面，其余手指一同握紧锉刀柄。

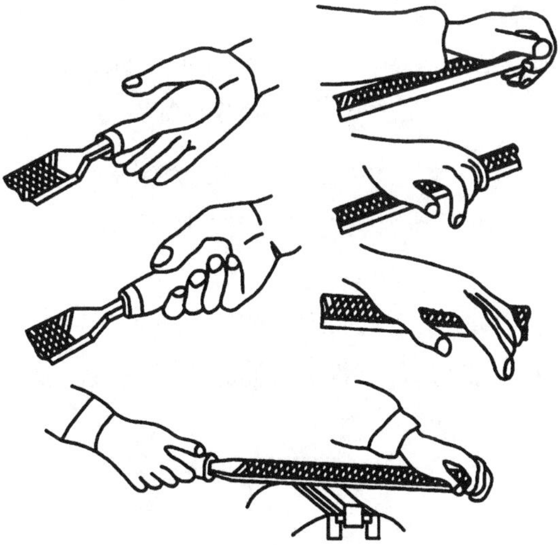

图4-59　锉刀握法示意图

(3)锉削的姿势。

正确的锉削姿势能够减轻疲劳，提高锉削质量和效率。

如图4-60所示，开始锉削时左右脚按照站立姿态要领站好，左腿膝关节稍微弯曲，右腿绷直，身体前倾10°左右，身体重心位于左右脚之间，右肘关节尽量后抬，锉削前部锉刀面准备接触工件表面，重心落在左腿上。

锉刀推出1/3行程，身体前倾15°左右，同时带动右臂向前推进1/3行程。此时左腿膝关节仍保持弯曲，身体重心开始移向左脚，左手开始对锉刀施加压力。

锉刀推出2/3行程，身体继续前倾至18°左右，并继续带动右臂向前进行中1/3推进行程。此时左腿膝关节弯曲到位，身体重心大部分移至左腿，左手施加的压力为最大。

锉刀行程推尽时，身体停止前倾并开始回退至15°左右，在回退的同时，右臂继续向前进行后1/3推进行程。此时左臂尽量伸展，左手施加的压力逐渐减小，身体重心后移。

总之，锉削时，两腿站稳不动，靠左膝的屈伸使身体作往复运动，手臂和身体的运动要相互配合，并要使锉刀的全长充分利用。

开始锉削　　锉刀推出1/3的行程　　锉刀推出2/3的行程　　锉刀行程推尽时

图4-60　锉削姿势示意图

锉削时锉刀的平直运动是锉削的关键。锉削的力有水平推力和垂直压力两种。推动主要由右手控制，推力必须大于锉削阻力才能锉去切屑，压力是由两个手控制的，其作用是使锉齿深入金属表面。

由于锉刀两端伸出工件的长度随时都在变化，因此两手压力大小必须随着变化，使两手的压力对工件的力矩相等，这是保证锉刀平直运动的关键。锉刀运动不平直，工件中间就会凸起或产生鼓形面。

锉削速度一般为每分钟30~60次。太快，操作者容易疲劳，且锉齿易磨钝；太慢，锉削效率低。

【案例】平面锉削操作技法

(1)顺向锉法。锉刀沿着工件表面横向或纵向移动，锉削平面可得到直的锉痕，比较美观。适用于工件锉光、锉平或锉顺锉纹。

(2)交叉锉法。以交叉的两个方向顺序地对工件进行锉削。由于锉痕是交叉的，容易判断锉削表面的不平程度，因此也容易把表面锉平。交叉锉法去屑较快，适用于平面的粗锉。

(3)推锉法。两手对称地握着锉刀，用两大拇指推锉刀进行锉削。这种方式适用于较窄表面且已锉平、加工余量较小的情况下，来修正和减少表面粗糙度。

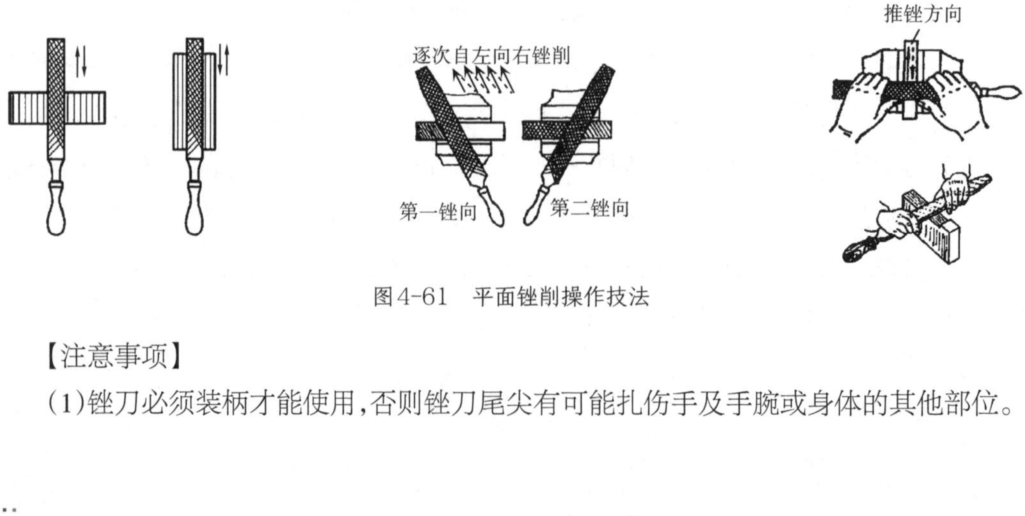

图4-61　平面锉削操作技法

【注意事项】

(1)锉刀必须装柄才能使用，否则锉刀尾尖有可能扎伤手及手腕或身体的其他部位。

(2)要正确地使用锉刀。一般用右手握紧锉柄,左手握住或扶住锉刀的前边,两只手均匀用力,推进锉刀;在使用断面比较小的锉刀时,施力不要过大,以免使锉刀折断;锉削速度不要过快,一般在每分钟30~60次为宜。

(3)锉刀应先用一面,用钝后再用另一面。锉削过程中,只允许推进时对锉刀施加压力,返回时不得加压,以避免锉刀加速磨损、变钝。

(4)防止油脂污染锉刀和锉柄,以免锉削时锉刀在工件上打滑而无法锉削,或齿面生锈而损坏锉齿的切削性能;黏着油脂的锉刀一定要用煤油清洗干净。要经常用清洁刷清理锉刀上的碎屑,防止划伤工件表面。

(5)不可用锉刀锉削毛坯的硬皮及淬硬的表面,否则锉纹很快磨损而丧失锉削能力。

(6)锉削时不要用嘴吹铁屑,防止铁屑飞进眼内;也不要用手去清除铁屑,以防铁屑扎破手指和手掌,应该使用刷子清扫。

8. 钢锯

钢锯是钳工的常用工具,可切断较小尺寸的圆钢、角钢、扁钢和工件等。

【工具结构】

钢锯主要由锯弓和锯条两部分组成。锯弓是用来夹持和拉紧锯条的工具,有固定式和可调式两种。固定式锯弓的弓架是整体的,只能装一种长度规格的锯条。可调式锯弓的弓架分成前后两段,由于前段在后段套内可以伸缩,因此可以安装几种长度规格的锯条,故目前广泛使用的是可调式。

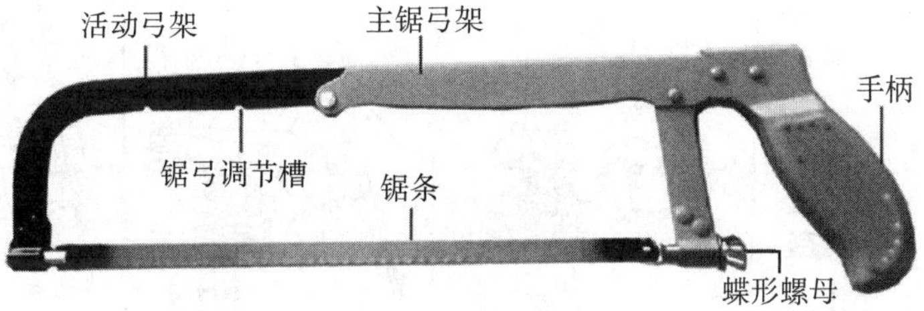

图4-62　钢锯(可调式)

【使用方法】

(1)锯齿选择。粗齿锯可以锯得快,适合锯软材料;细齿锯适合锯硬的材料,锯面也光滑,适合精细活。锯薄的东西,或者中空的管也要用细齿锯,不然锯片容易卡住跳起,至少保证平面上有三个锯齿。

(2)锯条松紧调整。锯条安装应使齿尖朝着向前推的方向。过紧,容易在使用中崩断;过松,容易在使用中扭曲、摆动,使锯缝歪斜,也容易折断锯条。

(3)钢锯操作。握锯以右手为主,握住锯柄,加压力并向前推锯;以左手为辅,扶正锯弓。起锯时锯条与工件的角度约为10°~15°,角度不可过大。锯割的往复速度以20~40次/分为宜,锯条的工作长度一般不应小于锯条长度的2/3。

起锯包含远近两种方式,如图4-63。近边起锯时利用锯条的后端、从工件靠近自己的一端起锯。远边起锯时利用锯条的前端、从工件远离自己的一端起锯。一般情况下采用远边起锯。

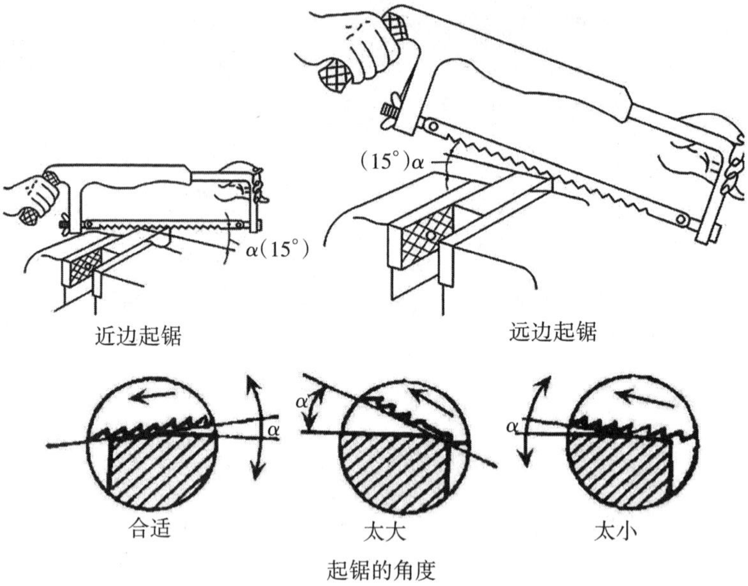

图4-63　钢锯起锯示意图

推锯时身体上部略向前倾,给锯以适度压力;拉锯时手锯稍微抬起,不进行锯切,同时也减少锯齿的损坏,如图4-64所示。

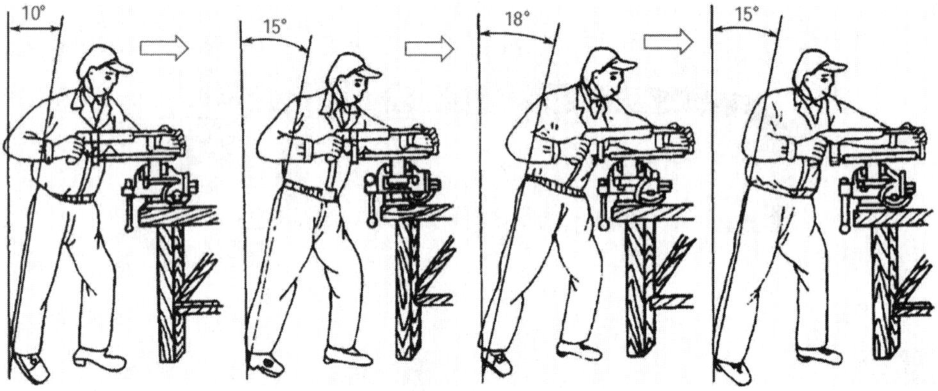

图4-64　钢锯推拉锯示意图

锯割棒料可以从头锯到底。锯割空心管子时,则不能直接从头锯到底,凡锯至管子内壁即应停止,将管子向推锯方向转动一定角度再锯,依次进行直到锯完。

控制锯的方向:锯的时候用力轻和稳,边锯边变化前后方向,用力不均匀和用力过大在速度上容易抢锯;锯金属的时候可以在锯齿上刷点儿机油会更好;快要锯断的时候放慢速度,减小用力;可以稍稍扶住快要锯断的那段,防止最后锯歪。

锯不动的原因:首先检查锯齿是否钝化、是否过细,也可能是锯条没选择好,不同的材料要选择合适的锯条;然后,看锯片的方向或用力方向是否不对。

锯条折断原因:锯条安装得过紧或过松;工件装夹不正确;锯缝歪斜过多,强行纠正;

压力太大，速度过快；新换的锯条在旧的锯缝中被卡住，而造成折断。

锯条崩齿原因：起锯角度太大，起锯用力太大，工件钩住锯齿。

【注意事项】

（1）锯割工件时，一定要保证工件固定牢固，不能有位移和振动，锯割线离工件支承点要近；且锯条安装必须正确，防止折断锯条或锯缝歪斜。

（2）起锯角度要正确，姿势要自然。

（3）锯割工件时，可以加些机油，以减少摩擦和冷却锯条，从而延长锯条使用寿命。

（4）当快要锯断工件时，速度要慢，用力要轻，并用左手扶住将被锯断落下的部分。

9. 曲线锯

曲线锯主要用于直线或曲线锯割塑料、木板、薄的铁板以及黄铜、铝等有色金属。切割金属时，锯齿较细，切屑处理能力更强。切割木材及其他木制品时，锯齿较大，效率更高。

【工具结构】

曲线锯由电源锁定开关、无极调速开关、导尺、滚轮、锯条、手柄、四挡调速开关、排风口、基座和吹尘装置主要部件构成。

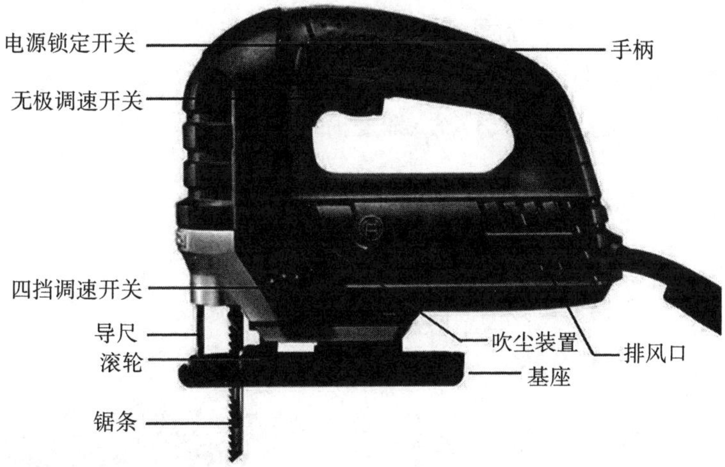

图4-65　曲线锯

【使用方法】

（1）拿手柄。用一只手拿稳曲线锯的手柄，另一只手按住工件的前端。

（2）水平。将它的基座与要切割的工件保持在同一水平线上，否则切割时会出现锯齿断裂的情况。

（3）缓慢移动。在切割过程中，不能够快速地移动曲线锯，而是慢慢地移动，否则会磨损锯片使其钝化。

（4）控制角度。如果需进行倾斜切割板材，需先用六角扳手调整基座角度，角度需控制在45°范围内，并确保拧紧基座螺栓才可起锯。

（5）防护。不管是否配置防尘盖板，在使用时都要戴上护目镜，防止曲线锯锯出来的细屑溅入眼睛。

(6)关闭电源。不用的时候一定要把电源关掉,放在小孩碰不到的地方。

注意:起锯的时候,因为锯片本身有一定厚度,所以如果想使保留部分完整,就要将锯条放在划线的外侧,这样锯出来的尺寸才会准确,如图4-66所示。

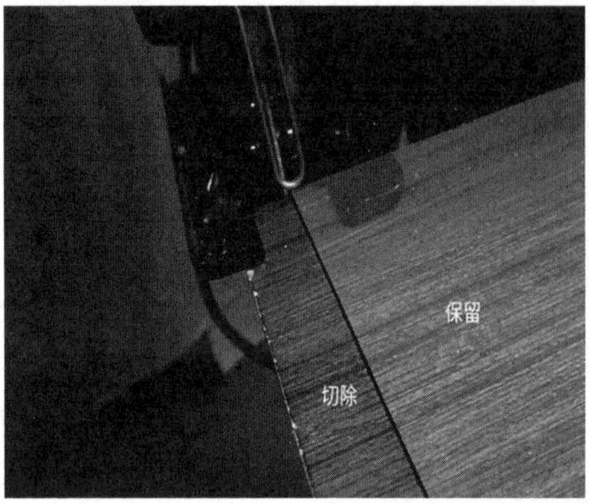

图4-66 曲线锯使用方法示意图

【注意事项】

(1)安装锯片时首先确保机器处于断电的状态,如果是无线的,记得先取出电池。

(2)针对不同的任务,选择合适的锯条,调整好速度和摆幅。

(3)放好或者固定好要锯的物件,如果在曲线锯启动前锯条就靠在物件上,容易造成被切物损坏或者弄断锯片,要等运作到最高速后再进行切割,切割时手扶着握把推进,并控制方向。

(4)切割弧线时要注意放慢速度。如果发现锯歪应该停下,重新调整好位置再开始,尽可能不直接倒。

(5)塑料、木材甚至铁都可以用曲线锯来切割,但要选择不同的锯条和切割速度。

10. 手电钻

手电钻是一种头部有钻头、内部装有单相整流子电动机,靠旋转来钻孔的手持电动工具,主要用于金属、木材类钻孔。

【工具结构】

手电钻由钻夹头、无极调速开关、正反钻调节按钮、夹头钥匙和手柄主要部件构成。

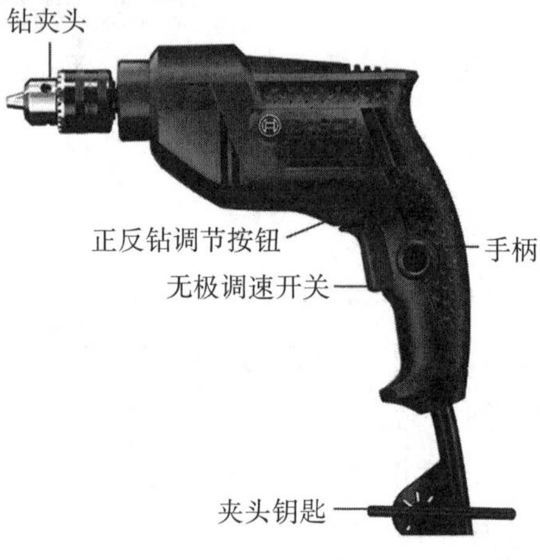

图4-67 手电钻

【使用方法】

(1)钻头安装。

选择钻头时应根据要钻孔大小、孔深度和被加工的材质选择与之相对应规格的钻头。

(a)松开夹头　　(b)放入钻头　　(c)拧紧夹头

图4-68　手电钻使用方法示意图

松开夹头:左手拿钻身,右手插入夹头钥匙逆时针旋转松开夹头至可放入钻头。

放入钻头:机身倾斜向上,右手居中放入钻头。

拧紧夹头:左手拿钻身,右手插入夹头钥匙顺时针旋紧,固定在夹头上。

注意:在安装及拆卸钻头时,一定要确保电源是断开的。

(2)钻孔方法。

划十字线,使用样冲和榔头给要打的孔定位。

钻头尖对准所要钻孔点并且保持钻头垂直于工作表面,打开电源开关实施钻孔。

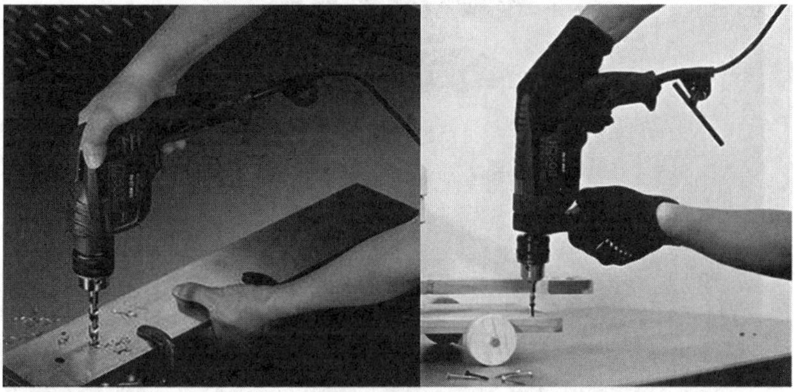

图4-69　手电钻钻孔示意图

当钻头快要钻透加工件时,此时应放慢转速(指有无极变速的电钻)减少进钻压力,用力握住电钻,以防钻透材料的电钻扭转伤人或损坏加工件。

打孔时要双手紧握电钻:一只手紧握电钻把手,另一只手撑住电钻机身。

保持电钻钻头与被钻物呈90°垂直,转速根据不同材料而改变。

钻孔时要注意旋转方向,向下压力不能太大,防止钻头断裂。

【注意事项】

(1)用前检查电源线有无破损,若有必须交给电工人员处理。

(2)对于金属外壳的手电钻必须采取保护接地(接零)措施。

(3)更换钻头前要拔掉手电钻插头,防止在更换钻头时,误碰开关导致伤人。

(4)使用中发现电钻漏电、振动、高热或者有异声时,应立即停止工作并检查修理。

(5)对于小工件必须借助夹具来夹紧。

(6)在加工工件后不要马上接触钻头,以免钻头过热灼伤皮肤。

(7)使用手电钻时,不能戴手套、首饰等物品,必须戴防护眼镜。

11. 台式砂轮机

台式砂轮机是一种电机运转后带动砂轮转动来进行磨削等工作的电动工具,它主要用于磨錾子、钻头、刮刀、样冲和划针等钳工工作,也可用于打磨铸、锻工件的毛边或用于材料与零件的表面磨光、磨平、去余量及焊缝磨平。

【仪器结构】

砂轮机要由电动机、砂轮机座、启停开关、砂轮、火花挡板、火花挡板支架、防护罩、盖子和工件座等组成。

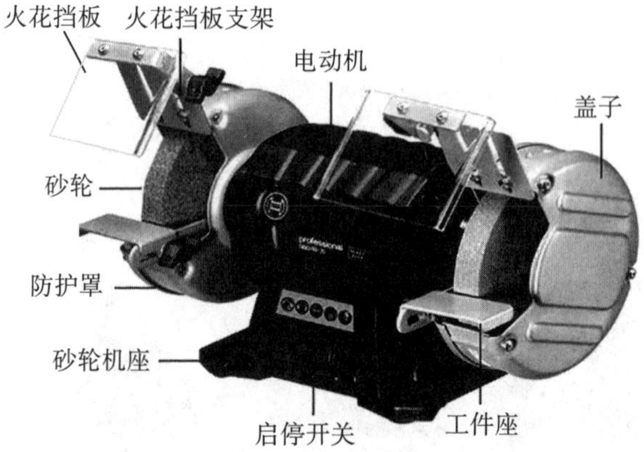

图4-70 台式砂轮机

【使用方法】

图4-71 台式砂轮机使用方法示意图

(1)人站在砂轮侧面,启动按钮,待砂轮运转正常,砂轮外圆应无跳动。

(2)摆正工件或坯料的角度,轻、稳地靠在砂轮外圆上,沿砂轮外圆在全宽上移动,施加的压力不要过大。

(3)磨削完毕,关闭电源。清理砂轮机外壳的灰尘和污物。

【注意事项】

(1)使用前应检查砂轮是否完好(不应有裂痕、裂纹或伤残),砂轮轴是否安装牢固可靠，砂轮机与防护罩之间有无杂物，是否符合安全要求。确认无问题时，再开动砂轮机。

(2)操作者必须戴上防护眼镜，任何时候，操作人员都不得戴手套或用衬布等夹持待磨的工件。

(3)砂轮机严禁磨削铝、铜、锡、铅及非金属。

(4)砂轮机开动后，要空转2~3 min，待砂轮机运转正常时，才能使用。

(5)使用砂轮机时，人不得直对砂轮运转方向。

(6)磨刀件或刀具时，不能用力过猛，要慢慢上料，不准撞击砂轮；听到有异响时必须马上停机。

(7)在同一块砂轮上，禁止两人同时使用，更不准在砂轮的侧面磨削。磨削时，操作者应站在砂轮机的侧面，不要站在砂轮机的正面，而应站在侧面35°角以外，以防砂轮崩裂发生事故。不要将工件反向放置在砂轮的上部磨削。

(8)对于细小的、大的和不好拿的工件，不能在砂轮机上磨，特别是小工件要拿牢，以防挤入砂轮机内，将砂轮机挤碎。

(9)砂轮不准沾水，要保持干燥，以防沾水后失去平衡，发生事故。

(10)砂轮磨薄、磨小、有裂纹、磨损严重时，应及时更换，不准使用，以保证安全。

二、技术与工程领域常用加工仪器

1. 台式钻床

台式钻床简称台钻，是指可安放在作业台上，主轴竖直布置的小型钻床，主要作中小型零件钻孔、扩孔、铰孔、攻螺纹等工作。

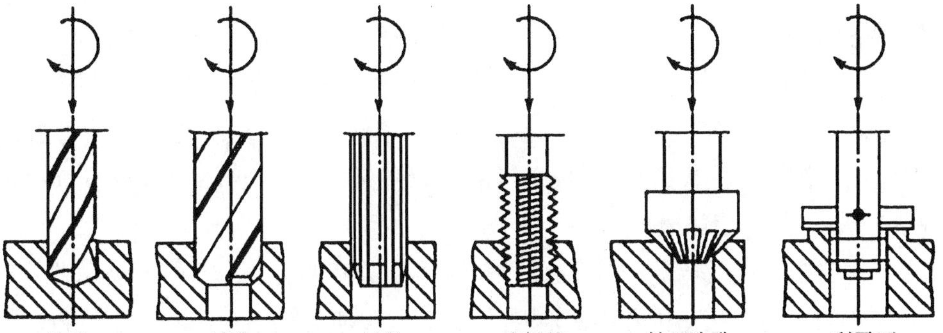

图4-72　台式钻床常见加工类型

【仪器结构】

台式钻床的结构一般如图4-73所示。

【使用方法】

使用台式钻床前，根据加工材料的孔径、材质，选用合适的钻头，并将钻头安装到钻夹头上。

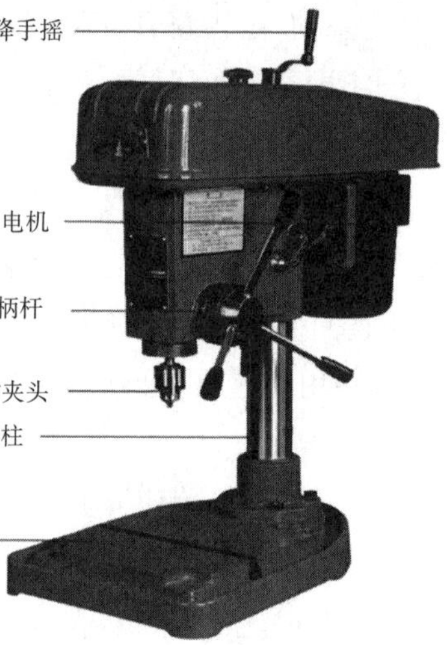

图4-73　台式钻床结构

使用台式钻床时，先将待加工物体用钳具固定在工作台，通过升降手摇调整钻头与待加工物体之间的距离；按下钻床启动按键，钻床运转，选择合适的转速，然后慢慢转动手柄杆，在钻头刚接触工件时，要轻轻用力，以防待加工物体转动；缓慢转动手柄杆进行钻孔，孔即将钻穿时，要减小压力与进给速度，以防损坏待加工物体；加工完毕，反向匀速转动手柄杆，使钻头抬高至顶部，然后按下停止按键，待钻床完全停止后取下加工物体。

使用完台式钻床，必须切断电源，取下钻头，清扫干净工作台，擦拭设备，必要时对机床外露加工面加注机械油，以免机床表面生锈，影响使用和美观。

【注意事项】

(1)装夹钻头时，用钻夹头专用扳手旋转钻夹头外壳，使钻夹头有足够的张开空间，把钻头塞入钻夹头，并使钻头处于中心位置，然后用钻夹头专用扳手顺时针方向旋紧钻头。

(2)待加工物体需通过钳具等固定在工作台上，严禁手持待加工物体进行加工。

(3)钻深孔时，要经常提钻排屑，防止折断钻头，孔即将钻通时，应适当减小进给量。

(4)钻屑缠绕在工件或钻头上时，应停钻，用专门工具清除，台钻刚刚停止工作时，工件和钻头较热，不要用手触摸钻头。

(5)台式钻床停止运转后，方可装卸加工物体及装卸钻头，严禁在运行状态下拆卸加工物体，检查加工物体状况和变换主轴转速，必须在停机并切断电源状态下进行，工作中出现任何异常情况，应停机检查处理。

(6)操作人员严禁穿宽松的衣服、戴围巾、戴手套、戴首饰，长发必须挽在帽子内。

【维护保养】

(1)检查机械连接部位螺钉、螺母是否松动，检查传动系统是否灵活，皮带松紧程度。

(2)检查保护接地或接零线连接是否正确，牢固可靠，软电缆或软线是否完好无损，插头是否完整无损，台钻开关动作是否正常、灵活，有无缺陷、破裂。

(3)检查传动皮带是否损坏，各保护外罩是否正常。

(4)定期用润滑脂润滑,卸下主轴皮带轮,将轴承从轴承座中取出,然后添加润滑脂。

【常见故障及排除方法】

表4-1 台式钻床常见故障及排除方法

故障原因	原因分析	排除方法
钻头咬死	1.主轴进刀太快 2.工件发生移动,挤压钻头 3.皮带松紧程度不当	1.减慢主轴进刀速度 2.夹紧工件 3.调整皮带松紧
钻头烧伤	1.转速不当 2.钻屑排出不畅 3.钻头磨损变钝 4.进给太慢 5.没有冷却钻头	1.调整转速 2.退出钻头,清除钻屑 3.重磨钻头 4.调整进给速度 5.在切削时加注切削液
工件脱落	没有夹紧工件	夹紧工件
钻孔超差	1.钻头弯曲或钻头直径不对 2.主轴轴承损坏 3.钻头没有完全安装到位 4.工件夹紧不水平	1.更换钻头 2.更换轴承 3.使钻头安装到位 4.台钻底座摆放水平,同时改进工件夹具
皮带打滑	1.皮带没有张紧 2.皮带磨损严重 3.皮带选用不当	1.皮带适当张紧,并紧固锁紧螺钉 2.更换皮带 3.选用适当规格皮带
电机不动	1.电源线松脱 2.电源开关按钮损坏 3.电机损坏	1.紧固电源线 2.更换电源开关 3.更换电机

2. 钻铣床

钻铣床又叫钻铣两用机床,通常为台式,工作台可纵、横向移动,主轴垂直布置,可上下升降,具有钻、铣、镗、磨、攻丝等多种功能。如图4-74所示。

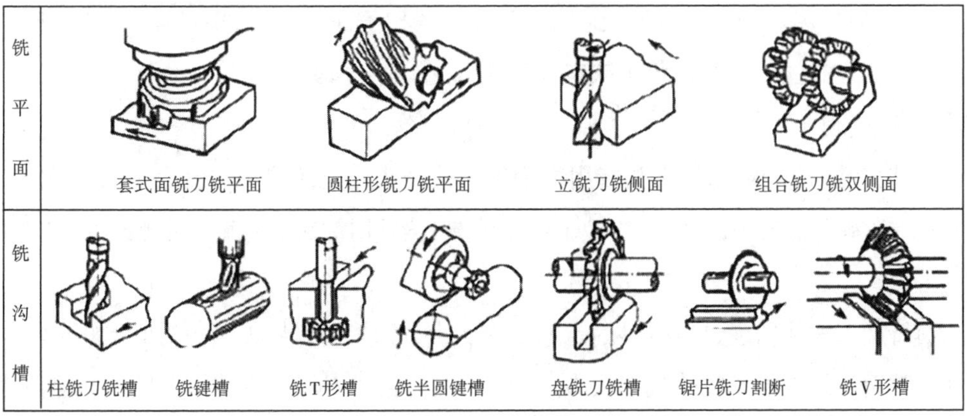

图4-74 钻铣床常见加工类型

【仪器结构】

典型的钻铣床结构如图4-75所示。

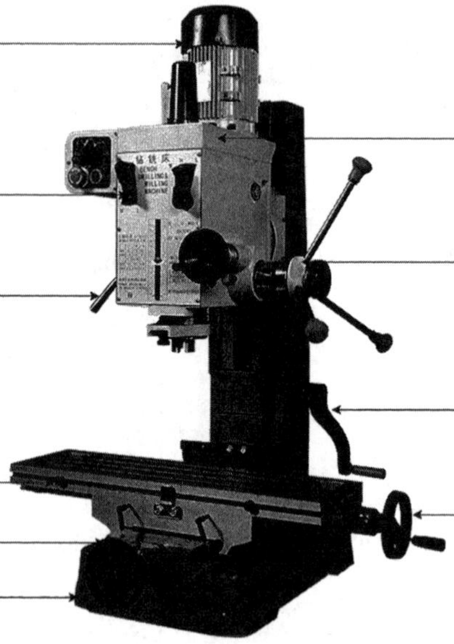

图4-75　钻铣床结构

【使用方法】

使用钻铣床前，根据加工材料的孔径、材质，选用合适的铣刀，并将铣刀头安装到主轴箱的钻夹头上。

使用钻铣床时，先将待加工物体用钳具固定在工作台，分别摇转X、Y轴转轮将待加工物体移动至合适的位置，摇转主轴箱升降摇柄调整铣刀与待加工物体之间的距离；按下启动按键，钻铣床运转，选择合适的转速，然后慢慢转动进给手轮，即可进行铣削加工，按照加工需求分别摇转X、Y轴转轮对物体进行铣削加工；加工完毕，反向匀速转动进给手轮，使铣刀抬高至顶部，然后按下停止按键，待钻铣床完全停止后取下加工物体。

使用完钻铣床后，必须切断电源，取下铣刀，清扫干净工作台，擦拭设备，必要时对机床外露加工面加注机械油，以免机床表面生锈，影响使用和美观。

【注意事项】

(1)装夹铣刀/钻头，用钻夹头专用扳手旋转钻夹头外壳，使钻夹头有足够的张开空间，把铣刀/钻头塞入钻夹头，并使钻头处于中心位置，然后用钻夹头专用扳手顺时针方向旋紧钻头。

(2)待加工物体需通过钳具等固定在工作台上，严禁手持待加工物体进行加工。

(3)钻屑缠绕在加工物体或刀头/钻头上时，应停钻用专门工具清除。钻铣床刚刚停止工作时，工件和铣刀/钻头较热，不要用手触摸钻头。

(4)钻铣床停止运转后,方可装卸加工物体及装卸铣刀/钻头,严禁在运行状态下拆卸加工物体。检查加工物体状况和变换主轴转速,必须在停机并切断电源状态下进行,工作中出现任何异常情况,应停机检查处理。

(5)机床开动后,不准接触运动着的工件、刀具和传动部分。禁止隔着机床转动部分传递或拿取工具等物品。

(6)操作人员严禁穿宽松的衣服、戴围巾、戴手套、戴首饰,长发必须挽在帽子内。

【维护保养】

(1)钻铣床经过较长时间的接触运行后,要对工作台和床鞍部位的塞铁进行调整,以消除间隙误差,使机床长期处于可靠的使用状态。包括:

①工作台与床鞍间的纵向塞铁。

②床鞍与底座间的横向塞铁。

调节方法是调节塞铁、锁紧螺钉直到手轮摇动轻松平稳,且扳动工作台面无松动,然后锁紧紧固螺钉上的螺母。

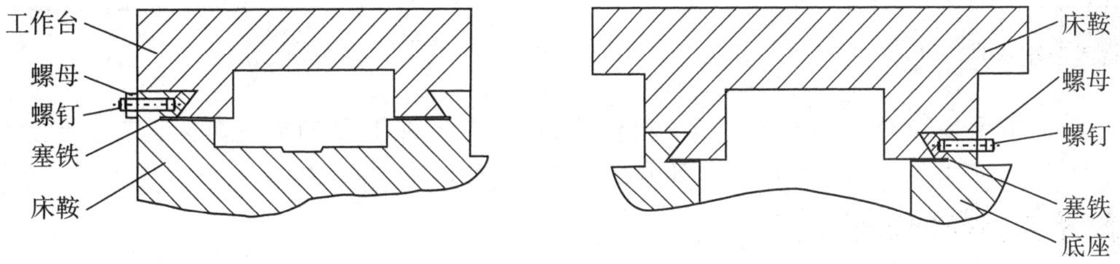

图4-76　工作台与床鞍间的纵向塞铁(左);床鞍与底座间的横向塞铁(右)

③垂直导轨与垂直拖板间的斜塞铁。

调节方法是调整螺钉直到手轮摇动轻松平稳且扳动主轴箱无松动。

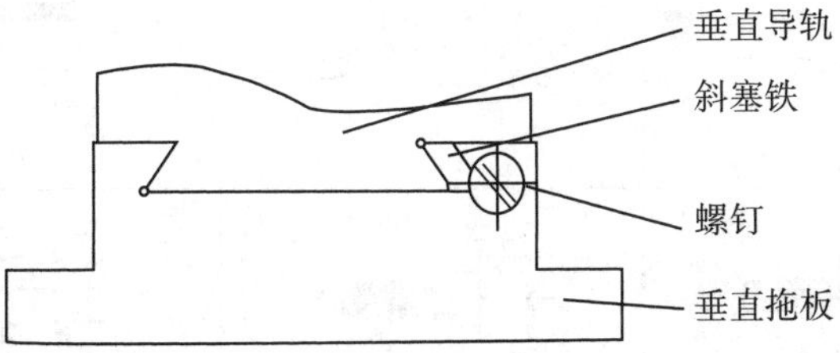

图4-77　垂直导轨与垂直拖板间的斜塞铁

(2)定期检查设备电源接头是否有松动、老化;各种手柄操作是否灵活可靠;有自动进刀功能的钻铣床还需检查限位开关是否正常工作。

(3)定期擦拭设备,对机床外露加工面加注机械油,以免机床表面生锈。

【常见故障及排除方法】

表4-2　钻铣床常见故障及排除方法

故障原因	原因分析	排除方法
电机无法启动	1.电源未接通 2.电压低 3.电机断路或连接部分松动	1.打开急停开关按钮 2.检查电源的电压是否正常 3.检查电机所有接头是否松开或断开
电机过热	1.电机超负荷 2.电机的空气循环受限制	1.降低电机负荷 2.清理电机周围,保证空气循环畅通
*X*轴手轮或*Y*轴手轮过松	1.螺钉没有调节到位 2.手轮松了 3.丝杆组旧了或没有调节到位	1.用力旋紧螺钉,给床身上润滑油 2.拧紧手轮旋钮 3.拧紧丝杆组件上所有松开的旋钮
*X*轴手轮或*Y*轴手轮过紧	1.螺钉有铁锈 2.螺钉太紧 3.工作台太干燥	1.清理床身和楔形榫头上的铁锈,上润滑油,然后重新拧紧螺钉 2.完全松开螺钉,并上润滑油 3.给工作台和手轮上润滑油
铣头部分在导轨上移动困难	1.导轨干燥 2.进给手轮过紧 3.导轨上有碎屑	1.上润滑油 2.调整螺钉 3.清理导轨
主轴夹不紧铣刀	1.铣刀选错或不匹配 2.主轴连接面有损伤	1.更换铣刀 2.检查主轴连接面,进行修复

3. 微型车床

微型车床是能对轴、盘、环等多种类型工件进行多种工序加工的车床,常用于加工工件的内外回转表面、端面和各种内外螺纹,采用相应的刀具和附件,还可进行钻孔、扩孔、攻丝和滚花等。如图4-78所示。

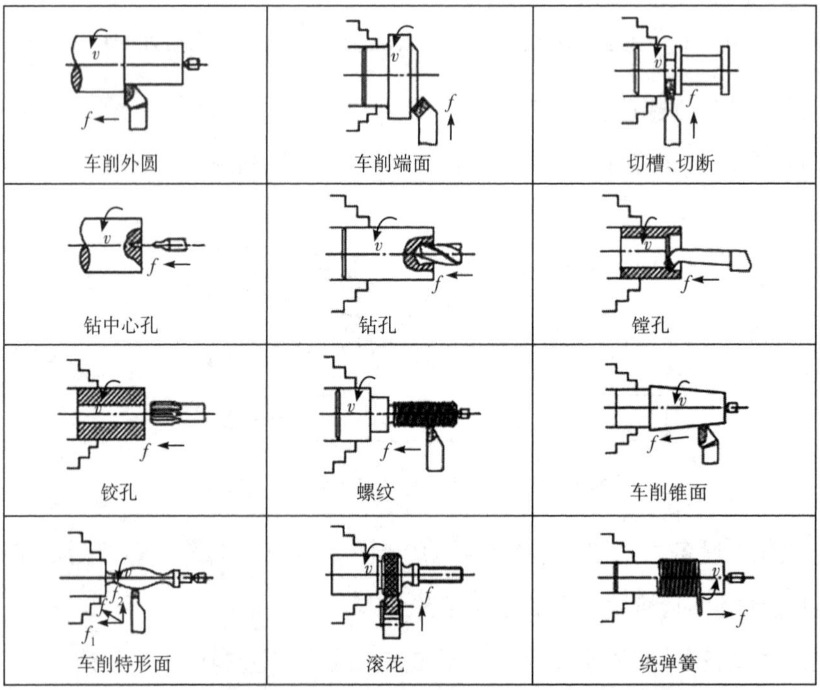

图4-78　微型车床常见加工类型

【仪器结构】

微型车床的结构一般如图4-79所示。

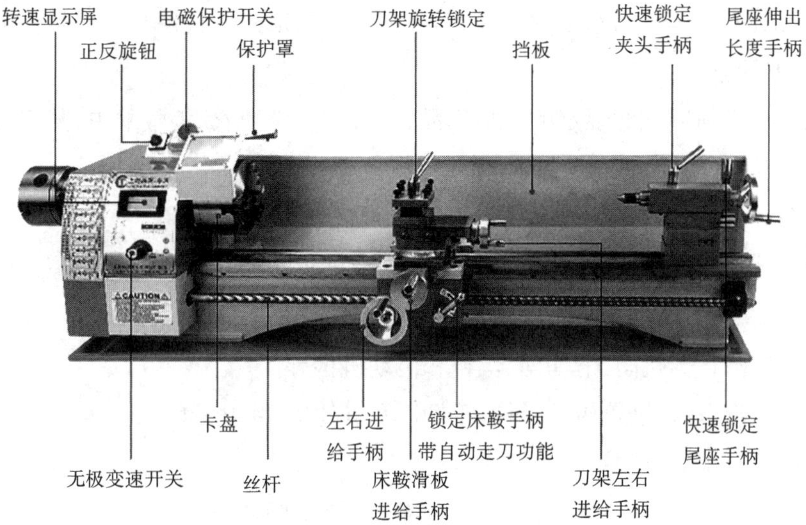

图4-79 微型车床结构

【使用方法】

使用微型车床前，按规定润滑机床，检查各手柄是否到位，低速空载运行2~3 min，检查车床运转是否正常。

使用微型车床时，首先根据需要加工的类型安装好车刀和工件；然后打开开关，调节转速，按照加工需求进行相应的进给；加工完成后，退回进给，关闭电源，待设备停止工作后取下工件。

使用微型车床完成后，取下车刀，清扫干净碎屑，擦拭设备，必要时对车床外露加工面加注机械油，以免车床表面生锈，影响使用和美观。

【注意事项】

(1)根据工件大小、形状、加工的工艺要求等因素选用合适的卡盘并卡紧，转动卡盘不得有与导轨和溜板等相碰现象，车刀刀杆应卡牢，下部垫片应平整，数量不超过二片，车刀刀尖高度不低于主轴中心线，伸出长度不宜过长。

(2)根据工件的材质、加工要求，正确选用切削速度和切削用量，经试削后加以确定。

(3)安装卡盘及工件时，必须保证安全可靠；加工偏心件时，必须有适当的配重，使卡盘重心平衡。

(4)用尾座顶卡工件时，应遵循以下规定：顶卡松紧要适宜，钻头固定要牢靠，并对顶尖进行润滑；禁止使用破损或尾部拉伤的钻头和顶尖，严禁在顶尖顶住后进行工件的矫正、曲直；尾座固定要保证牢固，用完后退至车床尾部，并固定住。

(5)车床运转时，应随时注意各传动部位的动作、声音、润滑和温升等情况，如发现不正常应停车检查，及时排除故障。

(6)车床运转时,严禁触摸刀具、车床的转动部分或转动工件。

(7)如遇停电,应将刀架退离工件,切断电源。车床在运转中,操作者如需离开,必须将刀架退离工件,停车并切断电源。重新开动车床时,须先认真检查各部手柄位置及工件无松动后方准开车。

(8)操作者必须穿戴好规定的防护用品,严禁穿宽松的衣服、戴围巾、戴手套、戴首饰,长发必须挽在帽子内。

【维护保养】

(1)定期擦拭车床的所有滑动面和导轨面,擦拭工作台、横梁和丝杆,擦拭进给传动机构和刀架。

(2)定期润滑各导轨面、滑动面、丝杆和传动机构等。

(3)定期检查卡盘、进给传动机构、手柄以及其他零件的松紧。

【常见故障及排除方法】

表4-3 微型车床常见故障及排除方法

故障原因	原因分析	排除方法
车床启动后噪声过大	1.传动轴的轴承损坏,相对应的轴承不同心或传动轴弯曲变形 2.电动机轴承损坏,装配不同心 3.润滑不良	1.修复或更换轴承。修理轴支承孔。校直传动轴 2.修复或更换轴承,检查电动机轴的支撑孔,若不同心应进行修理 3.加注润滑脂
工件表面平整度差	1.主轴、轴承配合松动 2.主轴上齿轮转动不平稳引起振动 3.床身导轨磨损,滑板移动时产生爬行、晃动 4.刀架滑板镶条松动 5.车床振动	1.调整轴承间隙,修复配合精度 2.修复或更换齿轮,使其符合要求 3.修复导轨,恢复其精度 4.调整或修复镶条 5.拧紧地脚螺栓或找出并消除其他振源
床鞍及滑板移动过紧	1.缺少润滑油 2.导轨配合面长期磨损,接触面过大 3.下压板过紧	1.加注润滑油 2.修刮导轨面 3.调整下压板间隙

4. 砂轮切割机

砂轮切割机,也称无齿锯,可对金属方扁管、方扁钢、工字钢、槽型钢、碳元钢等材料进行切割,严禁使用砂轮切割机切割木材。

【仪器结构】

砂轮切割机的结构一般如图4-80所示。

图4-80 砂轮切割机结构

【使用方法】

使用砂轮切割机前，必须认真检查设备的性能，确保各部件完好。对电源开关、切割片的松紧度、切割片保护壳等进行详细检查。根据工件的要求，在工件上做好记号，方便切割。戴好耳塞，面罩或护目眼镜。

使用砂轮切割机时，先将工件放入夹紧装置，保持和支撑面的平行，转动手轮，将工件夹紧。然后打开开关，空载试转几圈，待切割机切割片运转正常后稳握切割辅助手柄均匀用力垂直下切。出现切割片卡住切不动时可以稍微提起切割辅助手柄再进行切割。若频繁出现卡住现象需要提起切割辅助手柄，关闭电源，待切割片完全停止转动后检查切割片是否有缺口等破损现象，以及电动机上的传动皮带是否松动。工件快要切断时可以减少作用在切割辅助手柄上的作用力，避免切割片卡住或打坏切割片造成事故。工件切断后将切割辅助手柄提起，关闭电源，待切割片完全停止转动后再松开手轮，取出工件。

使用完砂轮切割机后，必须切断电源，清理砂轮切割机及周边卫生。

【注意事项】

(1)不得试图切锯未夹紧的小工件；不得进行强力切锯操作，在切割前要待电机转速达到全速方可进行切割作业。

(2)为了提高工作效率，对单支或多支一起锯切之前，一定要做好辅助性装夹定位工作。

(3)不得将手放在距切割片15 cm以内，不得探身越过或绕过切割机。切割时不允许任何人站在切割机的前面及侧面。停电、休息或离开工作地时，应立即切断电源。

(4)出现有不正常声音,应立刻停止操作,进行检查;维修或更换配件前必须先切断电源,并等切割片完全停止。

(5)操作人员严禁穿宽松的衣服、戴围巾、戴首饰,长发必须挽在帽子内。

【维护保养】

(1)定期对丝杆、轴承等零件进行清洁、润滑工作。

(2)定期检查切割机的皮带、切割片损耗程度以及切割片是否有缺口破损,发现问题及时更换新的零件。

(3)定期进行检查,如发现漏电应立即排除。长期不用或在潮湿环境下使用,要定期做防潮处理。

【常见故障及排除方法】

表4-4 砂轮切割机常见故障及排除方法

故障原因	原因分析	排除方法
切割机不启动	1.电源开关损坏 2.电动机烧坏	1.更换电源开关 2.更换电动机
切割片易碎或损耗过快	1.切割片过期或质量不好 2.安装不正确 3.轴承损坏	1.更换合格切割片 2.重新正确安装切割片 3.更换轴承
砂轮切割机声音不正常	1.轴承磨损严重 2.切割片安装不正确 3.电动机故障	1.更换轴承 2.重新正确安装切割片 3.检修电动机,如有必要则更换电动机

5. 角磨机

角磨机主要用于切割、研磨及刷磨金属与石材等。角磨机是转轴与电动机轴成直角,用圆周面与端面进行磨光作业的一种工具,利用高速旋转的薄片砂轮、橡胶砂轮、钢丝轮等对金属构件进行磨削、切削、除锈、磨光加工。

【仪器结构】

角磨机的结构一般如图4-81所示。

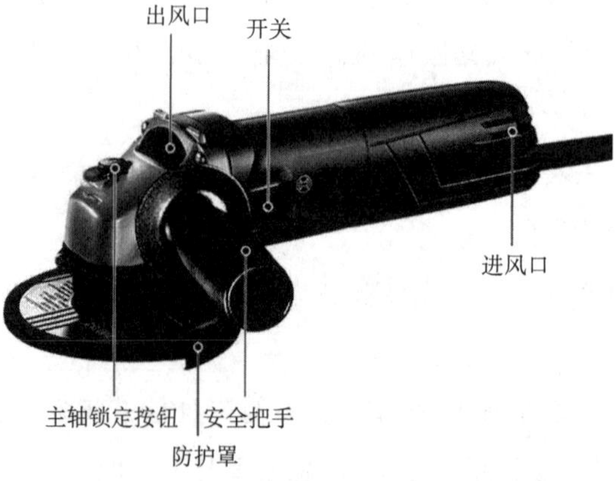

图4-81 角磨机结构

【使用方法】

使用角磨机前，操作者需穿戴好手套和实验服，戴上防护眼镜；检查角磨机是否有防护罩，防护罩是否稳固，以及角磨机的磨片安装是否稳固。

使用角磨机时，先确保工件是在稳固的平面。对小工件进行加工时，必须使用台钳等固定工具固定后才能进行加工，严禁手持工件进行加工；打开开关之后，要等待角磨机转动稳定后才能开始加工，切割或打磨时要稳握机身和安全把手均匀用力；加工完成后及时关闭电源，拔掉电源线。

使用完角磨机后，及时清理轴承、进风口、出风口等地方的碎屑，必要时要对轴承加注润滑脂。

【注意事项】

(1)操作者需戴保护眼镜，严禁穿宽松的衣服、戴围巾、戴首饰，长发必须挽在帽子内。

(2)严禁使用已有残缺的砂轮片，切割时不要对着有人的方向进行工作，以防造成人员伤亡，并远离易燃易爆物品。

(3)使用角磨机，启动前必须握紧机身及安全把手，防止起动转矩作用而掉落，确保人身机具安全。

(4)出现不正常声音、过大振动或漏电，应立刻停止并进行检查；维修或更换配件前必须先切断电源，并等砂轮片完全停止。

(5)在使用30 min后，应该停止休息20 min以上，待冷却后方能继续作业。防止在长期使用的过程中，砂轮片及电机温度过高，使角磨机损坏，造成实验事故。

(6)休息或离开工作场地时，应立即切断电源。

【维护保养】

(1)定期检查角磨机的进、出风口，不可堵塞，清洁角磨机所有部位的油污与灰尘。

(2)定期检查电刷是否磨损过度，及时更换电刷，以防电刷接触不良形成火花或者烧毁电枢。

(3)定期检查轴承等部位是否正常，及时加注润滑脂。

(4)定期进行检查，如发现漏电应立即排除，长期不用或在潮湿环境下使用，要定期做防潮处理。

【常见故障及排除方法】

表4-5　角磨机常见故障及排除方法

故障原因	原因分析	排除方法
电机不运转	1.开关接触不良或损坏 2.电刷与换向器表面不接触	1.修理或更换开关 2.更换电刷
有异响且不旋转或转得很慢	1.开关触点烧坏 2.机械部位卡住	1.修理或更换开关 2.检查机械部位，及时矫正
换向器上产生环火或较大火花	1.电枢短路 2.电刷和换向器接触不良 3.换向器表面不光洁	1.修理电枢 2.更换电刷 3.清除杂物，使换向器表面光洁

6. 台式拉花锯

台式拉花锯又称为木工曲线锯、雕刻线锯机。台式拉花锯锯条是往复运动的,工件一般是薄板。由于其锯条很小,可以进行曲线切割。

【仪器结构】

台式拉花锯的结构一般如图4-82所示。

图4-82　台式拉花锯结构

【使用方法】

使用台式拉花锯前,操作者需戴好防护眼镜和口罩;根据工件的材质和锯割要求选择合适的锯条,并正确安装锯条。

使用台式拉花锯时,先在工件上画好需要锯割的形状;启动拉花锯电源,调整运行速度,锯条运行正常后方可进行加工操作;将工件按照画好的路径缓慢向前推进,避免左右晃动,切忌操之过急,以免折断锯片;若加工薄板或较小工件困难,可以将多层薄板同时加工或设法将工件夹紧;加工完毕后关闭电源,待锯条完全停止后方可取下工件。

使用完台式拉花锯后,清理设备及周边卫生。

【注意事项】

(1)工作前检查机器状况及安全有无问题,锯条安装正确与否。更换锯条必须等机器安全停止,并关闭电源方可进行。

(2)安装锯条时,锯齿方向必须向下。

(3)操作后请勿立即触摸锯条,锯条工作后非常热会灼伤皮肤。

(4)操作人员严禁穿宽松的衣服、戴围巾、戴首饰,长发必须挽在帽子内。

【维护保养】

(1)定期检查吹尘管、排屑孔是否畅通。

(2)定期进行检查,定期上油,如发现漏电应立即排除,长期不用或在潮湿环境下使用,要定期做防潮处理。

【常见故障及排除方法】

表4-6 台式拉花锯常见故障及排除方法

故障原因	原因分析	排除方法
锯条总是折断	1.锯条安装过紧 2.推进速度过快	1.调整锯条松紧旋钮使锯条松紧程度合适 2.降低推进速度
工件跳动	1.锯条锯齿过大 2.工件未压紧	1.选用更小锯齿的锯条 2.结合压料抓压紧工件

7. 泡沫热线切割机

泡沫热线切割机是利用电热丝发热来切割泡沫的机器，具有切割效率高，切割尺寸准确，精确度高等优点。

【仪器结构】

泡沫热线切割机的结构一般如图4-83所示。

工作台用于放置被切割物体，通常表面印有网格，配合量角器等配件方便划分及切割。横杆结构的高度和宽度通常是可调节的。电阻丝在横杆的丝卷盘中引出，穿过工作台固定于工作台的下方，配合横杆的移动可以完成斜角切割。挡杆通常装在工作台上，带有锁定功能，配合角度尺和工作台上的刻度尺、网格，可以进行较为精准的切割。

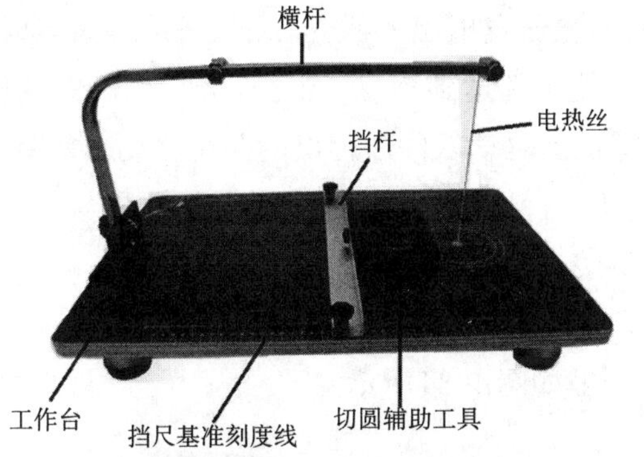

图4-83 泡沫热线切割机结构

【使用方法】

使用泡沫热线切割机前，先检查电热丝是否安装稳固，横杆高度是否合适。

使用泡沫热线切割机时，先在工件上画好需要锯割的形状；按下开关按键，调整加热功率，待电热丝发热正常后进行加工操作；将工件按照画好的路径缓慢向前推进，避免左右晃动，切忌操之过急，以免折断电热丝；加工完毕后，将加热功率调至最低，然后关闭电源，取下工件。

使用完泡沫热线切割机后，清理设备及周边卫生。

【注意事项】

(1)使用时注意控制送样速度，太快和太慢都会影响电阻丝使用寿命和切割精度。

(2)切割完毕应及时将加热功率调至最低,避免电阻丝长时间加热,影响使用寿命。

(3)使用时严禁触摸电热丝,避免灼烧。

【维护保养】

(1)定期检查电热丝是否正常工作。

(2)定期检查横杆、挡杆等零件的调节螺丝是否正常,及时加注机械油防止锈蚀。

(3)长期不用或在潮湿环境下使用,要定期做防潮处理。

【常见故障及排除方法】

表4-7 泡沫热线切割机常见故障及排除方法

故障原因	原因分析	排除方法
电热丝不热	1.开关损坏 2.电热丝没连接好 3.变压器损坏	1.更换开关 2.正确连接电热丝 3.更换变压器
工件缝隙过大	1.温度过高 2.推进速度过慢	1.调低电热丝功率 2.调整推进速度
电阻丝容易折断	1.温度过低 2.推进速度过快	1.调高电热丝功率 2.调整推进速度

8. 激光切割机

激光切割机是将从激光器发射出的激光,经光路系统聚焦成高功率密度的激光束,激光束照射到工件表面,使工件达到熔点,同时与光束同轴的高压气体将熔化或气化的金属吹走,光束按照计算机上驱动软件所提供的路径移动,最终使材料形成切缝,从而达到切割的目的。具有精度高,切割快速,不局限于切割图案,切口平滑,加工成本低等特点。

【仪器结构】

激光切割机的结构一般如图4-84所示。

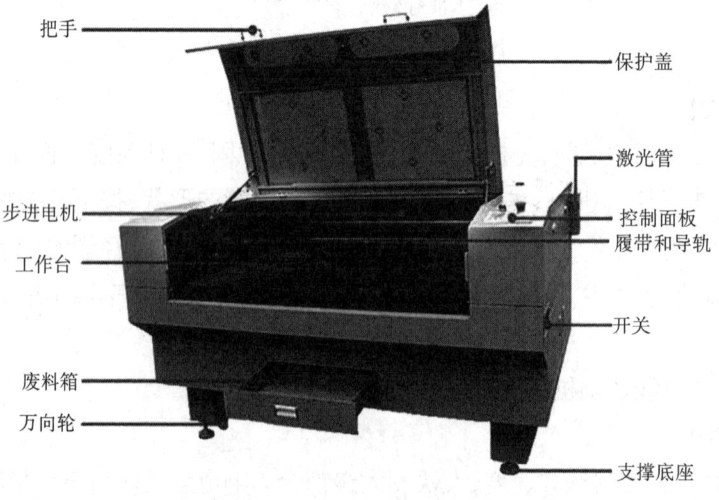

图4-84 激光切割机的结构

【使用方法】

使用激光切割机前，检查配套使用的冷水机是否工作正常，激光切割机的光路系统中的反射镜是否正常、干净，光路是否正常，吹气系统及排烟系统是否正常。在开启切割机前，需在计算机控制软件中画好需要切割或雕刻的图形，也可先在CAD、CorelDRAW等画图软件中画好相应的图形，然后通过控制软件支持的文件类型导入画好的图形。

使用激光切割机时，先启动冷却水系统，再打开激光切割机开关，待机器复位检查完毕后，启动计算机中激光切割机控制软件，确认文件无误后设置相应的加工参数(未掌握具体加工参数时建议先用同种材料的切割废料进行试机，找到最佳加工参数，避免浪费材料)；确认加工参数无误后，开始进行切割或雕刻。其间要注意检查机器是否正常工作，如有异常情况，需立即按下紧急按钮停止加工。加工任务没有结束前禁止打开保护盖，且全程需戴好护目镜；加工完成后，等待一段时间让材料冷却，同时也让排烟系统尽可能排尽加工产生的废气，然后再打开保护盖取出加工完成的材料。

使用完激光切割机后，关闭激光切割机开关，再关闭冷却水和计算机，清理设备及周边卫生，必要时需要对导轨加注润滑油。

【注意事项】

(1)使用前注意检查冷却系统是否正常，水箱内水位是否达到合适位置，冷却水需按要求定期更换。

(2)使用前注意检查导轨工作是否正常，各滑润点是否已足够润滑；机械传动部分是否有杂物，重点检查X轴、Y轴表面有无异物，各连接部位是否有松动。

(3)使用前注意检查激光光路系统，如发现反射镜金属涂层脱落，须及时更换反射镜。

(4)使用过程中，操作人员须全程佩戴护目镜，加工任务结束之前禁止打开保护盖。

【维护保养】

(1)定期检查设备导轨等零件的清洁及润滑情况，保证能够向X轴导轨、Y轴导轨及丝杠座充分加注润滑油，保证设备精度，保持各运动部件的润滑，延长X轴、Y轴导轨的使用寿命。

(2)定期检查设备的气管、水管有无损坏，冷却水是否充足，按设备保养要求定期更换冷却水。

(3)每次使用均需检查外光路，外光路直接影响切割效果，如有异常需及时调整；检查反射镜与聚焦镜外表的污染情况，及时清洁光学镜片，以保证其使用寿命。

(4)设备长期停放不使用时请在设备各运动部件涂抹黄油，对其他局部要定期检查是否有生锈现象，并对生锈部件作除锈、防锈处理(如有条件可以加防尘罩)，并且要定期对设备清扫、检查。

【常见故障及排除方法】

表4-8 激光切割机常见故障及排除方法

故障现象	原因分析	排除方法
零件加工时 无辅助气体输出	1.气压压力缺乏 2.电磁阀损坏或线路损坏	1.检查气路气压 2.检查电气线路和电磁阀
轴运行时 有异常声音	1.轴运动部件无润滑油 2.运动部件与固定件有干预	1.添加润滑油 2.检查运动部件运行路径是否顺畅
切割头无激光 或激光功率缺乏	1.控制信号未送到 2.激光管损坏 3.喷嘴损坏或堵塞 4.激光光路不正确 5.未开启冷却水或冷却水不够	1.检查计算机与激光机之间的连接是否正确 2.检查激光管 3.更换喷嘴 4.调整激光光路 5.开启冷却水或者添加冷却水

9. 3D 打印机

3D打印，即快速成型技术的一种，它是一种以数字模型文件为基础，运用塑料或粉末状金属等可黏合材料，通过逐层打印的方式来构造物体的技术。3D打印技术是一种集机械、计算机、数控和材料于一体的新型数字化先进制造技术。

科学实验室中常用的设备为桌面级熔融挤出成型(FDM)3D打印机，材料在喷头内被加热熔化，喷头沿零件截面轮廓和填充轨迹运动，同时将熔化的材料挤出，材料迅速固化，并与周围的材料黏结。每一个层片都是在上一层上堆积而成，上一层对当前层起到定位和支撑的作用。随着高度的增加，层片轮廓的面积和形状都会发生变化，当形状发生较大变化时，上层轮廓就不能给当前层提供充分的定位和支撑作用，需要设计一些辅助结构，对后续层提供定位和支撑，以保证成型顺利实现。

【仪器结构】

3D打印机的结构一般如图4-85所示。

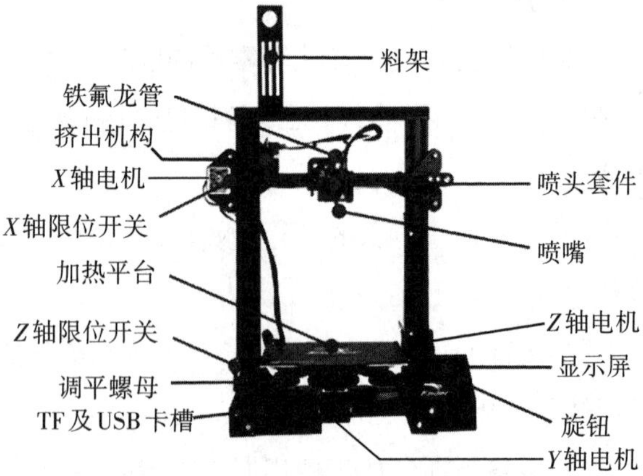

图4-85 FDM 3D打印机结构

【使用方法】

使用3D打印机前，首先要进行3D建模。建模过程可使用与机器匹配的3D建模软件完成，需注意的是在整个建模过程中产品尺寸要准确无误，打印机严格根据这些数据控制产品最终外形，在三维建模完成后，建模软件将三维数据分割为二维数据，即把整个三维模型沿水平面“切割”成一定数量的二维薄片，对应每一个薄片生成其平面尺寸数据。其次，检查打印机的喷头是否堵塞或者损坏，电机轴承和导轨润滑是否充分，3D打印耗材是否充足等。

使用3D打印机时，先在加热平台上涂抹一层固体胶，使用铲子等刮抹平整。如果脱机打印，通常先将切片文件拷贝到储存卡/U盘内，插入机器后再开机；如果联机打印，先开机，然后从计算机控制界面操作后续步骤。开机以后进丝，待丝稳定以后停止，调整平台至水平。完成之后即可选择文件进行打印。

使用完3D打印机后，待喷头冷却至室温后关闭电源，清理打印平台，退出机内单丝。

【注意事项】

(1)使用前必须检查喷头是否堵塞或者损坏，电机轴承和导轨润滑是否充分。

(2)各个参数设定的时候，不要超出设备的限制范围。

(3)要注意机器的温度与负载，如果温度过高或者负载过大，会对设备有所损害。

(4)在打印过程中发现打印机工作异常，需要及时停机处理。

(5)打印后要对3D打印机的喷头、打印平台等地方的残留物进行清理。

【维护保养】

(1)定期清理喷头，检查导轨润滑情况，必要时加注润滑油。

(2)定期检查X、Y轴皮带松紧程度，及时进行调整。

【常见故障及排除方法】

表4-9 3D打印机常见故障及排除方法

故障现象	原因分析	排除方法
打印机不能通电	1.线头松动 2.电源插口内保险管损坏 3.电源损坏	1.接好线路 2.更换保险管 3.更换电源
打印过程突然中止	1.断电 2.联机打印时计算机故障	1.检查是否停电 2.检查计算机是否正常工作，USB连接是否正常
模型取不下来	1.打印区域温度过高 2.加热台没涂固体胶	1.等待冷却后用配备的工具取下模型 2.加热台涂上固体胶重新打印
咬丝现象	1.打印温度过低 2.打印速度过快 3.喷头堵塞或损坏	1.提高打印温度至设备额定打印温度以上 2.提升打印温度没有好转的情况下降低打印速度 3.疏通喷头或更换喷头
线径有误	耗材不合格	更换合格的耗材
丢步现象	1.打印速度过快 2.皮带过松或太紧	1.降低X、Y轴电机速度 2.调整皮带松紧
步进电机抖动	步进电机相序接错	将相应接电机线端口处紧靠边的两根调换一下接口
挤出机构异响	1.耗材不合格，粗细不均匀，气泡杂质较多，不完全熔化 2.喷头套件温度过高或者长时间使用，材料炭化堵塞喷头 3.换材料时，残料没有处理干净 4.送料齿轮磨损	1.更换合格耗材 2.疏通喷头 3.清理送料齿轮上的残料 4.更换送料齿轮

第五章

技能类实验

实验一　常用制作工具的使用——铝线门牌的制作

木工和钳工工具作为科学实验类的常用工具，广泛应用于各种科学实验中。木工是发源于中国古代的一门独特技术，是建筑常用的技术，是中国传统三行（木工、木头、木匠）之一。当今社会木工应用领域广泛，常见于房屋建设领域、船舶领域、美化景观建设以及装饰装潢领域。钳工是机械制造中最古老的金属加工技术，主要包括錾削、锉削、锯切、划线、钻削、铰削、攻丝和套丝、刮削、研磨、矫正、弯曲和铆接等。常见的木工工具有锯、刨、锉刀、手工凿、雕刻机等。常用的钳工工具有锉刀、刮刀、手电钻、铰刀、台虎钳、小型钻床、电动砂轮机等。本次实验通过制作铝线门牌，学习并练习钳子、扳手、锉、锯、电钻、砂轮机的使用。

一、实验目的

（1）学习并练习常用制作工具的使用。

（2）学会锯切、锉削、钻削、研磨等加工技术。

二、预习要点

（1）钳类工具的使用方法。

（2）扳手、锉刀的结构、使用方法及注意事项。

（3）钢锯、曲线锯的结构及使用方法。

（4）电钻、砂轮机的结构、使用方法及注意事项。

（5）热熔胶枪的使用方法及注意事项。

三、实验用品

木板，3.5 mm 铝线，两个螺丝（带螺帽），纸花（或其他装饰物），钢锯（电锯），尖嘴钳（钢丝钳），活动扳手（相应规格的呆扳手或梅花扳手），手动电钻（台式电钻），热熔胶枪，锉刀，木棒（或其他圆柱体）等。

四、基本操作

本实验用到的其他常见工具的使用请参见第四章第四节，以下只介绍热熔胶枪的使用。

热熔胶枪，简称胶枪，指通过熔胶器加热使固态胶棒熔化，经由送胶器挤出热熔胶液的手持式器具，是技术与工程实验项目中的常用工具。热熔胶可迅速黏合木材、塑料、纤维、玻璃、金属、家具、皮革、玩具、电子器件、纸制品、陶瓷、珍珠棉等。

(一)热熔胶枪的种类和结构

1. 热熔胶枪的种类

热熔胶枪按照电源性质可分为交流电型和直流电型，按照熔胶器温度可分为低温型和高温型。低温型热熔胶枪的熔胶器温度在120~160 ℃之间，高温型热熔胶枪的熔胶器温度在180~220 ℃之间。热熔胶枪所使用的胶棒根据温度类型不同其组成也有所区别，低温型胶棒通常有乙烯-醋酸乙烯酯共聚物(EVA)、碳氢化合树脂、天然树脂、蜡等有机物质，而高温型胶棒通常只包含前两类。胶棒易被加热熔化，硬度不大，熔化后能够迅速冷却。

2. 热熔胶枪的结构

热熔胶枪主要由熔胶器、送胶器、枪身和胶棒组成，如图5-1所示。

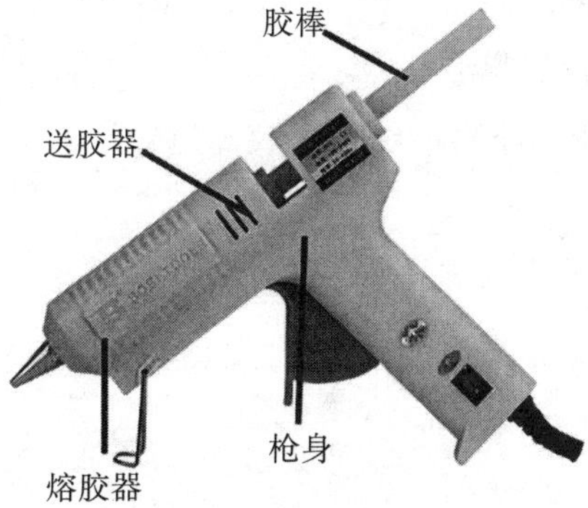

图5-1　热熔胶枪结构示意图

熔胶器，包括加热腔及喷嘴，加热腔采用发热元件，对胶棒加热、控温，使胶棒热熔为胶液从枪口喷流出来。

送胶器，也叫胶棒给进机构，由扳机控制完成，由枪尾部的进料口给进胶棒，使之进入加热腔。

枪身，由手枪外形的枪身、支架、电源线、指示灯组成，有直流电型，也有交流电型。

(二)热熔胶枪的使用方法

1. 装胶棒

将胶棒从热熔胶枪后部插入，用送胶器将胶棒向前输送，直到抵住原先剩余胶棒或插入熔胶器，扣动扳机直至扣不动为止。

2. 预热

打开支架，接通电源，预热约 5 min，注意观察喷嘴处，若有胶液流出或滴落，说明已预热完成，可以使用。注意，预热后的喷嘴温度很高，不要接触皮肤，防止烫伤。

3. 挤出

使用送胶器挤出熔化的胶水，涂于所需位置。涂完胶后，胶枪要保持支撑立起状态，胶枪不能平放，喷嘴不能接触其他物体。

4. 冷却

切断电源，不必拔出剩余胶棒，在立起状态冷却至室温，将电源线盘起收好。

（三）热熔胶枪使用中的注意事项

（1）热熔胶枪使用过程中不要用喷嘴接触皮肤及易燃物，防止烫伤及火灾发生。使用后，也要冷却至室温再将热熔胶枪收起。

（2）胶棒应与热熔胶枪内径匹配，胶棒过粗过细都不利于热熔胶枪使用。胶棒过粗会妨碍胶水挤出，胶棒过细则容易脱落。

（3）每次使用完后，胶棒不需要抽出。若胶棒过短送胶器无法将胶棒送入，应及时补充新的胶棒。

（4）热熔胶枪日常应储存在通风良好、温度不超过 40 ℃、周围空气干燥而无腐蚀性气体的仓库中，储存过程中要避免暴晒、雨淋和剧烈震动。

五、实验内容

（一）门牌的加工

（1）使用钢锯或曲线锯切取 40 cm×22 cm 长方形木板一块。

（2）用锉刀修整木板边角，使之无毛刺。

（3）用电钻在木板上距两侧较短边缘 5 cm，距较长边缘 2 cm 处打两个孔（在木板长边同侧）。

（二）铝线拉环的加工

（1）将铝线绕圆柱体缠绕，将绕好的铝线抽出，用钳子沿轴向整齐剪断做成圆圈。

（2）将做好的圆圈连接，开口处用钳子捏紧，如图 5-2 所示。

图5-2　铝线拉环示意图

(三)门牌的组装

(1)将螺丝穿过木板上的孔,套上螺帽。

(2)用铝线拉环套住螺丝,用扳手拧紧螺帽,使螺丝夹紧拉环。

(3)用热熔胶枪将纸花(或其他装饰物)粘在门牌上,并根据个人设计,在门牌上书写文字并搭配图画,如图5-3所示。

图5-3　门牌示意图

六、注意事项

(1)使用工具时,应注意防护,必要时应佩戴护目镜和防割手套。

(2)缠绕铝线时应尽量靠紧,以使铝环接近圆形。

(3)木板上钻孔的直径应与螺丝匹配,直径不能太大,否则螺丝无法固定牢靠。

思考题

(1)木板边角能否使用砂轮机进行打磨?为什么?

(2)钳子都有哪些常用功能?

(3)若没有铝线,能否使用其他金属代替铝线?请说明原因。

实验二　常用材料的加工与处理——台灯的制作

钳工是切削加工、机械装配和修理作业中的手工作业，主要工艺包括划线、锯削、锉削、钻孔加工等。木工技术是指以木材料或木制品为加工对象的加工技术。科学实验中，纸、塑料、木材和金属是最常见的加工材料。学会钳工和木工的常见工艺，即可掌握常见材料的加工及处理。本次实验将学习常见的金属及木材的加工及处理方法，练习划线、锯销、锯割、锉削、打磨等加工处理方法。

一、实验目的

(1)练习并巩固常用制作工具的使用。
(2)学会并练习划线、锯销、锯割、锉削、打磨等加工处理方法。

二、预习要点

(1)金属的加工与处理。
(2)木材的加工与处理。
(3)钢锯的结构及使用方法(见第四章第四节)。
(4)锉刀的结构、使用方法及注意事项(见第四章第四节)。

三、实验用品

1. 材料

亚克力板(300 mm×300 mm)，铝合金圆管(长400 mm，直径20 mm)，聚氯乙烯(PVC)管(长200 mm，直径30 mm)，竹棒(长50 mm，直径30 mm)，螺口灯头(E14)，螺口LED灯(E14，8 W)，电源线(带插头)，拨动开关，螺栓，螺母等。

2. 器具

钢直尺，木工锯，手锯，多用电表，锉刀(平锉、圆锉)，钢丝锯，台钻，塑料弯板机，热熔胶枪，螺丝刀，尖嘴钳，剥线钳，砂纸等。

四、常见材料的加工与处理

(一)纸质材料的加工与处理

纸质材料质地轻、脆,表面光滑有纹理,其横向和纵向的强度和韧性不同。一般情况下,纸质材料的抗拉强度和抗弯强度高,抗压强度和抗剪强度低,密度、熔点低,导热性、导电性弱,抗氧化性比较弱。科学实验中常用的纸质材料有瓦楞纸、白板纸、卡纸等。将纸质材料制作成模型的工艺主要包括裁切、折叠、胶合/钉合、表面装饰等。

1. 裁切和折叠

裁切是为了获得模型的展开图。手工制作纸质模型时,可利用直尺、三角板、铅笔等工具在纸质材料上绘制模型展开图,用剪刀或美工刀沿裁切线对纸质材料进行裁切、折叠,完成模型的立体造型。折叠纸板时,为了使纸板沿压痕线平整折叠,可利用没有油墨的圆珠笔芯沿着压痕线压划,以获得平整的折叠痕迹。

2. 胶合和钉合

折叠后,需对纸材接缝处进行胶合或钉合,以完成纸质模型的立体成型。对于厚度在1 mm以内的纸板,通常采用胶带、双面胶或糊盒胶(又称封口胶)进行胶合;厚度超过1 mm的纸板,可采用U形钉进行钉合,U形钉配套的使用工具为钉枪。

(二)金属的加工与处理

金属材料一般都质地坚硬,延展性好,密度、熔点高,导电性、导热性强,表面光滑,有金属光泽,部分金属的化学性质活泼。金属材料加工简称金工,是一种把金属材料加工成物品、零件、组件的工艺,被广泛应用在生产、生活的不同领域。钳工是对金属进行切削加工、机械装配和修理作业的工种,主要工艺包括划线、锯削、锉削、钻孔加工等。

1. 划线

划线是指根据图样或实物的尺寸,使用划线工具,准确地在工件表面划出加工界线的操作。常见的划线工具有划线平台、划针、划规、钢直尺、角尺、高度尺、样冲等。划线一般在划线平台上操作。划线时,为了能在工件表面留下清晰的痕迹,要使用划针或者划规,用直尺或角尺等工具辅助,在工件上划出符合设计要求的线条。高度尺和方箱不但可以辅助划平行线或垂直线,也是检验平行度和垂直度的主要工具。划线后一般还要用样冲在某些关键位置打出样冲眼,以使标记更加清晰、明确,便于加工。划针、划规、样冲、方箱如图5-4所示。

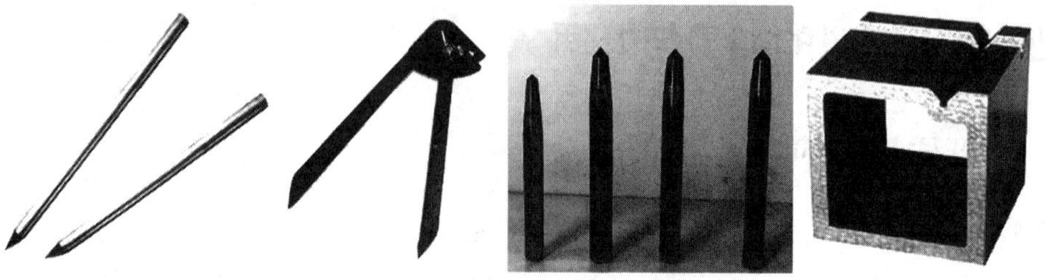

(a)划针　(b)划规　(c)样冲　(d)方箱

图5-4　常用划线工具

根据工件划线部位及要求，选择不同的划线工具进行划线。例如，划针用来划直线或曲线，划规用来划圆弧，角尺在划线时用作划垂直线或平行线的导向工具，工件上某些水平线可以借助高度尺来划。划线时针尖要紧靠导向工具的边缘，并压紧导向工具。划针与划线方向呈45°~75°夹角，上部向外倾斜15°~20°，如图5-5所示。在线条上打样冲眼可以使加工线更加明确，交叉、转折处必须打上样冲眼，打样冲眼时样冲尖应对准所划线条正中。

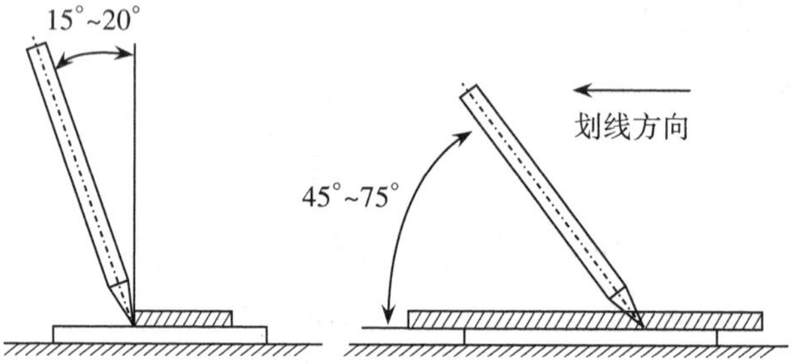

图5-5　划线角度

2. 锯削

锯削是运用锯切工具把工件加工成所需形状的切削方法。

锯削一般由台虎钳和钢锯配合完成（详见第四章第四节）。锯削要根据加工材料的硬度和厚薄选择不同的锯条。锯削铝、铜等软材料或厚材料时，应选用粗齿锯条。锯削硬钢、薄板及薄壁管子时，应该选用细齿锯条。锯削软钢、铸铁及中等厚度的工件则多用中齿锯条。厚度1 mm以下的薄板一般不适合锯削加工。

3. 锉削

锉削是使用锉刀对工件表面进行加工，使工件达到设计要求的尺寸、形状和表面粗糙度的操作。

锉削常使用锉刀（详见第四章第四节）。在锉削过程中要根据加工图纸要求，随时检查技术要求的达标程度。平面锉削加工中常用角尺进行平直度和垂直度检查。检验过程中避免用手接触锉痕，防止汗迹或油污影响后续锉削。锉削会产生很多金属锉屑，有时会导致锉刀堵塞，影响锉削效果。在锉削过程中或锉削结束整理中需要清理锉屑时，应用钢丝刷顺着锉刀锉纹方向刷去锉屑，台虎钳和桌面上的锉屑可用毛刷刷去。禁止用嘴吹或用手擦除锉屑，以免造成伤害。

4. 钻孔

钻孔是用钻头在实体材料上加工孔的操作。所需设备通常有钻床、钻头和夹具（详见第四章第四节）。钻孔前，需要用划线工艺进行孔中心划线，并应将孔中心的样冲眼用样冲再冲大一些，使钻头的横刃可以落入样冲眼的锥坑中，这样钻孔时钻头不易偏离孔的中心。

起钻是正式钻孔前，让钻头对准孔中心的定位样冲眼后，扳动钻床手柄，施加小力在孔中心钻一个浅锥坑的操作。起钻能帮助钻头在钻孔时不偏离孔的中心。如起钻后的浅坑与所划中心孔位置有一定偏移，可以移动工件的位置再次起钻，或者在中心孔位重新打样冲眼加以纠正。扳动钻床手柄，让钻头对准孔中心后启动台钻，加压进给。钻小孔或深孔时，应及时退钻排屑，以免长条切屑旋转伤人，或孔被钻屑堵塞甚至折断钻头。通孔将要钻穿时，必须减小进给量，避免钻头抖动折断或使工件转动发生事故。

（三）木材的加工与处理

木质材料一般质地粗糙，有纹理，韧性、弹性大，但顺纹方向与横纹方向的机械性能差别大；导热性、导电性弱。以木材料或木制品为加工对象的加工技术称为木工。在简单木工制品制作中，常常包含画线、锯割、刨削、打磨等步骤。

1. 画线

传统的木工画线工具为墨斗，由墨仓、线轮、墨线（包括线锥）、墨签四部分构成。

画线主要包括以下三种操作：

（1）画长直线。将染墨后的墨线一端固定，拉出墨线并牵直拉紧在需要的位置，再提起中段弹下，即留下线痕。

（2）画短直线或者做记号。此时需要配合墨签和拐尺使用。墨签是用竹片做成的画笔，其下端做成扫帚状；弹直线时用它压线（使墨线濡墨），画短直线或记号时当笔，用拐尺确定垂直后画线使用。

（3）画竖直线。墨线的末端有一个铁或铜制作的尖锥，也称“替母”。它可以插在木头表面来固定墨线的一端，也可以当铅锤，提起墨线弹下即可画竖直线。

需要注意的是：

（1）画线宜细不宜粗；

（2）画线要均匀、清晰，所有尺寸要测量准确；

（3）画线时应将没有疵点的木料面作为正面。

2. 锯割

锯割主要由木工锯实现。木工锯也叫框锯，由工字形木框架、绞绳、绞片与锯条等组成。现代木工中，通常使用钢锯代替框锯。在使用框锯前，先用旋钮将锯条角度调整好，并用绞片将绞绳绞紧使锯条平直。锯的选用遵循以下几个原则：宽厚木板常用大锯、窄薄木板常用小锯；横截木板常用粗锯；榫头榫肩常用细锯；硬木和湿木要用料路大的锯子；软木和干燥的木材要用料路小的锯子。

3. 刨削

木工刨可以实现刨削加工。木工刨也叫平刨，由刨身、刨刀、手柄、楔木、盖铁等部分组成。推刨时两手应紧握刨柄，食指向前伸出，大拇指须加大推力，食指略加压力，双手平行用力向前推进，中途用力要均匀，一直推到手臂伸直为止。

4. 打磨

打磨，一般指借助粗糙物体（含有较高硬度颗粒的砂纸等）来通过摩擦改变材料表面物理性能的一种加工方法。对木材表面的打磨可以使用砂纸、锉刀（详见第四章第四节）、角磨机（详见第四章第四节）、磨床等。磨床结合平面磨和侧面磨，可打磨平面，也可以磨各种圆角直边。打磨平面时，将工件平放在磨床平台上，压紧平推即可，可反复进行操作，达到所需的尺寸要求。利用侧面磨打磨工件端面的圆角时，可在工件上先确定一个中心点，然后缓缓地转动，直至打磨到加工线；打磨直边时，在侧面磨上缓缓推进，保持手的平稳，这样磨出的直边才会平直。

（四）塑料的加工与处理

塑料抗压强度、抗拉强度、抗弯强度高，因此韧性、弹性大同，但是抗剪强度低，密度低，导热性、导电性弱。常用的塑料材料有聚氯乙烯（PVC）、亚克力（PMMA）、聚乳酸（PLA）等。对塑料材料的简单加工可用常见的金工、木工工具实现。对塑料材料的成型加工会用到注塑成型机和吹塑成型机。下面简单了解一下常见的几种塑料。

聚氯乙烯，是氯乙烯单体在过氧化物、偶氮化合物等引发剂或在光、热作用下按自由基聚合反应机理聚合而成的聚合物。氯乙烯均聚物和氯乙烯共聚物统称为氯乙烯树脂。PVC曾是世界上产量最大的通用塑料。在建筑材料、工业制品、日用品、地板革、地板砖、人造革、管材、电线电缆、包装膜、瓶、发泡材料、密封材料、纤维等方面均有广泛应用。

亚克力，又叫有机玻璃，化学名称为聚甲基丙烯酸甲酯。亚克力是一种开发较早的重要可塑性高分子材料，具有较好的透明性、化学稳定性和耐候性，易染色、易加工、外观优美，在建筑业中有着广泛应用。

聚乳酸，又称聚丙交酯，是以乳酸为主要原料聚合得到的聚酯类聚合物，是一种新型的生物降解材料。它由可再生的植物资源（如玉米）所提取出的淀粉原料制成，使用后能被自然界中微生物完全降解，最终生成二氧化碳和水，不污染环境，常见于3D打印原料。

科学实验中要得到相应的塑料模型，需要对塑料原材料进行切割及黏接。小面积的切割用美工刀、剪刀等工具，大面积的切割需要使用电热刀来完成。

五、实验内容

根据实验室所提供材料，组装一个台灯，台灯如图5-6所示。零件使用常见的工具进行加工。

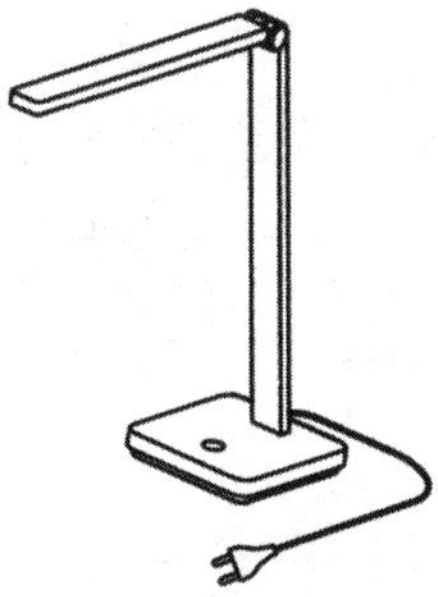

图5-6 台灯示意图

（一）台灯造型的制作

（1）锯割出大小100 mm×200 mm亚克力板，制作台灯底座。

（2）在底座距长边5 mm处中线位置上钻孔，并将短边使用弯板机在适当位置分别向相同方向折弯90°，如图5-7所示。

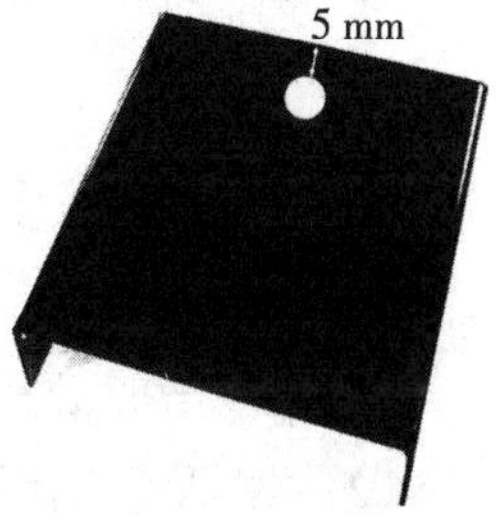

图5-7 台灯底座示意图

（3）锯割出300 mm长铝管，锯割口锉削处理，使之平滑无毛刺。

（4）锯割出100 mm长PVC管，并在距一端10 ~ 50 mm范围内开槽，如图5-8所示，加工出用来安放光源的空间。

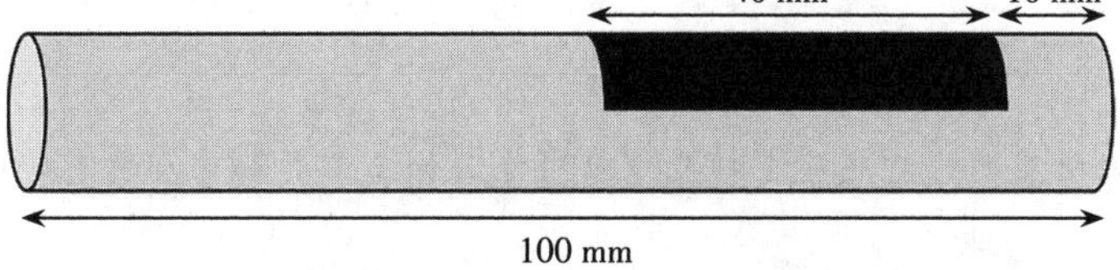

图5-8 PVC管加工示意图

（5）锯割出50 mm长的竹棒，使用钻床在竹棒底部钻孔，作为LED灯电线出口，将LED灯装入PVC管，并用热熔胶枪将竹棒及PVC管开槽端黏接起来，作为灯头。

（6）使用螺栓螺母连接铝管和灯座，如图5-9所示。

(7)使用螺栓螺母连接铝管和灯头,如图5-10所示。

图5-9　灯座与铝管连接示意图

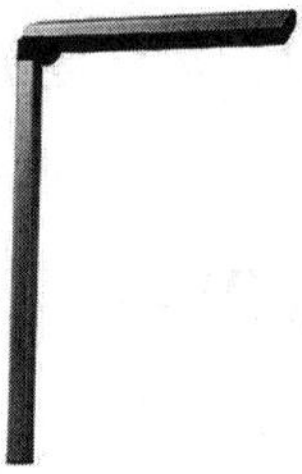
图5-10　灯头与铝管连接示意图

(二)台灯电路的连接

(1)将LED灯,旋钮开关按照图5-11所示完成电路的连接。

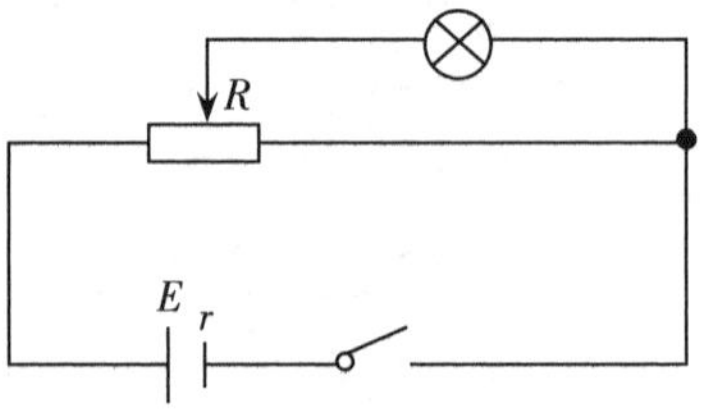

图5-11　台灯电路图

(2)用多用电表检测电路。

(3)在确认台灯电路断路的情况下,装灯具,连接电源和开关。

六、注意事项

(1)要根据加工材料和所要实现的工艺选择合适的加工工具及加工工艺。

(2)锯割及锉削铝管时,金属碎屑容易飞溅,应使用护目镜。对于其他材料的加工,应根据材料的具体特性选择合适的防护器具。

(3)在锯割时,应不断核查工作表面的垂直度。

思考题

(1)在亚克力材质的台灯底座上打孔可以用什么加工工具?分别具有哪些特点?哪种工艺最适合?

(2)怎样检查加工表面的垂直度?

实验三　玻璃仪器的洗涤、干燥与简单加工

玻璃材质的仪器称为玻璃仪器。玻璃有很高的化学稳定性、热稳定性，有很好的透明度、一定的机械强度和良好的绝缘性能。因此，科学实验室中经常使用各种玻璃仪器。实验中，也常用到玻璃棒和各种形状的玻璃管、滴管等，须对玻璃管（棒）进行加工，以满足实验的需要。简单的玻璃加工，指的是玻璃管（棒）的截断、熔光、弯曲等。使用各种玻璃仪器时，如果仪器不洁净，往往会由于污物、杂质的存在等因素导致实验得不到正确的结果，因此每次实验前和实验后必须将实验仪器洗涤干净。尤其对于久置变硬不易洗掉的实验残渣和对玻璃仪器有腐蚀作用的废液，一定要在实验后立即清洗干净。有的实验则要求仪器不仅要洁净，还要干燥。本次实验将学习并练习玻璃仪器的洗涤、干燥与简单加工。

一、实验目的

（1）学习并练习常用玻璃仪器的洗涤和干燥。

（2）学习并练习玻璃仪器的简单加工和操作。

（3）学会使用酒精灯、酒精喷灯等加热器具。

二、预习要点

（1）常用玻璃仪器的分类及其用途。

（2）玻璃仪器的洗涤及干燥方法。

（3）玻璃仪器的简单加工方法及操作技术。

（4）酒精灯和酒精喷灯的使用方法及使用注意事项。

三、实验用品

洗洁精，工业酒精，烧杯，试管，毛刷，木质试管夹，酒精灯，酒精喷灯，三角锉，玻璃管，玻璃棒，火柴等。

四、基本操作

(一)玻璃仪器的洗涤

玻璃仪器的洗涤方法有很多。一般说来,附着在仪器上的污物,既有可溶性的物质,也有尘土及其他难溶性的物质,还可有油污等有机物质。洗涤时应根据实验的要求、污物的性质、玷污的程度以及仪器的种类来选择合适的洗涤方法。

1. 普通玻璃仪器的洗涤

(1)使用常用洗涤剂。

对于可在常温或加热条件下用于物质反应的普通玻璃仪器,常用毛刷直接刷洗,如试管、烧杯、烧瓶、锥形瓶、滴瓶、细口瓶和广口瓶等。刷洗时,一般先向仪器中加入约1/3容积的自来水冲洗,然后用大小合适的毛刷蘸少许洗涤剂在润湿的仪器内外壁旋转擦洗,再用自来水冲洗干净。常用洗涤剂有去污粉、肥皂、洗衣粉、洗洁精等,其水溶液多是碱性的,可洗去多数油污和有机物质。自来水可洗去可溶物,以及附着在仪器壁面上不牢的不溶物。

(2)使用特殊洗涤剂。

对于那些使用常用洗涤剂水洗无法洗净的污垢,需根据污垢的性质选用适当的试剂,通过化学方法除去。比如仪器被大量油脂沾污,可将热的碱液倒入容器,浸泡一段时间,然后将碱液倒出后再用水冲洗;器壁上黏附有活泼金属杂质、难溶金属氧化物、氢氧化物或碳酸盐[如Fe、CuO、$Fe(OH)_3$、$MgCO_3$等],可用稀HCl洗涤;沉积在器壁上的不活泼金属(如Cu或Ag),可用稀HNO_3洗涤;硫黄可用煮沸的石灰水处理,或用热的浓NaOH溶液洗涤。因此,实验后的玻璃仪器要及时洗涤,因为在当时容易判断残留物的性质,有利于选择合适的洗涤剂。

(3)洗净的标准。

已经洗净的玻璃仪器,其内壁不应沾有污物或油脂。检验方法如下:加入少量水于洗刷后的仪器中,然后将仪器倒转,使口朝下,让水沿壁流出,若器壁上的水既不聚成水滴也不成股流下,而是形成一层薄而均匀的水膜,则说明仪器均匀地被水润湿,已经洗涤干净了。如有水珠,表明内壁或外壁仍有污物,应重新洗涤。

按上述方法洗净的仪器,其内壁总附有一层自来水,含有少量Ca^{2+}、Mg^{2+}、Cl^-等离子。若这些杂质离子的引进会影响实验的准确性,则必须使用蒸馏水“少量多次”润洗仪器。润洗的方法是往仪器内注入少量蒸馏水,转动仪器,使蒸馏水润湿器皿内壁各部分,然后倾倒出蒸馏水;如此重复2~3次即可。普通玻璃仪器的常用洗涤步骤见图5-12。

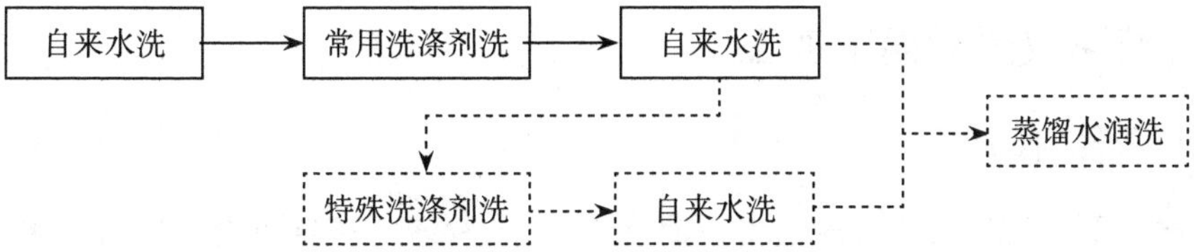

图5-12　普通玻璃仪器的常用洗涤步骤

2. 度量玻璃仪器的洗涤

用于度量溶液体积的仪器称为度量仪器，简称量器，比如量筒、移液管、滴定管和容量瓶等。它们一般不用作反应容器，不用于溶解、稀释等操作，不加热，不量取热溶液，不长期存放溶液。此类仪器比较精密，不能用毛刷刷洗，一般也不用去污粉洗。使用常用洗涤剂无法洗净度量玻璃仪器时，常需使用洗液洗涤。

铬酸洗液，简称洗液，是重铬酸钾（$K_2Cr_2O_7$）在浓硫酸中的饱和溶液，具有很强的氧化性和酸性，能将油污及有机物洗去。使用铬酸洗液前，需先将仪器内的水倒去，然后小心倒入少量洗液，采用润洗的方法慢慢地转动仪器使其内壁皆被洗液所润湿，再将洗液倒回到原洗液瓶，最后用水把残留在仪器内壁的洗液洗去。度量玻璃仪器的常用洗涤步骤见图5-13。铬酸洗液可重复使用，当其颜色变为绿色，即失效，此时要按照废洗液处理办法处理。

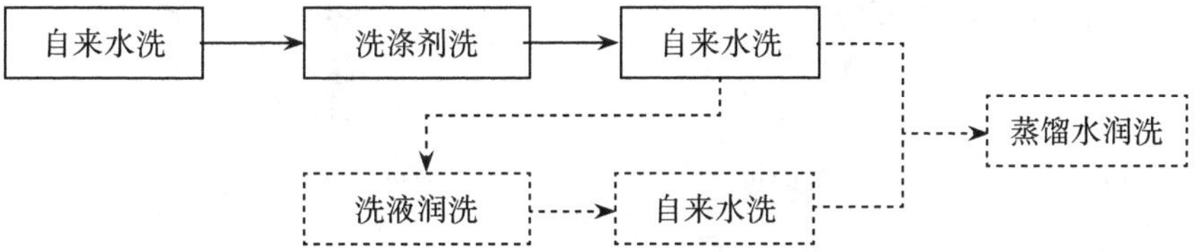

图5-13　度量玻璃仪器的常用洗涤步骤

（二）玻璃仪器的干燥

（1）晾干。不急用的仪器，洗净后自然晾干。

（2）烤干。若急用烧杯、蒸发皿等仪器，可将其外壁擦干后放在石棉网上，用小火烤干。试管可以用试管夹夹住管口1/3处，管口略向下倾斜，不要对着他人或自己，先均匀预热，再加热试管底部，水分赶尽后，从底部到管口方向加热试管，把水汽赶尽。

（3）吹干。将仪器倒置控去水分，并擦干外壁，用电吹风把仪器吹干。

（4）烘干。使用烘箱（温度控制在105 ℃左右）或气流烘干器烘干。有玻璃塞的仪器，应将玻璃塞从仪器上取下，放在仪器的一旁，这样可防止仪器烘干后卡住拿不下来。

带有刻度的仪器，用加热的方法干燥会影响仪器的精确度，因此常采用晾干或用与水相溶且易挥发的有机溶剂（如乙醇、丙酮等）进行润洗后快速挥发干燥。厚薄不匀的玻璃仪器受热时容易破裂，可采用晾干或冷风吹干的方法干燥。

(三)玻璃仪器的简单加工

1. 玻璃管(棒)的清洗

玻璃管(棒)在加工之前,需要用布把管外擦净,管内的灰尘可直接用自来水冲洗。如果玻璃管内比较干净,也可以不洗。洗净的玻璃管必须晾干或在烘箱中烘干后才能加工。

2. 玻璃管(棒)和玻璃瓶的截断

将玻璃管(棒)平放,在要截断的部位下垫一木块,以免损坏桌面。左手按住要截断的部位旁边,右手用三角锉刀的棱边在要截断的部位用力向前锉一下(不要来回往复锉),同时把玻璃管(棒)略微朝相反的方向转动,锉出一道清晰、细直的锉痕。然后两手大拇指抵住锉痕的背面向前推压,同时两手食指将玻璃管(棒)向外拉,折断玻璃管(图5-14)。

3. 玻璃管(棒)断面的熔光

玻璃管(棒)截断面(常称断口)很锋利。因此,必须将断面斜插入酒精灯外焰加热,边转动边烧,直至断面微红并变圆滑为止,这一操作称为熔光(图5-15)。熔光时不可烧得太久,以免断口熔封或熔缩。熔光后的玻璃管(棒)须放在石棉网上冷却。

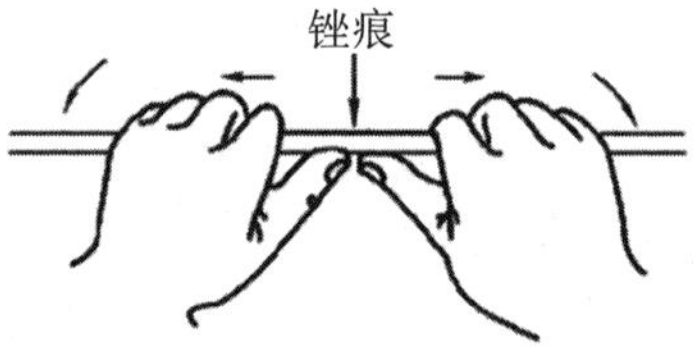

图5-14　玻璃管(棒)锉痕处的折断

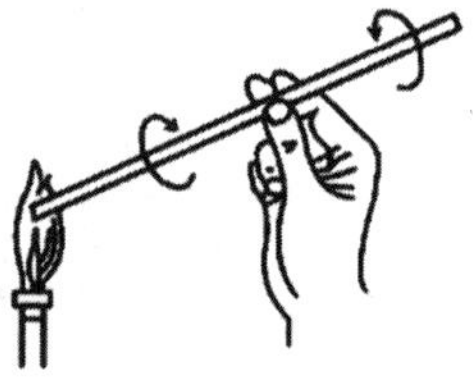

图5-15　玻璃管(棒)断面的熔光

4. 玻璃管的弯曲

实验中常需要各种弯成一定角度的玻璃管,这可由实验者自己来制作。弯管时常选用软质玻璃管。软质玻璃,又称普通玻璃,管端断面呈青绿色,受热易软化,适于灯焰加工。弯管或拉细加工玻璃管时,加热温度需要600 ℃以上。酒精灯的加热温度一般为400~500 ℃;酒精喷灯的加热温度可达700~900 ℃,最高可达1 000 ℃;煤气灯的温度可达800~1 000 ℃。因此,玻璃管的弯曲常使用酒精喷灯或煤气灯。

弯管时,双手向上捏着玻璃管两端,将玻璃管放在酒精喷灯或煤气灯的火焰中左右移动预热。然后将需要弯曲的部位放在外焰中加热,边加热边用两手向同一方向缓慢而均匀地转动玻璃管。当玻璃管开始烧软时,两手轻轻地稍向内挤,以加厚烧软处的管壁(图5-16)。当受热部分因发软而成黄色时,可从火焰中取出。然后,在同一平面上用"V"字形手法(图5-17)轻轻地顺势弯至一定的角度(不宜过快或太慢),弯好后冷却变硬再撒手。

如果要将玻璃管弯成较小的角度,可分几次加热玻璃管弯成,以免一次弯得过多使弯曲部分发生瘪陷或扭曲。图5-18是玻璃弯管弯得好坏的比较。

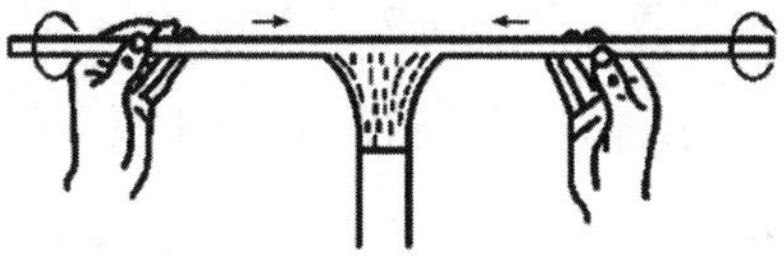

图5-16　玻璃管的加热

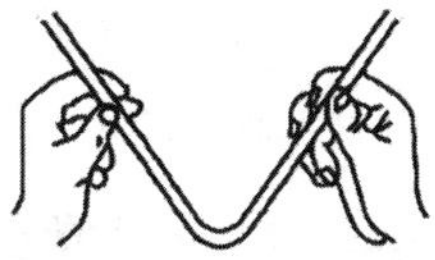

图5-17　“V”字形手法弯曲玻璃管

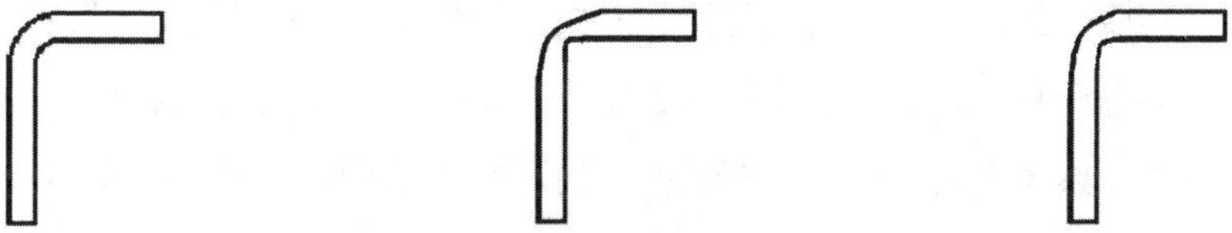

(a)正确的　　(b)里外扁平(加热温度不够)　　(c)中间细(烧时两手外拉)

图5-18　弯管好坏的标准

(四)酒精灯、酒精喷灯的使用

酒精灯、酒精喷灯是科学实验室常用的燃料加热器具。酒精灯为玻璃制品,有一个带有磨口的灯帽,适用于温度不需要太高的实验。酒精喷灯为金属制品,它的火焰温度很高,适用于灼烧固体或加工玻璃管。

1. 酒精灯的使用

(1)检查灯芯并修剪。灯芯不齐或烧焦时需要用剪刀修剪。

(2)用漏斗添加酒精。灯身外不得沾洒酒精,酒精的量以灯壶容积的1/2~2/3为宜。

注意:燃着的酒精灯不能补添酒精。

(3)取下灯帽,点燃酒精。因灯帽和灯身是配套的,灯帽取下后要竖直放在台面上,以免滚落台面。

注意:绝对不能用一个燃着的酒精灯去点燃另一个酒精灯,以免洒落酒精引起火灾。

(4)熄灭。将灯帽从火焰侧面轻轻罩上,火焰熄灭后片刻,打开灯帽并重新盖上,以免酒精蒸气冷却导致下次使用时打不开灯帽。

注意:绝对不能用嘴去吹灭酒精灯。

2. 酒精喷灯的使用

酒精喷灯有挂式和座式两种,构造如图5-19。使用方法如下:

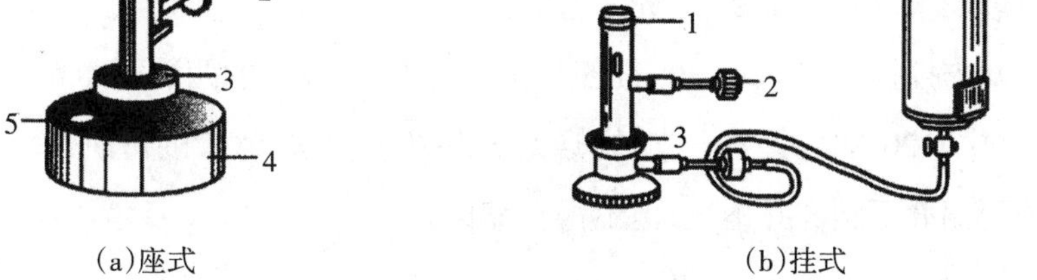

(a)座式　　(b)挂式

1.灯管　2.空气调节器　3.预热盘　4.酒精壶　5.盖子

图5-19　酒精喷灯类型和构造

(1)添加酒精。向酒精壶内注入酒精,酒精量为壶身容积的1/2~2/3,然后将盖子旋紧。挂式酒精喷灯在添加酒精前要先关闭壶身下面的开关,添加完毕将酒精壶挂在高处。

注意:在点燃后的使用过程中不得续加酒精,以免着火。

(2)预热。使用前先在预热盘内注入酒精至满,然后点燃盘内酒精,加热铜质灯管。待盘内酒精将近燃完时,开启空气调节器(逆时针旋转),使酒精蒸气与空气在灼热的灯管内混合,用火柴在管口点燃,即可得到温度很高的火焰。若多次无法点燃,可能是因为预热不够,必须在预热盘火焰熄灭后,重新加酒精预热;或是因为酒精蒸气出口堵塞,可用捅针疏通酒精蒸气出口后再预热。

(3)调节。旋转空气调节器,可以控制火焰大小。

(4)熄灭。用毕,顺时针旋紧空气调节器,即可使灯焰熄灭。若未熄灭可用木块或湿抹布盖灭。挂式酒精喷灯还需要关闭酒精壶下面的开关。

注意:使用酒精灯和酒精喷灯时,要提前准备湿布或石棉布放在旁边备用。酒精灯和酒精喷灯的使用操作务必规范,注意安全。尤其是酒精喷灯的使用,在开启空气调节器点燃酒精喷灯之前,必须充分燃烧预热灯管。否则,酒精在灯管内不会全部汽化,液体酒精将由管口喷出,形成“火雨”,甚至引起火灾。此时,必须迅速关闭喷灯,并用湿抹布盖灭火焰。待稍冷却后,重新预热灯管。

五、实验内容

(一)玻璃仪器的洗涤

洗净一个烧杯和两支试管。

(二)玻璃仪器的干燥

快速干燥一支洗净的试管。

(三)玻璃仪器的简单加工

(1)练习玻璃管(棒)的截断、熔光和弯曲。

(2)制作两支搅拌棒,20 cm、30 cm各一支。要求:搅拌棒的两端要熔光。

(3)制作90°、120°的弯管各一支,规格见图5-20。要求:弯管的弯曲处平整,无歪扭和瘪陷;弯管的两端截面整齐并熔光,但不得有缩口。

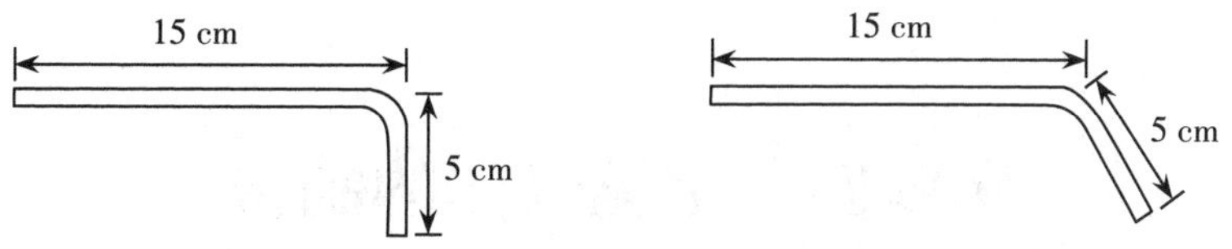

(a)90°弯管规格　　(b)120°弯管规格

图5-20 玻璃弯管的规格要求

六、注意事项

(1)刷洗玻璃仪器时,选择的毛刷顶端必须有竖毛,以免铁丝刺穿仪器底部。

(2)洗净的仪器不能再用布或滤纸擦拭,因为布和纸的纤维会留在器壁上。

(3)铬酸洗液具有很强的腐蚀性,因此使用时要注意安全,不要溅到皮肤、衣物上。

(4)做玻璃管加工实验要注意安全,防止着火、烧伤、割伤、扎伤。

(5)烧制的玻璃在未冷却前,切勿将其直接放在实验台面上,更不能用手直接接触。

(6)玻璃加工结束后,要用镊子、刷子及时清理自己周围的实验台和地面的短玻璃管、玻璃碎屑等,切勿用手或抹布去抹,否则极易造成伤害。

思考题

(1)已洗净的仪器能否再用布或滤纸擦拭?为什么?

(2)度量仪器能使用毛刷蘸取洗涤剂的方法进行刷洗吗?为什么?

(3)久盛石灰水的玻璃容器内壁有白色附着物,该如何洗涤?

(4)久盛高锰酸钾的玻璃容器壁上有黑褐色附着物,该如何洗涤?

(5)酒精灯或酒精喷灯的火焰分为哪几部分?哪个部分温度最高?

实验四　常见气体的制备

当潜水员在潜水作业、运动员在登山时，需要增加一定氧气供给呼吸，消防员在某些物品的灭火时，可能会使用二氧化碳灭火器，这两种气体作为生活中常见的气体，在我们的生活中发挥着非常重要的作用。

在《义务教育科学课程标准(2022年版)》中的探究活动板块，要求学生必须掌握氧气与二氧化碳的制取方法和性质。结合课程标准，本实验主要进行氧气和二氧化碳这两种气体的制备与性质研究。

一、实验目的

(1)学会使用简单的仪器进行实验装置设置。

(2)学会观察并记录氧气、二氧化碳的有关实验现象，能灵活运用所学化学知识去分析现象产生的原因。

(3)能够应用实验室制取与净化和干燥氧气、二氧化碳的原理和方法。

二、预习要点

(1)两种气体的性质、制取原理及化学反应中化学方程式的书写。

(2)实验设计与操作步骤的确定。

(3)气体制取实验与气体性质实验装置的选择及其依据。

三、实验用品

1. 试剂

H_2O_2溶液，MnO_2粉末，大理石(或石灰石)，稀盐酸，澄清石灰水，无水氯化钙，浓硫酸，饱和碳酸钠溶液等。

2. 器具

锥形瓶，双孔橡胶塞，长颈漏斗，玻璃导管，橡胶导管，集气瓶，玻璃片，带火星木条，木炭，铁丝，分液漏斗，锥形瓶，烧杯，蜡烛，火柴等。

四、实验原理

(一)气体制取与性质检验

1. 氧气的制取与性质检验

$$2H_2O_2 \xlongequal{MnO_2} 2H_2O+O_2\uparrow$$

$$C+O_2 \xlongequal{点燃} CO_2$$

$$3Fe+2O_2 \xlongequal{点燃} Fe_3O_4$$

2. 二氧化碳的制取与性质检验

$$CaCO_3+2HCl(稀) = CaCl_2+CO_2\uparrow+H_2O$$

$$Ca(OH)_2+CO_2 = CaCO_3\downarrow+H_2O$$

(二)气体的收集与干燥

1. 气体的收集

气体的收集方法一般根据气体本身的性质来决定,这些性质一般包括气体的密度、在水中的溶解性等。常见气体的收集装置与方法如表5-1所示。

表5-1 常见气体的收集装置与方法

收集方法		收集气体的类型	收集装置	可收集的气体(举例)
排水法		难溶于水或微溶于水,又不与水反应的气体	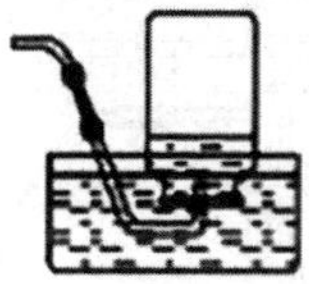	O_2、H_2、Cl_2(饱和NaCl溶液)、NO、CO_2(饱和$NaHCO_3$溶液)、CO
排空气法	向上排空气法	密度大于空气		Cl_2、SO_2、NO_2、CO_2
	向下排空气法	密度小于空气	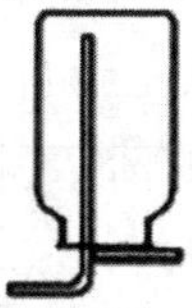	H_2、NH_3

2. 干燥剂的分类

(1)酸性干燥剂,如浓H_2SO_4、P_2O_5、硅胶等。

(2)碱性干燥剂,如生石灰、固体NaOH、碱石灰等。

(3)中性干燥剂,如无水$CaCl_2$。

3. 干燥剂的选择

选用干燥剂应根据气体的性质和干燥剂的性质而定，其原则是干燥剂只能吸收气体中的水分，而不能与气体发生反应。常见的气体干燥净化装置如表5-2所示。

表5-2 常见的气体干燥净化装置

类型	液态干燥剂	固态干燥剂	固态干燥剂	固体、加热
装置		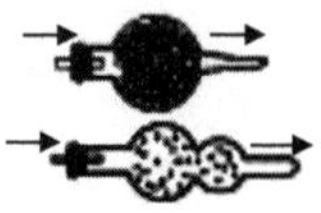	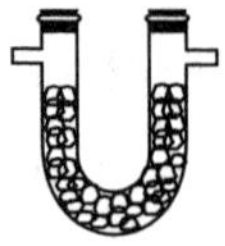	
常见干燥剂	浓H_2SO_4(酸性、强氧化性)	无水氯化钙(中性)	碱石灰(碱性)	除杂试剂Cu、CuO、Mg

实验思考：无水$CaCl_2$呈中性，对各类气体一般均可干燥，但能干燥NH_3吗？为什么？

五、实验内容

(一)氧气的制取与性质检验

1. 氧气的制取

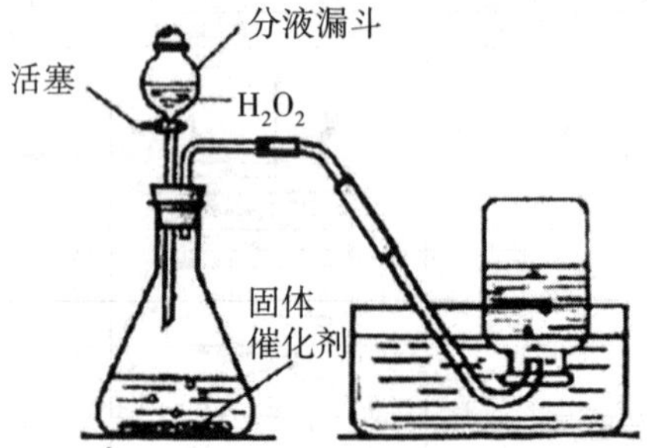

图5-21 过氧化氢法制取氧气的装置图

(1)连接装置。对照装置图按照从左至右，从上往下的顺序连接好实验装置。

(2)检查气密性。关上分液漏斗的活塞，将导管的一端浸入水中，用手紧握锥形瓶的外壁，观察水槽中有无气泡冒出。

(3)添加药品。将二氧化锰用药匙加入锥形瓶中；然后将过氧化氢溶液从长颈漏斗上端口加入。

(4)收集氧气。利用排水法收集实验中产生的氧气。

(5)验满和检验。

验满：当气泡从集气瓶口边缘冒出一会儿时，说明该瓶内的氧气已满。

检验:用带火星的木条伸入集气瓶内,如果木条复燃,说明该瓶内的气体是氧气。

实验思考:

(1)氧气能否采用向上排空法收集?为什么?

(2)添加药品的时候,是先添加固体,还是先添加液体?为什么?

2. 氧气的干燥

由于氧气是中性气体,氧气的干燥可以选用无水氯化钙进行。

(二)氧气的性质检验

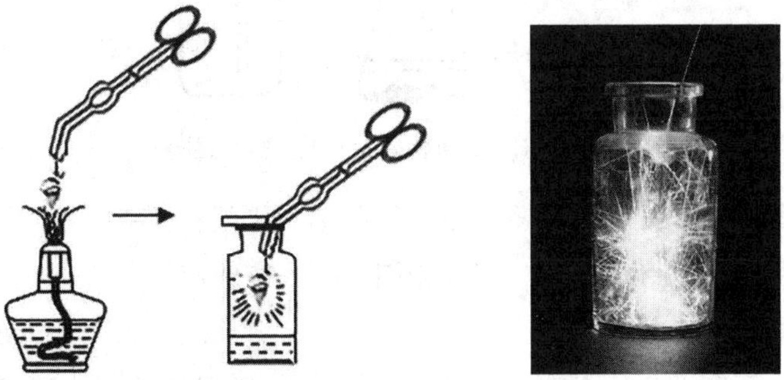

图5-22　氧气性质检验的装置图

1. 氧气的助燃性

(1)木炭加热。用坩埚钳夹取一小块木炭在酒精灯上加热至变红。

(2)木炭放瓶。慢慢移开装满氧气的集气瓶盖玻片,将红热的木炭从集气瓶口缓缓伸入,观察并记录实验现象,讨论引起现象的原因。

(3)生成物检验。燃烧停止后取出坩埚钳,向瓶中加入少量澄清石灰水,振荡,观察并记录实验现象。

2. 铁在氧气中的燃烧

(1)准备铁丝。从废旧石棉网拆下细铁丝,取出一根火柴,把细铁丝从火柴头一端进行螺旋状缠绕并固定在火柴梗上。

(2)瓶底铺水。向收集有氧气的集气瓶中注入一定量的水,使瓶底保留1~2 cm深度的水。

(3)铁丝燃烧。用坩埚钳夹住绕有细铁丝的火柴,将其在酒精灯上点燃,然后把燃着的缠有细铁丝的火柴放进铺有水的集气瓶中,观察发生的现象。

实验思考:

(1)如果直接把加热的铁丝放进盛有氧气的集气瓶中,会有现象发生吗?为什么?

(2)如果做铁丝燃烧实验时的集气瓶底部没有水,将会发生什么现象?如果不在瓶底铺水,还有哪些物质可以替代水?

(3)实验室除了利用过氧化氢制取氧气外,还有没有其他的方法可以制取氧气?

(三)二氧化碳的制取与性质检验

1. 二氧化碳的制备

实验装置如图5-23所示。

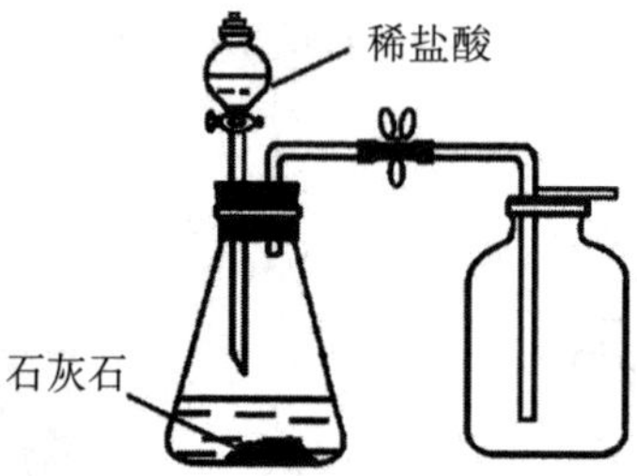

图5-23 二氧化碳的制取实验装置图

(1)检查装置气密性。将实验器材按照发生装置图进行连接。关掉分液漏斗开关、打开止水夹,将导管放入盛装有适量水的烧杯中,用手握住锥形瓶外瓶壁,观察烧杯中是否有气泡冒出。

(2)装药品。向锥形瓶中装入石灰石,塞紧瓶塞,再向分液漏斗中注入一定量的稀盐酸,连接好气体收集装置(气体发生装置内导管刚露出塞子即可,收集装置中的导气管需要伸向瓶底)。

(3)进行实验。打开止水夹和分液漏斗开关,进行反应。

(4)收集气体。导管伸入集气瓶底部进行气体收集。

(5)检验与验满。

检验。把生成的气体通入澄清石灰水中,若石灰水变混浊,则说明该气体是二氧化碳。

验满。用燃着的木条平放在集气瓶口,若木条熄灭,则说明已收集满。

实验思考:

(1)发生装置和收集装置的导气管露出或伸入的长度能否一样?为什么?

(2)在制取二氧化碳的实验中,能否把稀盐酸换成稀硫酸进行实验?为什么?

2. 二氧化碳的净化与干燥

(1)净化。

将制得的气体通过饱和碳酸钠溶液,以除去可能挥发的HCl气体。

(2)干燥。

将制得的二氧化碳气体通过浓硫酸,除去气体中的水,保存好干燥后的二氧化碳气体,留着备用。

净化与干燥过程的实验装置如图5-24所示。

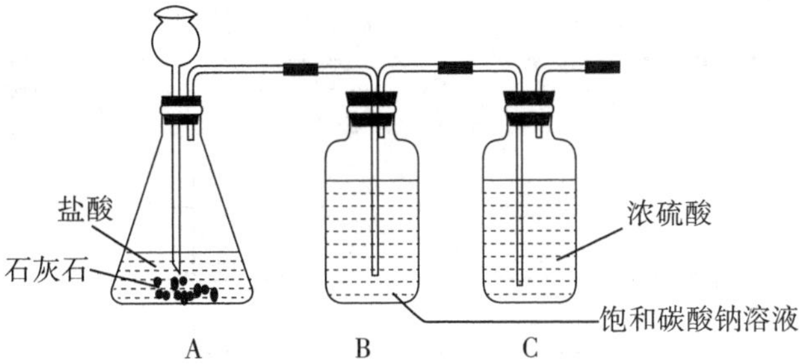

图5-24　二氧化碳的净化与干燥

3. 二氧化碳的性质检验

图5-25　CO_2性质检验装置图

(1)固定蜡烛。将高低不同的两支蜡烛点燃,固定在烧杯底部。

(2)倾倒气体。将装有二氧化碳的集气瓶向装有燃烧蜡烛的烧杯中进行倾倒,观察并记录发生的实验现象。

实验思考:

(1)收集的气体中可能混有氯化氢气体,这会对性质检验的正常进行产生影响吗?为什么?

(2)要成功验证二氧化碳的性质,燃烧的蜡烛需要满足什么样的条件?为什么?

六、实验记录和数据处理

表5-3　氧气的制取实验记录表

实验步骤	实验现象	实验结论

表5-4　氧气的性质检验实验记录表

性质实验	现象	原理	实验结论
氧气助燃			
铁丝燃烧			

表5-5　二氧化碳的制取实验记录表

实验步骤	实验现象	实验结论

表5-6　二氧化碳的性质检验实验记录表

性质实验	现象	原理	实验结论
不支持燃烧			

七、附注

药品选用有几个需要注意的问题：

（1）不能用浓盐酸代替稀盐酸，因为浓盐酸有挥发性，会使制得的二氧化碳不纯，含有氯化氢气体杂质。

（2）不能用碳酸钠代替大理石或者石灰石，因为反应速率太快，不易控制气体产生速度和收集气体。

八、注意事项

（1）检查气密性。气密性是实验成功的前提条件，如果实验过程中选择分液漏斗，则只需将其旋塞关闭，玻璃导管插入水槽，用手握住锥形瓶，看水中是否有气泡产生，松手后是否生成液柱。

（2）添加过氧化氢前一定要打开止水夹，否则液体无法流下。

（3）如使用长颈漏斗，实验过程中需液封（下端在液体中），分液漏斗需关闭旋塞。

（4）集气瓶内的玻璃导管须插到瓶底，否则收集的氧气不纯。

（5）过氧化氢分解完，氧气逸出，剩余混合物是MnO_2和H_2O。MnO_2可以通过过滤、烘干的方式回收留作下次使用。

九、拓展研究

固体和液体反应制取气体比较常见，经常需要在实验中进行反应速度的控制，通常的做法是使反应物暂时分离，下表5-7即为“固体＋液体→气体”装置的创新研究。

表5-7　“固体＋液体→气体”装置的创新

装置	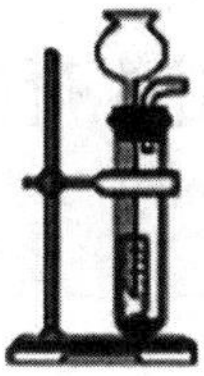		
创新点	大试管中的小试管中盛有液体反应物，起液封的作用，防止气体从长颈漏斗中逸出，可节省试剂	通过伸入或拉出燃烧匙，控制反应的发生和停止	通过倾斜Y形管使液体与固体接触发生反应，控制反应的进行

思考题

(1)气体制备实验的基本思路是什么？

(2)选择气体发生装置的依据是什么？

(3)实验室制备氧气常用三种方法的优缺点各是什么？

(4)如何很好地进行本节实验的教学？

实验五　一定质量分数氯化钠溶液的配制

在工业制造与生产、科学研究中，经常会用到“溶液的配制”，因此，如何配制不同品种、不同要求的溶液成为了课堂中的“必修课”。本实验以氯化钠溶液的配制为例，充分展示溶液配制的方法。氯化钠，化学式为 NaCl，是食盐的主要成分。氯化钠一般为无色晶体或白色粉末，易溶于水并与水形成中性溶液。

一、实验目的

(1)掌握浓溶液和稀溶液互为转化的实验配制方法。

(2)掌握配制一定质量分数溶液所需的固体、液体的计算，固体称量、液体取用等方法。

二、预习要点

(1)托盘天平使用的注意事项。

(2)固定质量称量法。

(3)常规溶液的配制方法。

三、实验原理

氯化钠的溶解性：氯化钠固体可以溶解在水中形成溶液。

氯化钠的易溶性：在常温下，氯化钠易溶于水。

四、实验用品

氯化钠固体，蒸馏水，托盘天平，烧杯，玻璃棒，药匙，量筒，胶头滴管等。

五、实验内容

（一）托盘天平的使用

详见第四章第一节。

（二）100mL 30% 溶液的配制

1. 计算

先根据计算公式$m_{氯化钠} = w \times m_{溶液}$计算所需氢氧化钠固体质量，其中$w$为需要配制溶液的浓度；再根据$m_{水} = m_{液} - m_{氯化钠}$计算出水的质量；最后通过$V_{水}(L) = m_{水}\rho_{水}$($\rho_{水} = 1\,000\ \text{kg/m}^3$)计算水的体积。

2. 称量

(1)固体药品的称取。

①调平。把托盘天平放在水平工作台上，在托盘天平的两个托盘上各放一张同种同等大小的称量纸，把托盘天平调平衡，确认游码在“0”刻度。

②称量。首先用镊子夹取所需质量的砝码放在天平的右盘上(或移动游码)。然后用药匙取氯化钠固体向天平左盘添加直至天平再次平衡(接近平衡时轻拍手腕加粉末至天平平衡)。称量时要左盘放称量物，右盘放砝码(左物右码)。

实验思考：如果将称量物与砝码放反了对溶液配制结果有什么影响？

③转移。将称好的氯化钠倒入烧杯内。

(2)水的体积的量取。

①蒸馏水润洗量筒。

②向量筒中倒入蒸馏水，接近刻度时改用胶头滴管。

③平视液体凹液面读数。(如图5-26所示)

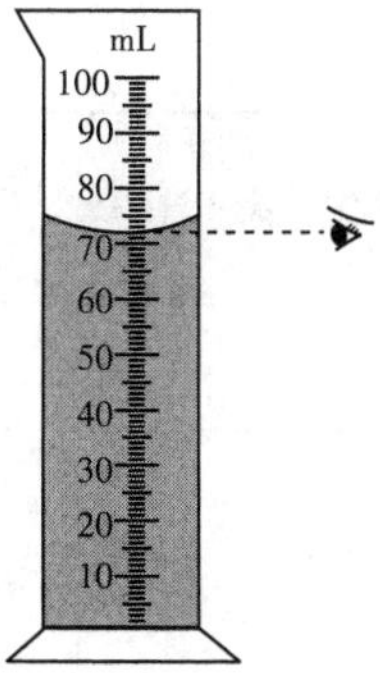

图5-26　平视读数图

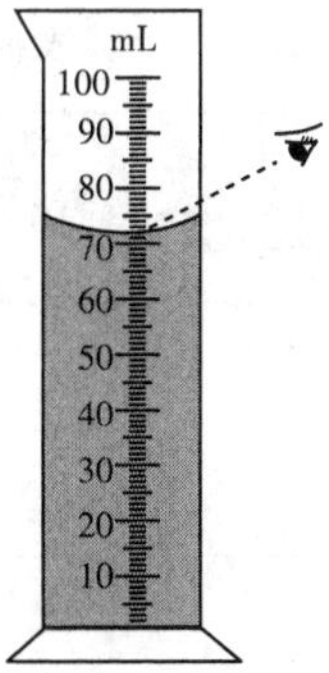

图5-27　俯视读数图

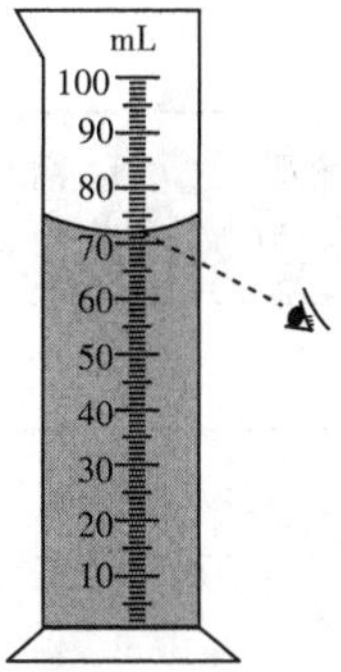

图5-28　仰视读数图

实验思考:俯视读数(图5-27)和仰视读数(图5-28)分别对溶液配制浓度有什么影响?

3. 溶解

向盛有氯化钠固体的烧杯中倒入量取好的量筒中的4/5蒸馏水,同时用玻璃棒搅拌至完全溶解。

4. 转移

将烧杯内冷却后的溶液沿玻璃棒小心转入准备好的一定体积的空试剂瓶中。

5. 洗涤

用量筒中剩余的部分蒸馏水洗涤烧杯和玻璃棒2~3次,并将洗涤液转入试剂瓶中,振荡,使溶液混合均匀。

6. 装瓶

向试剂瓶中加入量筒中全部剩余的蒸馏水,塞紧瓶塞,用食指顶住瓶塞,另一只手的手指托住瓶底,反复上下颠倒,使溶液混合均匀,静置。

7. 贴标签、存放

在试剂瓶上贴上写有药品信息的标签,把药瓶标签向外放进药品柜里备用。

实验思考:本实验一般在常温下进行,如果温度变成低温(10 ℃以下)或高温(50 ℃以上),配制70%以上同样浓度的氯化钠溶液,它的计算方法和操作方法会不会发生改变?如果会,会发生哪些变化呢?

六、实验记录和数据处理

表5-8 计算表格

序号	溶液的质量分数(%)	烧杯质量(g)	烧杯和固体质量(g)	固体质量(g)	蒸馏水质量(g)	蒸馏水体积(mL)
1						
2						
3						
4						

七、附注

量筒量取液体时的误差情况分析：

(1)量取液体时的读数：俯视读数，结果偏大；仰视读数，结果偏小。

(2)量取一定体积液体时：俯视读数，量取液体偏少；仰视读数，量取液体偏多。

八、注意事项

(1)根据水的质量计算水的体积时注意单位的换算（1 L=1 000 mL，1 m^3=1 000 L）。

(2)用量筒定量量取蒸馏水体积时，应注意减少误差。

九、拓展研究

(1)溶液配制的误差分析：

①从计算角度分析。当溶质的质量计算偏小或溶剂的体积计算偏大时会造成溶质质量分数偏小；反之则反。

②从称量角度分析。当砝码磨损、药品和砝码位置颠倒且用到游码、使用量筒量取溶质体积时采用仰视读数的方式会造成溶质的质量减小，导致溶液的溶质质量分数偏小；当天平砝码生锈或有油污、使用量筒量取溶质体积时采用俯视读数的方式，会造成溶质的质量偏大，导致溶液的溶质质量分数偏大。如果天平未调零，则可根据指针偏转方向判断溶液的溶质质量分数偏大或偏小。

③从溶解角度分析。当溶解药品使用的烧杯内有水、量筒内的溶剂没有全部倒入烧杯内或者还有残留固体留在烧杯内未溶解时，会造成溶剂的质量增加或溶质的质量减小，进而导致溶液的溶质质量分数偏小。

(2)如何在溶液配制的时候实现浓稀溶液的互为转化配制？选取已经配制好的30%的氯化钠溶液，分别将其转化为20%和50%的氯化钠溶液，并思考实验中有哪些因素需要改变，又将如何科学操作。实验后，小组汇报交流，并总结实验方法与规律。

(3)在配制溶液的时候，温度会不会影响实验的正确配制？若有影响，将会是哪些方面的影响？

思考题

(1)归纳造成溶质质量分数偏大(偏小)的各种因素。

(2)归纳溶液配制有哪些规律。

(3)在该实验教学中,如何让学生对本实验教学充满浓厚兴趣?如何正确确定并突破本节课的实验教学重难点?

知识卡片

标签的种类

(1)一般溶液标签类型。

稀硫酸
20%

试剂名称:
配制浓度:
配 制 人 :
配制日期:　年　月　日
有效日期:　年　月　日

(2) 其他溶液的标签类型。

R-SOP-06-12-004-00-05
品　　名:________
试液编号:________
配制日期:____年____月____日
灭菌日期:____年____月____日
有效期至:____年____月____日
配 制 人 :____复 核 人 :____

标准溶液

R-SOP-06-12-004-00-06

品　　名:________
试液编号:________
配制日期:____年____月____日
有效期至:____年____月____日
配 制 人 :____复 核 人 :____

腐蚀性溶液

R-SOP-06-12-004-00-07

品　　名:________
试液编号:________
配制日期:____年____月____日
有效期至:____年____月____日
配 制 人 :____复 核 人 :____

易燃溶液

R-SOP-06-12-004-00-08

品　　名:________
试液编号:________
配制日期:____年____月____日
有效期至:____年____月____日
配 制 人 :____复 核 人 :____

有毒溶液

实验六　粗盐的提纯

物质的提纯是指将混合物中的杂质分离出来，从而提高主要物质的纯度。提纯作为一种重要的化学方法，不仅在化学实验研究中具有重要作用，在化工生产中也同样重要。

粗盐提纯是指借助相关实验仪器对含有杂质颗粒的粗盐进行溶解、过滤、沉淀、再过滤、蒸发等一系列操作从而完成粗盐的初步提纯的实验过程。粗盐中一般含有泥沙等不溶性杂质，也可能含有如氯化镁、氯化钙等可溶性杂质。不溶性杂质可以用溶解、过滤、蒸发的方法除去，初步得到较纯净的食盐；而可溶性杂质可以通过加入化学试剂与其发生化学反应形成稳定的不溶于水的沉淀，最后通过过滤等操作达到提纯目的。

粗盐提纯是引导学生初步学会物质检验、分离、提纯等化学实验基础知识和基本技能的极好的教学素材。本次实验中使用的粗盐为含有泥沙和Mg^{2+}（$MgCl_2$）的食盐。

一、实验目的

（1）能够熟练根据化学物质的溶解性和特性（离子的特征反应），拟订对混合物进行分离、鉴别、提纯的实验设计。

（2）灵活运用溶解、沉淀、过滤、蒸发结晶等基本操作方法。

（3）熟悉固体混合物初步分离提纯的实验过程。

（4）感受物质分离和提纯在化学工业中的重要作用，初步养成科学探究意识。

二、预习要点

（1）什么是粗盐及粗盐中含有哪些不可溶性杂质与可溶性杂质。

（2）称量、溶解、沉淀、过滤、蒸发操作所使用的基本实验仪器与试剂。

三、实验用品

1. 试剂

粗盐，蒸馏水，20%氢氧化钠溶液，10%稀盐酸，酚酞溶液等。

2. 器具

托盘天平，砝码，药匙，烧杯，漏斗，滤纸，量筒，玻璃棒，蒸发皿，坩埚，铁架台(带铁圈)，酒精灯，石棉网(或陶土网)，火柴，胶头滴管等。

四、实验原理

(1)利用物质溶解性进行分离提纯。

(2)利用物质的特征反应进行鉴别和提纯，选用合适沉淀剂除去可溶性的Mg^{2+}离子：

$$Mg^{2+}+2OH^-=\!=\!=Mg(OH)_2\downarrow。$$

(3)利用酸碱中和反应进行提纯，用以除去溶液中引进的多余的OH^-：

$$OH^-+H^+=\!=\!=H_2O。$$

五、实验内容

1. 粗盐的称量与溶解

(1)用托盘天平称取5 g粗盐(精准到0.1 g)。

(2)用量筒量取20 mL蒸馏水，并倒入烧杯中。

(3)将粗盐加入烧杯中，并逐渐倒入量取好的蒸馏水，并不断用玻璃棒进行搅拌，直至粗盐不再溶解，观察粗盐溶解时发生的现象。

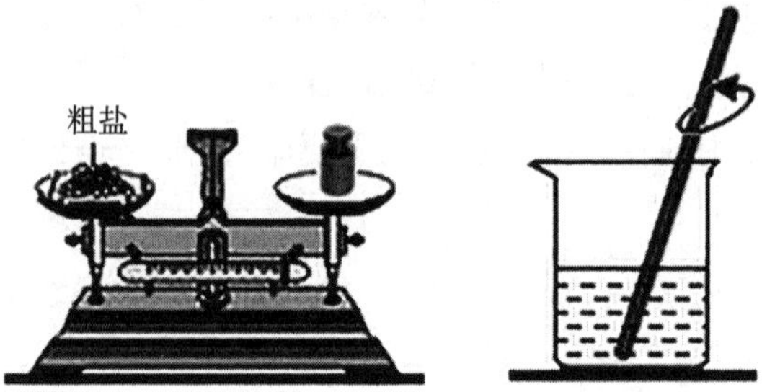

图5-29 粗盐的称量与溶解

实验思考：称量、量取、溶解的过程中应该注意什么?

2. 杂质Mg^{2+}的除去

(1)向粗盐溶液中逐滴滴加备好的NaOH溶液，加热至沸腾并不断搅拌。为检验Mg^{2+}是否沉淀完全，将烧杯从石棉网上取下，静置、冷却至室温，待沉淀沉降后，向上层清液中滴入1~2滴NaOH溶液，观察溶液是否有浑浊现象。若清液不变浑浊，证明Mg^{2+}已沉淀完全；若清液变浑浊，则要继续加NaOH溶液，直到沉淀完全为止。然后用小火加热3~5 min，以使沉淀颗粒长大而便于过滤，记录滴加NaOH液体的总体积。

(2)取少量溶液样本，向其中滴加2~3滴酚酞，观察发生的现象。

(3)如溶液仍为红色，向溶液中逐滴滴加备好的稀盐酸溶液，充分搅拌，并用玻璃棒蘸取滤液在pH试纸上试验，直到溶液呈微酸性(pH = 6~7)为止，记录滴加稀盐酸液体的体积。

实验思考：

(1)如果粗盐中含有Ca^{2+}，又将如何改变实验中的哪些试剂？为什么？

(2)实验中，哪些物质发生了哪些反应？写出物质发生化学反应的化学方程式。

(3)实验中，为什么要滴加酚酞？它起什么作用？

3. 粗盐的过滤

(1)过滤器制作。将圆形滤纸对折两次形成锥形，放入漏斗中，蘸少量蒸馏水将滤纸润湿，用玻璃棒轻轻按压滤纸，使其紧贴漏斗内壁，不能留有气泡。

(2)仪器安装。安装铁架台，将烧杯放置于铁架台底座上。再将漏斗放在铁圈上，调节铁圈高度，使漏斗下端管口伸入烧杯内，固定铁圈。移动烧杯，使漏斗下端尖嘴的较长部分紧贴烧杯内壁。

(3)溶液过滤。取粗盐溶液沿玻璃棒慢慢向漏斗中倾倒，使滤液始终低于三层滤纸边缘。仔细观察滤纸上剩余固体及滤液的颜色，如图5-30所示。

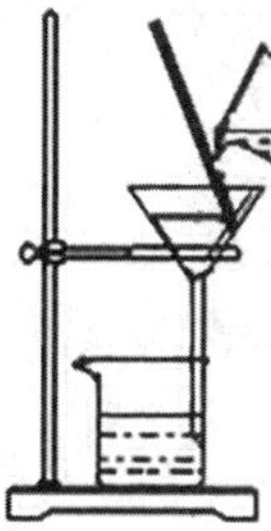

图5-30　粗盐的过滤

实验思考：

(1)如滤液仍浑浊，是否需要再次过滤？

(2)什么是“一贴二低三靠”？

(3)在实验中，如果过滤完毕后，没有用蒸馏水洗涤烧杯、玻璃棒、滤纸进行最后一次清洗过滤，会对实验结果产生影响吗？为什么？

4. 滤液的蒸发

(1)加热。将调节pH值后的溶液全部倒入蒸发皿，并将蒸发皿放置在铁架台的铁圈上，用酒精灯进行加热。

(2)搅拌。在加热过程中不断用玻璃棒搅拌。

(3)停热。待蒸发皿中出现较多固体颗粒时，停止加热，观察蒸发皿中食盐的外观，如图5-31所示。

(4)移固。用玻璃棒把固体转移到滤纸上，称量后进行适当干燥，称量其质量，将提纯后的产品倒入教师指定的容器中。

图5-31　粗盐的蒸发

实验思考：

(1)如果不用余热而是直接加热至滤液蒸干，可以吗？为什么？

(2)为什么在加热过程中要不断用玻璃棒搅拌？

(3)如何准确称量得到的固体氯化钠？

5. 计算产率

(1)根据实验中发生的系列反应进行产率的计算,并写下计算公式与步骤。

(2)将提纯后的氯化钠与粗盐作比较,并计算精盐的产率。

六、实验现象记录和数据处理

表5-9　粗盐称量与溶解实验记录

	实验前	实验后
固体		
蒸馏水		

表5-10　物质鉴别与沉淀实验记录

滴加NaOH溶液		滴加酚酞溶液	滴加稀盐酸溶液	
体积V_1	现象	现象	体积V_2	现象

表5-11　粗盐过滤实验记录

滤渣颜色		滤液颜色	
颜色		颜色	
原因		原因	

表5-12　精盐的产率计算记录表

粗盐 / g	加入氢氧化钠 / g		加入HCl / g		精盐 / g
	体积 / mL		体积 / mL		
	质量 / g		质量 / g		
精盐的产率计算					

七、附注

过滤和蒸发是物质分离和提纯的重要方法,在生产、生活等各个方面都具有广泛的应用。在设计教学情景引入时,可以选择我国古代的制盐法引入,帮助学生了解科学史,培养其科学态度与社会责任。

八、注意事项

(1)过滤前,先静置沉淀一会儿,以免影响过滤速度。

(2)过滤时不能用玻璃棒在过滤器中搅拌,以免弄破滤纸。

(3)蒸发操作时,在蒸发皿中出现大量固体时就停止加热。

(4)在取用和存放化学试剂时要注意安全。

九、拓展研究

(1)除去可溶性杂质的方案设计。

粗盐中除了含有不溶性的杂质外,也会含有较多可溶性杂质,如 $CaCl_2$、Na_2SO_4 等。请设计方案把这两种杂质除去。

(2)制取粗盐时,晒盐和煮盐的目的都是通过蒸发盐溶液中的水分使之浓缩。想一想,能否采用降低溶液温度的办法来达到同一目的?

(3) 在本实验中,蒸馏水最低要用到多少毫升?为什么?蒸馏水体积的多少会影响粗盐最终的提纯吗?为什么?

(4)本实验采用的方法利用了氯化钠、氯化镁的哪些性质?考虑到粗盐的来源,判断这样提纯的盐是否为纯净物,并设计实验验证。

(5)如果是海盐的提纯,还能用这个实验方法吗?为什么?

(6)关于物质的特征反应,你还知道哪些?比如阴离子、阳离子的特征反应。

思考题

(1)实验中几次用到玻璃棒?其作用是什么?

(2)物质的溶解性和哪些因素有关呢?为什么?

实验七　动、植物标本的制作

将动物或植物的整体或局部整理后，经过加工，保持其原形或特征，并保存在科研单位或学校的实验室中，供生物学等学科教学、科学研究或陈列观摩用的实物，称为生物标本。生物标本的采集与制作是解决生物学教具问题的有力手段之一。使用动、植物标本，能够避免部分生物区域性、季节性的限制。同时，标本保存了生物的形状与色彩，以便日后的重新观察与研究。生物标本的采集与制作能活跃学生的思维，激起学生对大自然的热爱，培养学生学习生物的兴趣，培养学生观察能力和动手能力，发展学生的思维能力，训练学生的生物学基本技能，在观察过程中更能进一步加深对所学知识的深化与理解。

一、实验目的

(1)学会植物干制标本、浸制标本的采集方法、制作方法与装订方法。
(2)准确说出植物标本的保存方法。
(3)学会动物浸制标本和昆虫干制标本的制作方法。

二、预习要点

(1)硫酸铜溶液、福尔马林溶液、硼酸处理液、亚硫酸溶液的配制方法。
(2)动物麻醉的具体操作方法和注意事项。
(3)昆虫针的型号、使用方法。

三、实验用品

1. 试剂

硫酸铜溶液，福尔马林溶液，硼酸处理液，亚硫酸溶液，酒精，乙醚，甲醛。

2. 材料

镊子，吸水纸，标本夹，绳子，小铁锹，剪刀，胶水，单面刀片，口取纸，标签纸，薄荷脑，毛笔，滤纸，标签纸，昆虫针等。

四、实验原理

对含水量较少，易于干燥，干燥后又不易变形的植物材料可采用真空干燥、冰冻干燥、微波干燥、硅胶干燥和吸水纸压制等物理方法进行强制性脱水，也可以首先进行必要的化学处理，然后再进行脱水后制成干制标本；对那些柔软多汁，不易干燥或干燥后易变形的植物材料，多采用浸泡的方法制作标本。

五、实验内容

（一）植物标本的制作

1. 植物标本的采集与记录

（1）标本的采集与记录。在标本的采集与记录过程中，应遵循以下三点：

①标本采集得越完整越好，尽量具有较多的器官（根、茎、叶、花、果实、种子）。

②标本越能保持原样越好。

③对植物标本的生长环境描述得越清晰越好。采集记录包括三方面的内容：植物的生境、对植物简单扼要的描述（主要记录干燥后无法观察的特点如气味、颜色等）以及采集人、采集时间和地点。

（2）木本植物标本的采集。用枝剪剪取长约35 cm的干净、完整、无病虫害、姿态优美的二年生枝条，枝条剪下后将过多的叶子去掉，以便压制，将末端剪成斜口，以便观察髓部。采集木本植物标本时一般不需要采集根部和剥取树皮。

（3）草本植物标本的采集。草本植物种类繁多，个体差异很大，一般应将地上和地下部分都采集到。

2. 植物腊叶标本的压制与干燥

①整理标本。标本的选择尽量控制在35 cm×25 cm大小内，有老芽有顶芽。若根部泥土太多，应先洗净、晾干后再压制。若采集到的标本过于密集，则先去除植物体上一部分枝叶，保证压制后标本上重叠的部分不会太多，尤其不能使花、果实等部分重叠。

②压制标本。把整理后的植物标本置于放有吸水纸的一扇标本夹上，将其枝叶展开，并使其中一部分小枝或叶片反折铺平，从而在同一标本上既能看到叶的正面又能看到叶的背面。然后，在标本上放2~3张吸水纸。就这样标本与吸水纸相间重叠摆放。当重叠到一定高度时，在最上面放5~10张吸水纸，把另一扇标本夹放在上面，用绳子将标本夹扎紧，使标本夹的四角大致相平。

③换纸。换纸时，将干燥的吸水纸垫在下面，把植物标本从湿纸上取出轻放于纸上，换

完后仍按上述方法将标本夹扎好。每天换纸2~3次，新压制的植物标本和含水量较多的植物标本换纸次数要更多些。当植物标本基本干时可隔天换一次纸，直到标本全部干燥为止。

3. 标本的消毒

植物标本消毒最常用的方法是高温消毒法和化学消毒法。其具体操作方法如下：

（1）高温消毒法。

把要消毒的植物标本连同吸水纸一起放到温箱中，加温到60 ℃，恒温保持6~8h，即可达到消毒目的。用高温消毒法进行植物标本消毒应注意下列三点：①植物标本一定是经压制干燥后的标本，未经压制的标本会因失水过快而收缩变形；②温箱的温度要缓缓升高；③消毒后要等到标本自然冷却并恢复原样后再轻轻取出，因为经高温消毒后的植物标本非常脆，很容易折断。

（2）化学消毒法。

化学消毒法是指用氯化汞、酒精、石炭酸和樟脑等化学物质配成的消毒液杀死标本上的微生物、虫和虫卵。

4. 标本的装订

（1）把消毒好的植物标本放在台纸上，摆好位置，在右下角和左上角都要留出贴定名笺和野外记录笺的位置（若标本横放，在右上角和左下角都要留出贴定名笺和野外记录笺的位置）。

（2）沿标本主枝两侧用小刀在台纸上切出数个小纵口，再用具有韧性的纸条由纵口穿入，从背面拉紧，并用胶水在背面粘牢。对于小枝和一些大的叶片，可在其下方涂少量胶水，让其粘贴在台纸上。也可用纸订法、胶着法等装订植物的标本。装订后的植物标本即可用于鉴定和保存。

5. 植物浸制标本的制作

浸制过程包括固定和保存两个步骤。根据植物材料颜色的不同可采用不同的制作方法：

（1）绿色标本的制作。将绿色植物材料洗净后浸在5%的硫酸铜溶液中，直到材料由绿色变为黄色再由黄色变为绿色为止。此时取出材料洗净，浸到5%的福尔马林溶液中保存。

（2）红色标本的制作。某些红色的果实洗净后要先浸在用4 mL福尔马林、3 g硼酸和400 mL水配成的处理液中，1~3天后果实即变成褐色，此时可取出果实向里面注射少量用20 mL 10%的亚硫酸、10 g硼酸和580 mL水配制而成的保存液，随后将果实长期浸泡在这种保存液中，逐渐恢复成原来的红色。

（二）动物标本的制作

1. 无脊椎动物浸制标本的制作

（1）涡虫、华支睾吸虫等躯体柔软的动物，先用薄荷脑等麻醉，再用7%~10%福尔马林溶液杀死固定，然后用毛笔把标本挑在培养皿中的一张湿滤纸上，放开展平。其上再加一张滤纸，把动物夹在中间，纸上放几片载玻片，再加入7%~10%福尔马林溶液，经12 h后，将标本移入5%福尔马林溶液中保存。

(2)海葵等身体容易伸缩的动物，一般采用乙醚、酒精、氯仿、硫酸镁及薄荷脑等麻醉剂先行麻醉，待动物深度麻醉后，再浸入保存液中保存。麻醉时应注意三点：第一，麻醉动物前，必须用海水或淡水培养动物，使动物完全处于正常生活状态时才能开始麻醉；其二，麻醉动物应在不受震动、光线稍暗处进行；其三，麻醉剂不能一次加很多，而必须一点点慢慢添加，否则动物会收缩。

(3)贝类和螺类等体被坚硬外壳的动物，先用清水洗净，再用10%福尔马林溶液或酒精杀死固定，固定时间根据动物个体大小来定。后移入10%福尔马林溶液中保存。因为福尔马林溶液会使贝壳失去光泽，所以有光泽者必须用80%酒精固定保存。如果制成的螺类和贝类动物标本要使腹足类头部与足部伸出壳外，则用窒息法：将其放入玻璃标本缸中，加满清水不留空隙盖紧瓶盖，使瓶中没有空气存留。经数小时后，可见腹足类头部与足部伸出壳外，如触之不动，即用10%福尔马林溶液或80%酒精固定保存。最后，在标本瓶外都要贴上标签。

2. 昆虫干制标本的解剖与制作

(1)昆虫标本制作前，需对其进行解剖，解剖步骤如下：①从酒精浸泡的容器中取出昆虫放置在蜡盘上；②用剪刀把足和翅先剪掉，然后从背面剪开，从肛门开始，注意剪刀的尖端要上挑，否则会破坏内脏，注意也不要从中间剪开，否则会破坏背血管。

(2)还软。如果从野外采集的昆虫放一段时间后变干硬，先要将昆虫还软。一般利用玻璃干燥器或大广口瓶作为还软器。先在干燥器底部铺上潮湿的细沙，为防止标本发霉可在细沙上倒一点石炭酸或甲醛，然后把昆虫放在内瓷盆上，盖上盖子，大约3~7天即可。

(3)针插。还软后的昆虫，应根据其虫体大小选择适宜型号的昆虫针进行插针。

(4)展翅。展翅时，将针插好的虫体插在展翅板的中央槽内，把翅展开，然后用纸条压在翅上，并用昆虫针或大头针进行固定，再将触角和足进行整理，干燥后从展翅板取下，加上标签后装盒长期保存。

六、注意事项

(1)植物标本采集过程中尽量选择干净、完整、无病虫害、姿态优美的植物或枝条，这样可以让标本构图优美。

(2)木本植物的选择尽量控制在35 cm×25 cm大小内，有老芽有顶芽。

(3)干制标本的保存要注意防虫、防霉并且避光保存，避免标本变色；浸制标本在保存过程中如发现浸制液浑浊变色要及时更换浸制液，同时也要注意避光保存。

实验八　加工仪器的使用与维护
——激光切割与3D打印

激光切割机，是通过激光将板材加工成所需形状工件的一种加工机床。相对于传统加工方式，是一种较为先进的和较为广泛应用的材料加工工艺，具有精度高，加工时间短，切割图案不受限制，自动排版节省材料，切口平滑，加工成本低等特点。3D打印机的工作方式一般是通过将塑料材料熔化，然后以数字模型文件为基础，精确地将熔融材料一层一层地堆积冷却，最终构造出目标形状物体的制造方式。3D打印作为一种增材制作技术，更加节约材料成本和加工时间，可以更容易地制造出精细的物品。激光切割和3D打印是科学实验中物品制造常用的加工手段。本实验通过使用以上两种技术分别制作手机支架及兔子灯，学习激光切割机和3D打印机的使用。

一、实验目的

(1)学会并练习激光切割机的使用。
(2)学会并练习3D打印机的使用。
(3)了解智慧制造的含义及常用工具。

二、预习要点

(1)激光切割机的使用(见第四章第四节)。
(2)3D打印机的使用(见第四章第四节)。

三、实验用品

奥松木板(300 mm×300 mm，厚3 mm)，亚克力板(300 mm×300 mm，厚3 mm)，聚乳酸(PLA)打印材料，灯带(带开关)，A4纸，剪刀，胶水，激光切割机，3D打印机等。

四、基本操作

本实验涉及的基本操作为激光切割机的使用及维护和3D打印机的使用及维护，详细内容见第四章第四节。

五、实验内容

(一)手机支架的切割及组装

激光切割机可实现切割、雕刻及划线工艺,也可用于打孔、焊接等。可加工多种材料,包括木材、亚克力板、陶瓷、双色板、布料、纸张等。本实验切割木板并组装手机支架。

1. 零件的制作

(1)设计:将零件设计图在计算机上使用软件画出,保存为激光切割机可识别文件类型,将设计图导入激光切割机。零件设计图如图5-32所示。

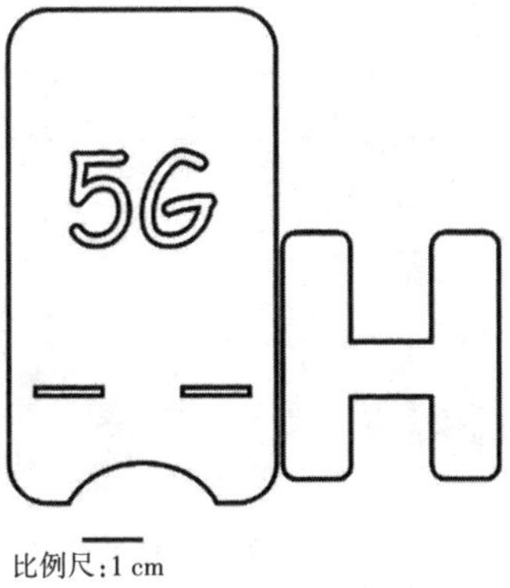

图5-32　手机支架激光切割零件设计图

(2) 切割:打开激光切割机,在加工台上平置奥松木板,调节焦距,确定加工起始位置及加工范围,关闭加工舱盖,运行激光切割机即可切出准确形状的零件。

2. 手机支架的组装

(1)取出:待切割完成,绿色指示灯亮起后打开加工舱盖,取出零件及剩余木板,清理切割产生的边角碎料。

(2)组装:将H形零件插入“5G”板下方开槽处,即得到手机支架,如图5-33所示。

图5-33　手机支架组装图

(3)调整:根据使用需求,可调节H形零件插入的程度。

(二)兔子灯的打印

兔子灯是传统花灯的常见类型。传统的兔子灯,主要是用竹篾扎的骨架,用各色彩纸来打底,然后装上四个滚轮,最后在兔子的面部加上浓眉大眼、鼻子、嘴巴和胡子等。随着3D打印技术的逐渐普及,各种打印出来的兔子灯丰富了兔子灯的造型。本实验运用3D打印技术制作兔子灯。

1. 框架的打印

(1)设计并导出:在软件中设计兔子灯的轮廓及框架,如图5-34所示,选择打印材料,设置填充度、打印精度等打印参数,导出设计文件为3D打印机可识别格式。注意,有些形状在设计时应加上必要的支撑。

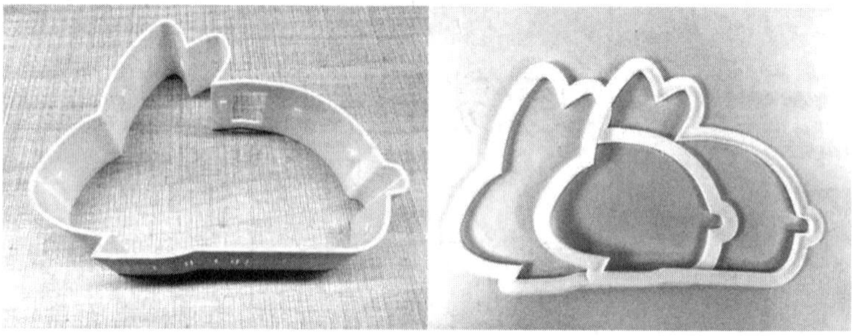

图5-34 兔子灯框架

(2)打印平台的处理:校准打印平台,根据机型及设计选择平台温度及是否加热。注意,应确保打印平台清洁且能够牢固附着打印材料。

(3)进料测试:预热打印头并进料,看到打印头有熔化的打印材料流出并持续进料后,即可进行打印。

(4)打印:选择兔子灯设计文件开始打印。应注意打印材料是否附着,若不附着,应调整打印平台后再进行。打印过程中也要注意进料是否连续,若出现中断应及时重新装料。

(5)打印后处理:打印完成,将打印件取下,去掉底座及支撑,对表面进行必要的打磨。

2. 兔子灯的组装

(1)组装框架:将打印好的框架组装起来,并将灯带安装在框架内部,如图5-35所示。

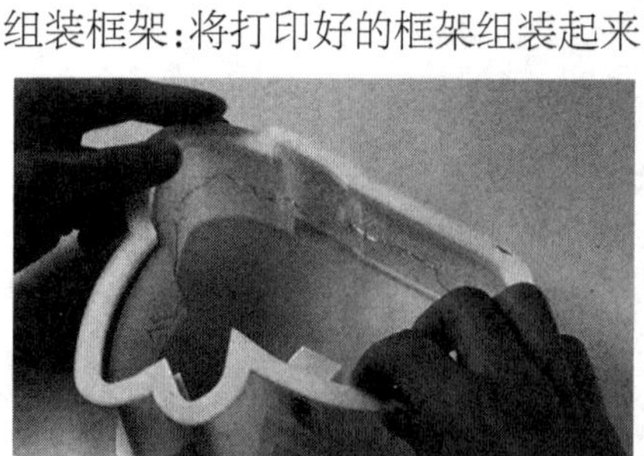

图5-35 框架及灯带的组装

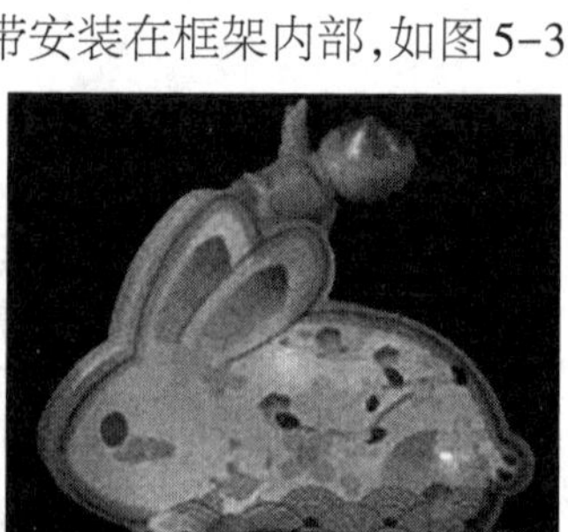

图5-36 兔子灯最终效果图

(2)灯纸粘贴:将彩色打印好的灯纸图案用剪刀剪下,并粘贴在框架上,最终如图5-36所示。打开灯带开关,就得到了兔子灯。

六、注意事项

(1)使用激光切割机时应注意佩戴墨镜并避免直视激光运行处,防止切割过程中强光对于眼睛的损害。

(2)激光切割机运行时产生的烟需经过滤后排放,要定期检查过滤装置滤芯是否需要更换。每次切割完成后,需等烟散后,再打开加工舱盖。

(3)3D打印参数,如填充度、打印精度、切片层数等会影响打印的质量和打印时间,要根据实际需求平衡选择,在保证质量的前提下,应尽量节省打印时间。

(4)3D打印平台应保持清洁,这样才能保证打印材料较好地附着,若平台附着不好,可在平台上粘贴美纹纸以增强附着。打印过程中应经常检查打印件是否附着良好,发现在平台上有位移后应及时暂停打印并排除故障。

思考题

(1)与使用传统加工工艺相比,使用激光切割技术有哪些优点和不足?

(2)哪些情况下比较适宜用传统木工工具?哪些情况下适宜用激光切割加工?

(3)与传统加工工艺相比,3D打印技术有哪些优势?

第六章

基础类实验

实验九　观察常见的动、植物

观察是人们有目的、有计划地感知和描述客观事物的一种科学认识方法，是重要的科学研究方法，也是我们学习科学、研究生物的重要方式。本实验通过对生活中常见动、植物的观察学习，了解分类是研究动、植物多样性的基本方法，并学会自己制定标准对其进行分类和特征描述。

一、实验目的

（1）学会用各种感官感知植物的外部特征，并用语言或图画等方式描述出所观察植物的形态特征。

（2）了解植物的多样性，知道分类是生物研究的基本方法，会用自己确定的标准给生活中常见的植物分类。

（3）在观察活动中体验到合作的愉快，意识到人与自然要和谐相处。

（4）知道蜗牛、蚕蛾的身体构成，蜗牛的应激反应和运动形式。

（5）知道动物之间有相同点和不同点，了解动物的分类标准。

（6）通过实验，形成观察意识、分类意识和伦理意识。

二、预习要点

（1）观察一种常见植物，总结植物具有哪些结构，及其具有什么样的特征。

（2）观察生活中多种植物，找出不同特征。

三、实验用品

照相机，放大镜，显微镜，格尺，剪刀，棉签，玻璃片，蔬菜叶，树枝，白醋，糖水，湿沙子等。

注：科学实验是人类认识自然界的基本方法，也是学生学习科学知识、理解科学本质的重要科学活动形式。若以科学实验中蕴含的各种科学活动的情况和科学思想方法为依据，可以将义务教育科学课程标准中常见的、典型的实验分为观察与测量类实验、定性与定量类实验、模拟实验、设计与制作类实验以及种植与饲养类实验等。

四、实验内容

(一)常见植物的观察

(1)观察一种常见植物。遵循从整体到部分,从上到下的原则对选取的植株进行细致观察。常见的观察方法包含眼看、鼻闻、手摸。着重观察植物各部分结构,是否具有根、茎、叶、花、果实、种子。填写观察植物的结构记录表。(表6-1)

实验思考:大部分同学展示的植物从上到下分别是植物的叶、茎、根三部分结构,是否所有植物都只具有这三部分结构?哪些植物具有其他结构?是否可以将不同植物根据不同性质进行分类?

(2)观察多种多样的植物。不同植物具有不同特征,根据不同的特征,可以制定不同的分类标准,将植物进行分类。明确分类是生物学研究的基本方法。选取多种生活中常见的植物进行观察,通过观察比较,尝试自己制定标准对其进行分类,细致填写观察植物的特征记录表。(表6-2)

(二)观察常见的动物

1. 观察蜗牛

(1)仔细观察蜗牛的外形。边观察边记录观察到的现象。(表6-3)

(2)观察蜗牛的应激反应。用棉签轻轻碰触蜗牛,观察蜗牛的应激反应,并记录。(表6-4)。

(3)观察蜗牛的运动。把蜗牛放置在不同物体上,观察蜗牛的运动情况。(表6-5)

(4)在观察蜗牛过程中,从多方面进行观察,例如在观察蜗牛的运动时,尝试将蜗牛放在玻璃片上然后倒过来,看看可以观察到什么现象并大胆假设为什么会出现这种情况,换作其他小动物是否也会观察到同样的现象。小组交流讨论,集中分享观察心得。

2. 动物分类

(1)动物卡片编号。将给出的所有动物卡片进行标号,包括狗、蝴蝶、鸡、蚂蚁、喜鹊、金鱼、蜗牛、老虎、蛤、蛞蝓等。

(2)动物分类。按照一个标准对卡片中的动物进行分类,分类标准可以尝试使用"有没有_____","会不会_____","是不是_____"。有的("会的"或"是的")归为一类,没有的("不会的"或"不是的")归为另一类。分好后及时记录在活动手册上,然后思考其他的分类方法。

(3)进行小组活动。以小组为单位进行交流讨论,鼓励小组内记录两种或多种分类方法。

(4)小组展示汇报。按照有没有脚可以将现有动物分为两类;按照生活在陆地上还是水里也可以将现有动物分为两类;按照会不会飞、有没有壳也可以将现有动物分为两类。按照不同标准可以将动物进行不同的分类。

3. 观察蚕蛾的形态特征和行为

(1)观察蚕蛾,描述蚕蛾的外形特征。身体分为几部分?各部分怎么样?有哪些器官?(表6-6,表6-7)。通过表格总结蚕蛾的身体构成,比较雌蛾与雄蛾的不同点。雄蚕蛾体大,触角呈灰色,腹部肥大,翅短小,爬行速度慢;而雄蚕蛾体小,触角呈黑色,腹部狭长,翅大,爬行速度快。

(2)观察蚕蛾。蚕蛾是怎样钻出茧的?蚕蛾的身体是怎样运动的?吃什么食物?

蚕蛾破茧之后爬行,不再进食,两只蚕蛾尾部会碰在一起,这种行为属于蚕蛾的交配行为,叫作对尾。

五、实验记录和数据处理

表6-1　观察植物的结构

学生	是否有花	是否有茎	是否有叶	是否有根	是否有果实	是否有种子
同学A植物展示						
同学B植物展示						
同学C植物展示						
同学D植物展示						
……						

表6-2　观察植物的特征

植物	是否开花	是否落叶	生长环境	茎的特点	生长年限	……
植物1						
植物2						
植物3						
植物4						
……						
分类结果						……

表6-3　观察蜗牛外形

蜗牛的身体构造	头	壳	触角
颜色			
数量			
特征			

表6-4　观察蜗牛对环境的感知

<table>
<tr><td rowspan="2">蜗牛对光线的反应</td><td>明亮环境</td><td></td><td rowspan="2"></td><td rowspan="2"></td></tr>
<tr><td>阴暗环境</td><td></td></tr>
<tr><td rowspan="2">蜗牛对气味的反应</td><td>蘸取糖水的棉签</td><td></td><td rowspan="2"></td><td rowspan="2"></td></tr>
<tr><td>蘸取白醋的棉签</td><td></td></tr>
<tr><td>蜗牛对声音的反应</td><td>对蜗牛大声喊叫、鼓掌</td><td></td><td></td><td></td></tr>
<tr><td rowspan="2">蜗牛对干燥和湿润环境的反应</td><td>干燥的沙土</td><td></td><td rowspan="2"></td><td rowspan="2"></td></tr>
<tr><td>湿润的沙土</td><td></td></tr>
</table>

表6-5　观察蜗牛爬行

材料	有色透明玻璃板	木棍	细线	直尺
蜗牛在不同物体上的运动状况				
爬过的地方是否留有黏液				
用手指轻触蜗牛的腹足				

表6-6　观察蚕蛾外形

蚕蛾的身体构造	头	胸	腹
特征			

表6-7　雄蛾与雌蛾的对比观察

种类	雄蛾	雌蛾
体型大小		
触角颜色		
腹部		
翅		
爬行速度		

六、注意事项

(1)在观察的过程中一定要注意实验者自身安全,选择适当的方法进行观察,并保证在不伤害动物和植物的前提下进行观察。观察过程可以以小组为单位,进行分享交流,总结各种动物和植物的特征。

(2)观察蜗牛时要有耐心。

(3)在观察蚕蛾的时候要与蚕蛹进行对比观察。

实验十　观察月相及主要星座的变化

人类对灿烂的星空有着与生俱来的好奇心。天文观测是中小学生最喜欢的科学活动之一。义务教育阶段要求学生会观察月相，记录月相变化，观察天空的主要亮星和星座，通过月相观测和星空观测，能解释与太阳、地球和月球运动相关的一些周期性自然现象，建立正确的宇宙观和世界观。

一、实验目的

（1）在星图、天球仪上认识主要星座，并实地观星，掌握辨认大熊座、猎户座等星座以及北极星、牛郎星、织女星等亮星的方法，会利用观星确定方向。

（2）运用地球的运动规律，解释四季星空变化的原因。

（3）设计观测方案，连续观察、记录月相的变化，总结月相变化规律。

（4）运用地月日运动规律，解释月相成因。

（5）学会用绘图方法表示天文观测结果。

二、预习要点

（1）四季常见星座和亮星的名字和特点。

（2）月相的变化规律。

（3）地球、月亮和太阳的运动规律与星座四季变化和月相变化的关系。

三、实验用品

7×50或10×50双筒望远镜，三脚架，手电筒（可在手电筒前面加一层红色玻璃纸，或者包上一块红布），电子星图软件，硬纸板（50 cm×50 cm），彩泥，棉线，胶带，回形针等。

四、实验原理

（一）星座变化

1. 天体观测时机的选取

人们常将天空假想成一个无限大的天球，球心是观测者或地心，见图6-1。日常的观星实际上就是观测天体投影在天球上的位置和运动规律。

站在地球上进行天体观测时，通过观测者的身体做一条通过地心的铅垂线。铅垂线将与天球交于两点，观测者头顶上方的点叫天顶，下方的点叫天底，过天球两极和天顶、天底的大圆称天球子午圈。垂直于铅垂线的地平面无限扩大，与天球相交的圆叫地平圈。当天体经过观测者子午圈时，称天体处于中天状态。距天顶较近的为上中天，反之为下中天。上中天时天体升得最高，是观测的好时机。

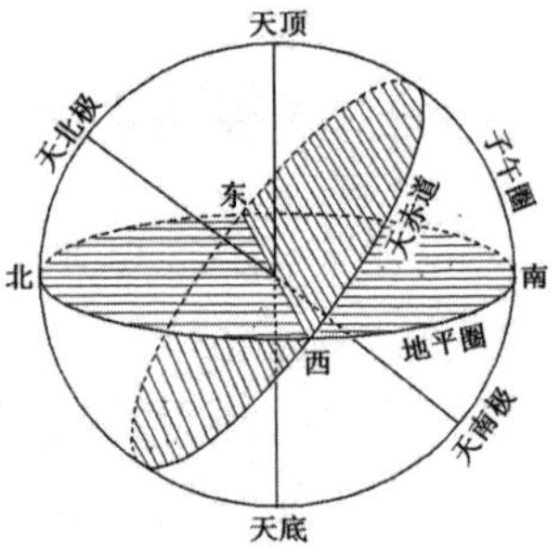

图6-1　天球示意图

2. 恒星的运动

由于地球存在自转和公转两种运动方式，观测者站在地球上看到的恒星的运动也有两种。

(1)周日视运动。

由于地球每天自西向东自转，站在地球上的观测者就会看到在天球背景上的恒星都具有自东向西旋转的周期性运动，这就是恒星的周日视运动，即恒星也会东升西落。

(2)周年视运动。

地球公转的轨道平面与天球相交的大圆称为黄道，它就是太阳在天球上的投影的运动轨迹。因为地日间的距离相对无穷大的天球半径来说是可以忽略的，所以可以将天球的中心定在太阳上(图6-2)，这样便于讨论四季星空。设地球公转的四个位置E_1、E_2、E_3、E_4分别对应的是春分、夏至、秋分、冬至四个节气，可以分析得到四季观测星空的背日特点：春季夜晚能看到的星空范围应该是从$S_2 \rightarrow S_3 \rightarrow S_4$所包括的天球范围，夏季能看到的是从$S_3 \rightarrow S_4 \rightarrow S_1$的范围，秋季能看到的是从$S_4 \rightarrow S_1 \rightarrow S_2$的范围，冬季能看到的是从$S_1 \rightarrow S_2 \rightarrow S_3$的范围。

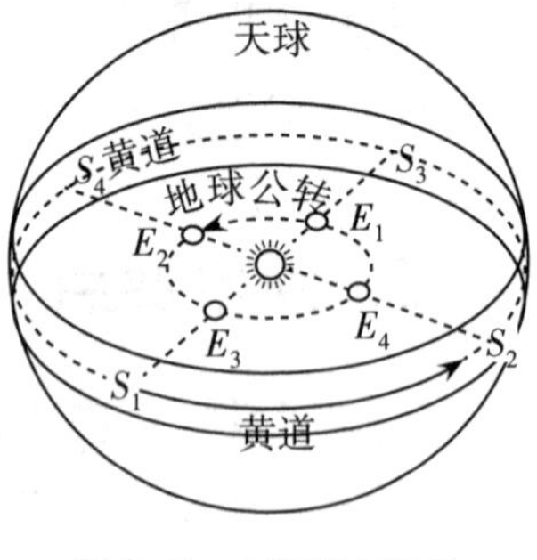

图6-2　太阳周年运动

而天球上的恒星相对位置在短时间内是不会变化的，所以在四季看到的就是不同区域的星空。地球一年围绕太阳公转一周，午夜头顶的星空也正好变化一周，这就是星空的周年视运动。

3. 北斗七星与北极星

在北半球观测星空时，常根据北斗七星与北极星辨认其他星星。

在现代星座体系里，北斗七星是大熊座的一部分，北斗的斗柄(即斗杓)是大熊的尾巴。古人常根据黄昏时斗柄所指的方向来确定季节：春天傍晚，斗柄东指；夏天傍晚，斗柄南指；秋天傍晚，斗柄西指；冬天傍晚，斗柄北指。北斗七星与地球的距离、真实亮度和相对大小见表6-8。北斗七星组成的图形并非永远不变，中间的五颗星以大致相同的速度朝着一个方向运动，而两端的天枢和瑶光则朝着相反的方向运动。

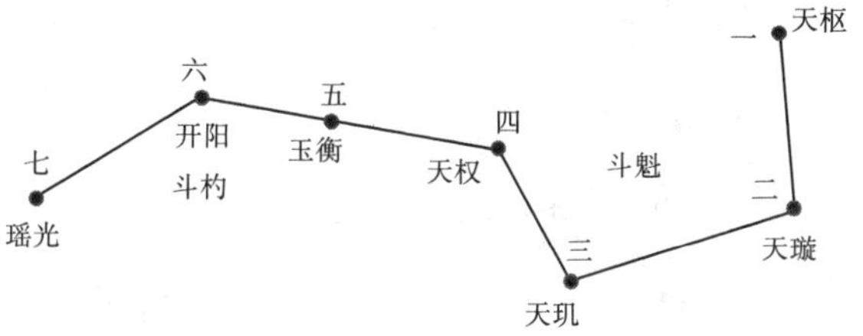

图6-3　北斗七星

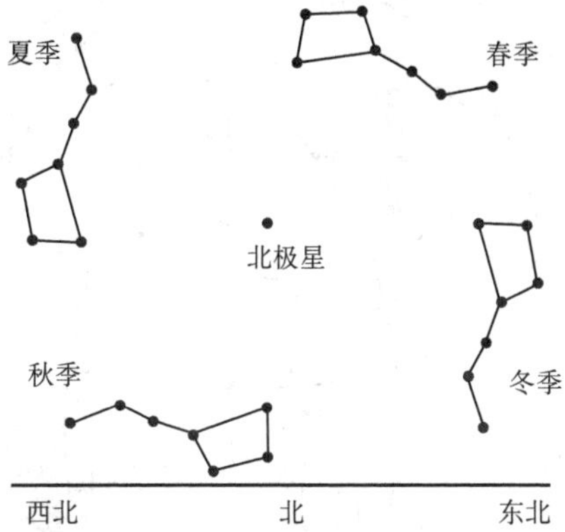

图6-4　北斗七星四季图

表6-8　北斗七星的距离、真实亮度与相对大小

天体	北斗一（天枢）	北斗二（天璇）	北斗三（天玑）	北斗四（天权）	北斗五（玉衡）	北斗六（开阳）	北斗七（瑶光）
与地球的距离/光年	124	79	84	81	81	78	100
真实亮度/个太阳光度	180	55	59	24	99	60	140
半径/倍太阳半径	32	10	3	1.4	4	3.4	3.4

小熊座主要由七颗星组成，形状也像个勺子，斗柄就是小熊的尾巴，北极星就在小熊的尾巴尖上。从北斗七星的天璇通过天枢向外延伸一条直线，大约延长5倍远，就可看到北极星。正望北极星，前面是北，后面是南，左边是西，右边是东。

实验思考：北极星为什么总位于正北方向？

4. 四季星空

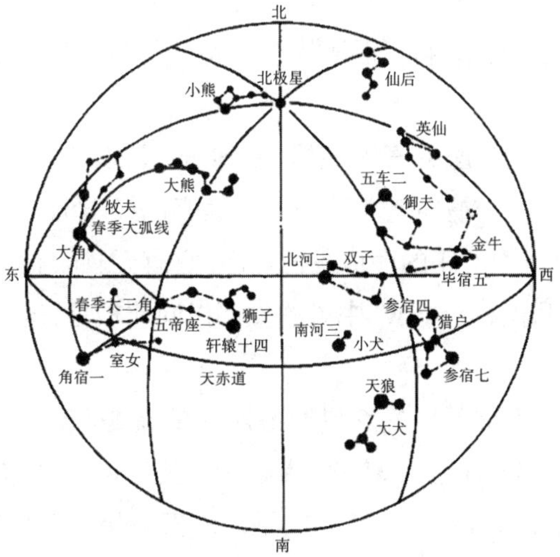

图6-5　春季星空与春季大三角

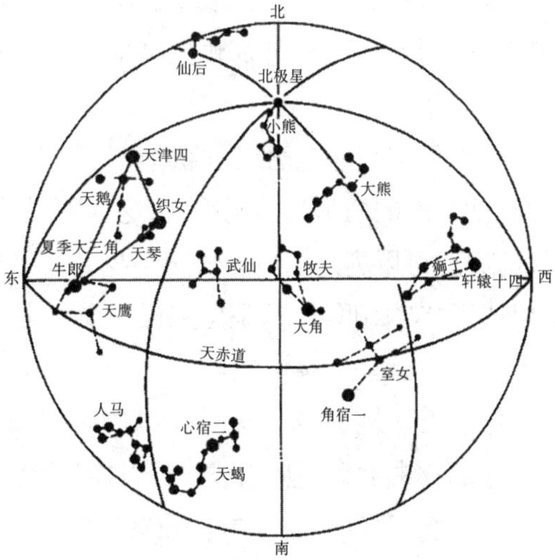

图6-6　夏季星空与夏季大三角

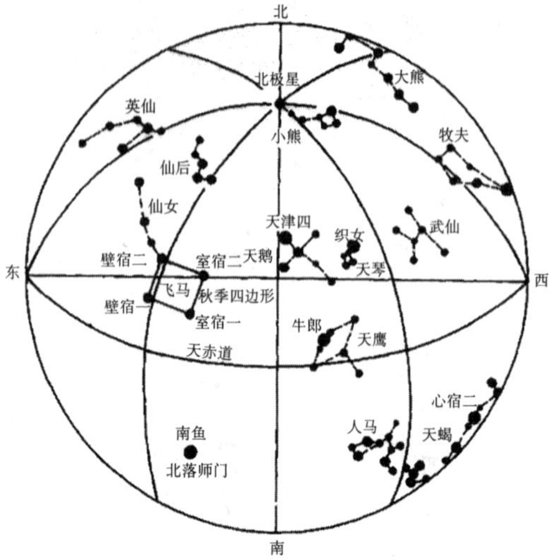

图6-7 秋季星空与秋季四边形

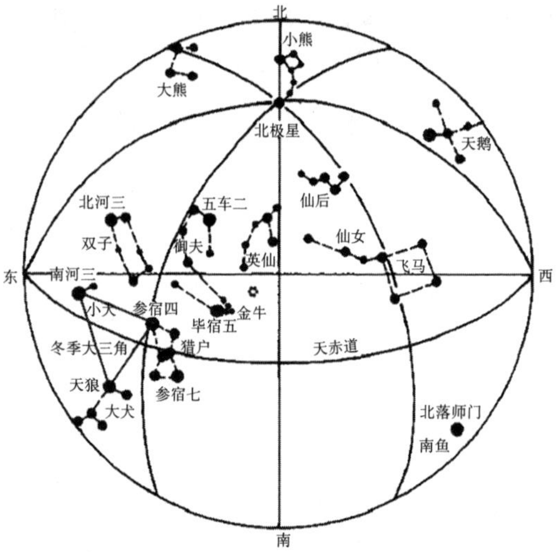

图6-8 冬季星空与冬季大三角

昼夜以24 h交替，这个周期叫太阳日；星空则以23 h 56 min 4 s轮转，这是地球自转的真正周期。二者每日约有4 min之差。因此恒星中天的时刻会比太阳每天提早4 min，对于同一观测时刻来说，则表现为恒星逐日偏西1°，这就造成了星空的季节变化。人们观测星空通常总在前半夜。图6-5至图6-8分别是春分、夏至、秋分和冬至21点的可见星空图。图中南北直线代表子午圈，最外面的圆周线即为地平圈。使用该图时，可将图举到头顶，图中四个方向对应于地平方向的东南西北，圆心即为天顶。

春季星空，顺着北斗七星斗杓三颗星的圆弧线延伸出去，可找到橙色亮星——牧夫座的大角星。从大角继续延伸出去，就是室女座最亮的星角宿一。从北斗星的斗杓经大角星至角宿一的这条弧线，叫作“春季大弧线”。狮子座尾巴尖的亮星叫五帝座一，其周围没有亮星。大角星、角宿一和西边的五帝座一，三颗星组成了一个近似的等边三角形，被称为春季大三角，它是春夜认星的显著标志。

夏夜认星的一个重要标志是夏季大三角，其中的两颗星是天琴座α星（织女星）和天鹰座α星（牛郎星），另外那颗亮星是天鹅座α星（天津四）。银河从这个大三角形里向外延伸，横贯南北。

秋季星空会迎来著名的秋季四边形，它由飞马座的三颗亮星（室宿一、室宿二、壁宿一）和仙女座的壁宿二共同组成，这四颗星就像房子的墙壁。秋季的大熊座已经西沉到地平线附近，可以利用仙后座快速寻找到北极星。仙女座的旁边是仙后座，它有五颗较亮的星组成了“W”的形状，这是星空里一个非常醒目的标志。“W”中央的尖部指向北极星，这是秋夜寻找北极星的基本方法。

冬季天寒地冻，却是一年四季中亮星最多的季节。冬季星空最明显的就是猎户座。其主体部分由七颗亮星组成一个“H”的形状，中间细，上下较宽。猎户座左肩的亮星是参宿四，它是一颗红色超巨星。在猎户座的左下，有一颗全天最亮的星——天狼星，其亮度超过猎户座七颗星的总和。在猎户座的东方，有一颗和参宿四亮度差不多的星，是小犬座的南河三。参宿四、天狼星和南河三构成了一个近似的等边三角形，这个“冬季大三角”是冬季认星的重要标志，其亮度远大于春季大三角和夏季大三角。

(二)月相变化

1. 月球的运动

地月系中，月球绕地球自西向东公转，周期27 d 7 h 43 min 12 s，也称恒星月。月球的自转与它绕地球公转的方向相同，周期相等，称为同步自转。所以，地球上所见到的月球，大体上是相同的半个球面。

2. 月相的变化

月球本身不发光，只能反射太阳光。随着月球相对于地球和太阳的位置变化，就使它被太阳照亮的亮区有时面向地球，有时背向地球；面向地球的亮区有时大一些，有时小一些，这样就出现了不同的月相。这种月相变化视日、地、月三者的相对位置而定，它取决于两方面的因素：一是太阳照射月球的方向，二是地球上观测月球的方向。

当月球与太阳处于地球的同一侧，即日月合朔(每月初一)时，面对地球的是月球的暗区，叫作新月。当月球和太阳分处地球两侧，即日月相望(每月十五)时，太阳照射月球的方向，与地球上观测月球的方向相同，人们看到的是一轮银盘似的满月。由新月变为满月的过程中的上弦月(上半月初七、初八)，因太阳照射月球的方向与地球观测月球的方向垂直，月亮明暗各半，上半夜见于西部天空。同理，满月变为新月过程中的下弦月(下半月廿二、廿三)，后半夜见于东方天空。

从这一次的新月到下一次新月所经历的一段时间，即月相变化的周期，称为朔望月，其长度29 d 12 h 44 min 3 s。显然朔望月是以太阳为参考，它不同于恒星月。假设今天太阳与月球同时中天，过去一个恒星月之后，因地球绕日公转，使得在天球上月球还不能转到与太阳同时中天的位置，需要继续运动直至月球和太阳会合。因此朔望月是月球同太阳的会合周期。站在地球上观测，月球每日升起的时间逐日向后推迟52 min，这就是日常所见明月当空逐日推迟的道理。

五、实验内容

(一)观测星座

1. 观星前的准备

观测时间选择天气干燥晴朗、风力适中、没有风沙和雾霾的夜晚。有月光也无妨，初学观测者可以识别到星座主体。但是尽量不要选择满月前后的几天。

观测地点要远离非自然光区域,周围灯光应较少。郊外观测,选择自然平坦之处,要求观测视线尽量少被阻挡。城市观测,选择郊区高地、操场或高大建筑物顶层平台。

2. 星座与重要星体观测

(1)四季星空标志观测。

根据当前观测季节和观测时间,以及当季星空夜晚可见的标志性星体,初步推算要观测的星体和星座所在方位。

利用四季星空标志星体的特征观测星空,辨别并用手电指出待观测星体与星座。

(2)星图辅助观测。

打开星图软件,设置好观测地点和观测时间。举起手机,将星图置于头顶位置,使星图南、北方向与实际方向保持一致。

首先,边看星图边与观测的实际星空对比,确认标志性星体。然后,利用星图识别标志星体所在的星座。最后,扩大星座识别范围,继续观测。

(3)星图绘制。

记录星空主要亮星的位置和特征,绘制观测星座草图,整理后记入观测日记。

每天固定时间,持续观测一周以上,讨论不同季节星空不同的原因。

3. 北斗七星模型制作

用彩泥捏制七颗北斗星,并坠于棉线的下方。将七颗星体在桌面上摆放成北斗七星的形状。(图6-9)将星体上的棉线顺着桌面平行向前拉直,在同一水平线上剪断棉线,并将其末端系在回形针上(或小木棒上)。

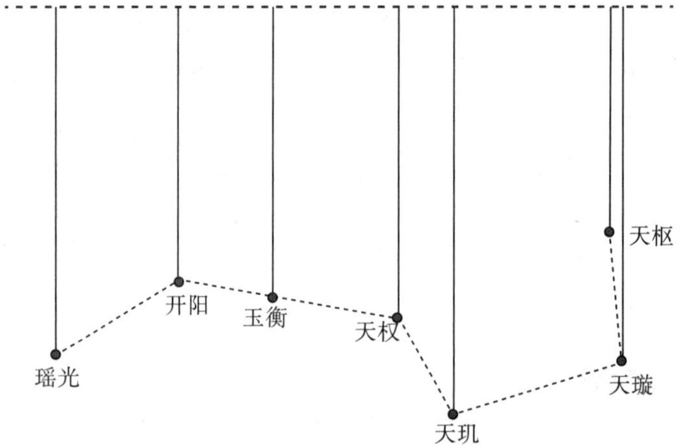

图6-9 北斗七星平面图

测量相邻棉线间的平行距离。在硬纸板上刻出7条平行细槽,使相邻两槽间隔等于相邻棉线间的距离,并在细槽的侧面按一定比例标上光年刻度。

将每个星体的回形针一端穿过相应细槽,使星体挂在纸板的下方,并不断调整位置,使每个星体处于相应光年位置,从而制作出北斗七星三维立体模型。

将北斗七星立体模型靠近墙壁，使硬纸板垂直于墙壁，星体自然下垂。等星体稳定，不再摆动后，关闭教室灯光，打开手电筒，从侧面照射北斗七星立体模型，观察北斗七星在墙面上的投影，画出北斗七星的观测图。

根据北斗七星的形状及表6-8的数据，结合小组的模型制作效果，提出北斗七星模型制作改进方案。

（二）观测月相

1. 观察记录月相变化的规律

选择一个空旷的、无遮挡物的固定地点，每天在指定时间观察月相。上半月可在每天18点观察，下半月可以每天6点观察。记录每天的观察时间，在“月相观测结果绘制图”中相应天空的位置处画出月相。

选择一个完整的农历月连续观察，整理观测结果，总结月相的形状、可观测时间的变化规律，分析讨论月相变化的原因。

2. 制作月相变化模型

用一半涂黑的泡沫球代表月球，粘在“月球”公转轨道的相应位置上，模拟一个农历月中八个不同时间的月相，画出相应位置的月相图。

六、实验记录和数据处理

（一）观测星座

时间：______年______月______日______时

地点：____________________________

观测目标：____

观测结果绘制：

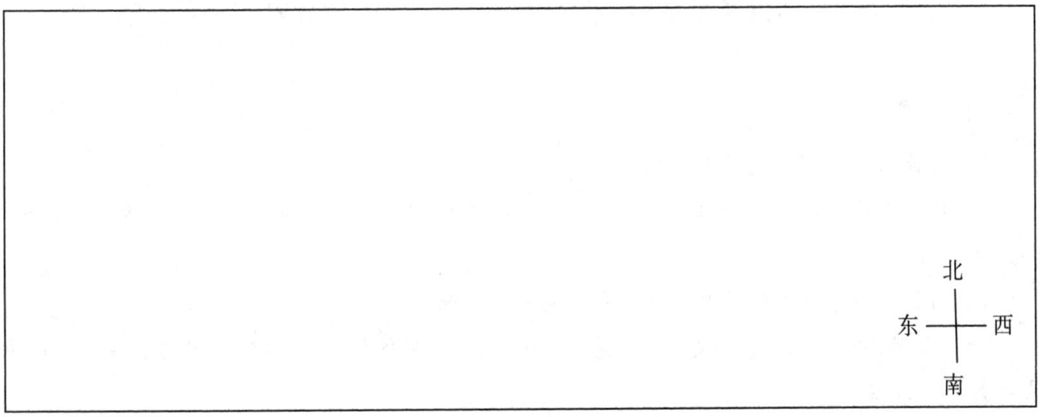

(二)观测月相

时间:_______年_______月_______日_______时　　农历:_______月_______

地点:____________________________________

观测目标:____

观测结果绘制:

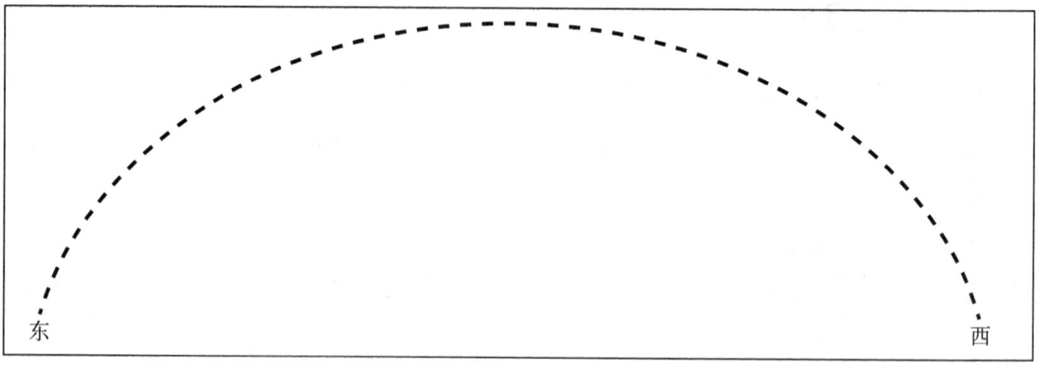

表6-9　月相变化观察记录总结表

农历	观测时间	月相图	月出位置	观测图

七、注意事项

(1)夜晚观星,昼夜温差大,要注意保暖。

(2)坚持每天按照固定的时间和地点来进行观察。

(3)观测过程中,若发现观测方案不合适,须及时调整观测方案,并做好记录。

思考题

(1)为什么尽量不要选择满月前后观星?

(2)找一个晴好的晚上,长时间观察北方星空,能发现星空在旋转吗?旋转的方向是什么?解释其原因。

(3)为什么地球上看到的月球总是它的同一个半面?

(4)“月落乌啼霜满天,江枫渔火对愁眠。姑苏城外寒山寺,夜半钟声到客船。”请画出诗中夜半月落的月相。

实验十一　观测常见的天气

气象观测是指对表征大气状况的气象要素、天气现象及其变化过程进行观察和测定，并对获得的记录进行整理的过程。气象观测可以为天气预报、气候分析、科学研究以及国防安全等提供准确、完整的气象资料。

一、实验目的

(1)知道测量风力、风向、云量、气温、降水量的方法。

(2)能够自制测量降水量、风力和风向的仪器。

(3)能够独立完成天气统计柱状图的绘制，能够制作较为完整的天气预报。

二、预习要点

(1)观看天气预报，了解描述天气的气象要素。

(2)查找资料，了解观测天气的常用器材及其基本使用方法。

三、实验器材

半球镜面，温度计，百叶箱，500 mL平底塑料瓶，剪刀，防水胶带，透明胶带，刻度尺，细吸管，硬卡纸，热熔胶枪，LV16025风杯式风向风速表等。

四、实验原理

1. 风的测量

空气的运动产生气流，那么空气的水平运动就会产生水平气流。气象学规定这种空气的水平运动就称作风。

风速指单位时间内空气所经过的水平距离，以m/s为单位。根据风对地上物体影响程度将风的大小分为13个等级，称为风力等级，简称风级。而人们平时在天气预报时听到的风级通常是指“蒲福风级”。“蒲福风级”是英国人蒲福(Francis Beaufort)于1805年根据风对地面(或海面)物体影响程度而定出的风力等级，分为0~17级。

表6-10　蒲福风力等级表

风级	风的名称	平地10 m高度处的风速(m/s)	陆地现象	海面现象
0	无风	0~0.2	静，烟直上	海面平静
1	软风	0.3~1.5	烟能表示风向，但风向标不能转动	微波如鱼鳞状，没有浪花
2	轻风	1.6~3.3	人面感觉有风，树叶有微响，风向标能转动	小波，波长尚短，但波形显著，波峰呈玻璃色但不破裂
3	微风	3.4~5.4	树叶及微枝摆动不息，旗帜展开	小波加大，波峰开始破裂；浪沫光亮，有时可有散见的白浪花
4	和风	5.5~7.9	吹起地面灰尘、纸张和地上的树叶，树的小枝微动	小浪，波长变长；白浪成群出现
5	清劲风	8.0~10.7	有叶的小树枝摇摆，内陆水面有小波	中浪，具有较显著的长波形状；许多白浪形成(偶有飞沫)
6	强风	10.8~13.8	大树枝摆动，电线呼呼有声，举伞困难	轻度大浪开始形成，随处可见更大的白沫峰(有时有些飞沫)
7	疾风	13.9~17.1	全树摇动，迎风步行感觉不便	轻度大浪，碎浪成白沫沿风向呈条状
8	大风	17.2~20.7	微枝折毁，人向前行感觉阻力甚大	有中度的大浪，波长较长，波峰边缘开始破碎成飞沫片；白沫沿风向呈明显的条带
9	烈风	20.8~24.4	建筑物有损坏(烟囱顶部及屋顶瓦片移动)	狂浪，白沫沿风向呈浓密的条带状，波峰开始翻滚，飞沫可影响能见度
10	狂风	24.5~28.4	陆上少见，有时可使树木拔起，建筑物损坏严重	狂涛，波峰长而翻卷；白沫成片出现，沿风向呈白色浓密条带；整个海面呈白色；海面颠簸加大，有震动感，能见度受影响
11	暴风	28.5~32.6	陆上很少见，有则必有重大损毁	特强狂涛(中小船只或隐没在浪后)；海面完全被沿风向吹出的白沫片所掩盖；波浪到处破成泡沫；能见度受影响
12	飓风，又名台风	32.7~36.9	陆上绝少见，摧毁力极大	空气中充满白色的浪花和飞沫；海面完全变白，能见度受到严重影响
13	—	37.0~41.4	—	—
14	—	41.5~46.1	—	—
15	—	46.2~50.9	—	—
16	—	51.0~56.0	—	—
17	—	56.1~61.2	—	—

风速可用风杯风速表测量，风杯风速表一般由3~4个半球形或圆锥形空杯组成。风杯安装在十字架或星形架的等长横臂上，杯的凹面沿圆周顺着同一方向，支架固定在能旋转的垂直轴上，如图6-10所示。由于凹面和凸面所受风的压力不相等，风杯受风压后，会向着凹面的方向做逆时针方向旋转。风杯旋转的速度与风速之间保持的关系为：

$$v = k\omega R = 2\pi RkN$$

式中v为风速，k称为风杯系数，ω为风杯转动的角速度，N为单位时间内风杯的转数。因此，测定了N，就可以测出风速v。在测量时，风速仪通常可将风杯转动速度转换成电信号，对电信号进行采样、校正、计算，并显示出测量的最终风速。为便于操作，本实验使用手持式LV16025风杯式风向风速表，如图6-11所示。

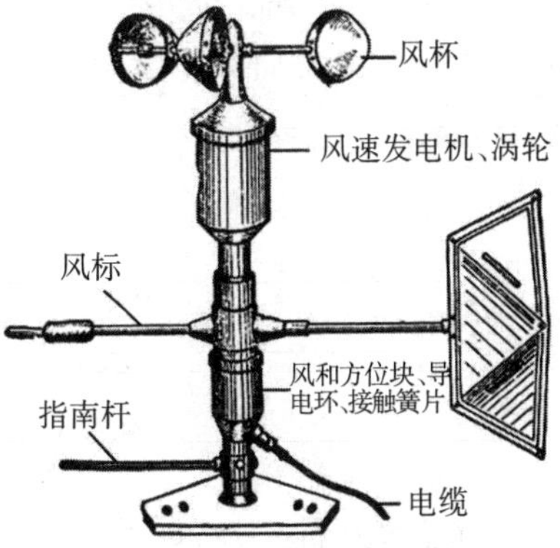

图6-10　风杯风速仪

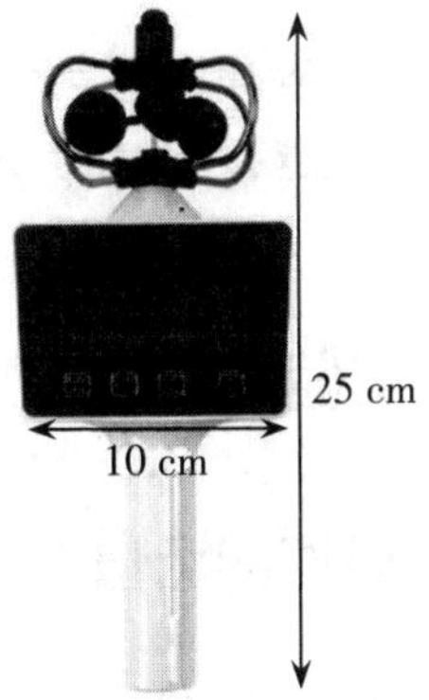

图6-11　LV16025风杯式风向风速表

2. 云量的观测

云是大气中水汽凝结成的水滴、过冷水滴、冰晶或它们混合组成的飘浮在空中的可见聚合体。云量是指云遮蔽天空视野的成数，我国用10分量制表示。当天空全部被云遮蔽时，云量为10，占1/10时记为1，以此类推。当天空无云或有少许云但其量不到天空的1/20时，云量为0。云量通常采用目力估计，可采用补贴法进行估计。

补贴法。天空中云的分布在多数情况下是分散和不规则的，为了便于估计云量，观测时以主要云区为基础，将其余零散的云补贴在其附近，从而得到较为集中的云区，并估计此整体云区占天空的成数，如图6-12所示。圆圈表示整个天空，阴影部分表示云遮蔽的视野，白色部分表示未被云遮蔽的视野，在这种情况下，将A'补贴到A处，B'补贴到B处，云层遮蔽天空约1/2，即云量为5。

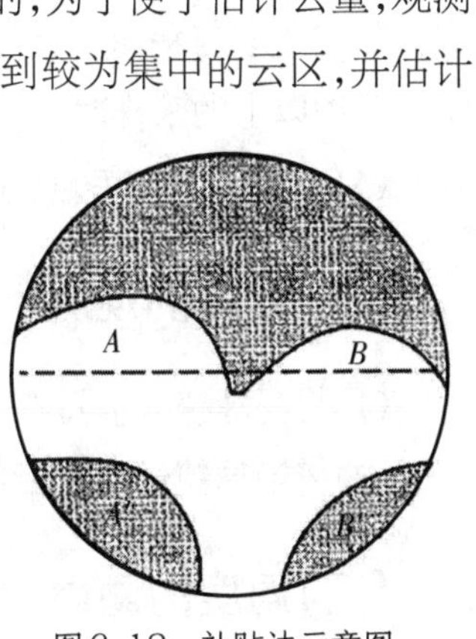

图6-12　补贴法示意图

3. 空气温度的测量

温度是表示物体冷热程度的物理量，空气温度（简称气温）是表示空气冷热程度的物理量。地面观测中测定的是离地面1.5 m高度处的气温。在定量表示温度大小时，需要确定一个温标。温标，即衡量温度的标尺，常用的温标有华氏温标、摄氏温标和热力学温标。本实验所用的温标均为摄氏温标，摄氏温标由瑞典化学家摄尔修斯(A. Celsius)建立，规定在标准大气压下，水的冰点为0 ℃，水的沸点为100 ℃，两者之间等分为100等份，每等份为1 ℃，由此规定的温度用摄氏度(℃)为单位来表示。一般所测的气温均指1 min的平均温度。地面气温一般需连续测量，或者每隔一定时间进行测量，通常为每隔6 h测量一次。

4. 降水量的测量

降水量是指降落在地面上的液态或固态降水，未经蒸发、渗透或流失而积聚在水平面上的水层深度，以积水深度表示，单位为mm，取一位小数。固态降水应融化为液态水后再进行测量。液态降水可使用承水法直接测量，即先用一个一定口径的承雨器来收集雨水，后根据降水量越大，雨水容积越大的特性来测量降水量。

五、实验内容

(一)风速的测量

(1)确认LV16025风杯式风向风速表内已装上电池，仪器通电后首先进行显示器的自检，然后仪器便进入测量状态。

(2)按ON/OFF键，仪器进入瞬时风速测量状态，单位为m/s，此时屏幕显示字母A。将瞬时风速记录在表6-11中。

(3)按仪器下方按键可切换功能，按“C/D/E”按键，至屏幕显示字母为C，可测量此时的瞬时风级，单位为级，将瞬时风级记录在表6-11中。

(4)按“A/B”按键至屏幕显示字母B，此时测量平均风速，单位为m/s。按“C/D/E”按键至屏幕显示字母D，此时测量平均风级，单位为级。将平均风速与平均风级记录在表6-11中。平均风速与平均风级需要一分钟的采样时间。因此在屏幕显示字母B或D后，需要等待一分钟以上的采样时间，显示的参数值才是有效的。

(5)重复以上步骤，共采样3次。

(二)云量的观测

(1)将半球镜面放置在空旷地面上，注意避开建筑、树木等障碍物。

(2)将半球镜面上的云绘制在图6-14中，使用补贴法计算当前的云量。

(三)温度的测量

(1)将玻璃液体温度计放置在室外的百叶箱内。放置时注意温度计的玻璃泡需要距离地面1.5 m 。

(2)每天0时、6时、12时、18时记录温度计的度数。读数时,视线要与温度计的液柱顶端持平。

(3)在坐标纸上记录24 h的气温变化,完成图6-15的气温柱状图。

(四)降水量的测量

(1)用剪刀在500 mL平底塑料瓶中部靠上部剪去顶,把剪下的部分倒放在塑料瓶下半部,形成一个漏斗。用防水胶带将两者粘贴固定。

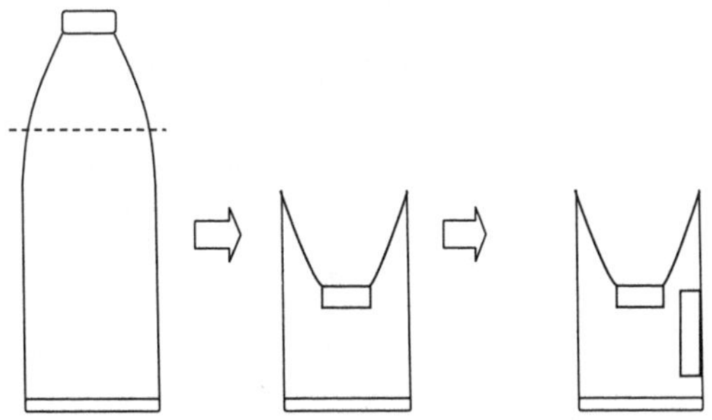

图6-13 雨量器制作步骤示意图

(2)在白纸上用标准刻度尺画出刻度,最小单位为1 mm。用透明胶带将画好的刻度尺固定在瓶身上,以便防水。

(3)在下雨前提前放置好雨量器,雨量器应牢固放置在空旷平坦的地方,注意避开障碍物。雨量器平底离地面70 cm高,以防止雨水从地面溅入雨量器中。

(4)每天8时和20时记录雨量器中的水面高度。连续记录一周,并在图6-16上完成降水量柱状图。

六、实验记录和数据处理

表6-11 风速测量记录表

测量序号	瞬时风速(m/s)	瞬时风级(级)	平均风速(m/s)	平均风级(级)
第一次				
第二次				
第三次				

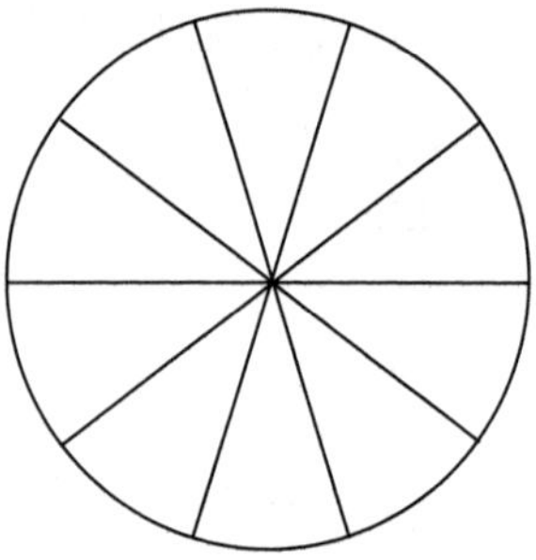

图6-14云量观测图

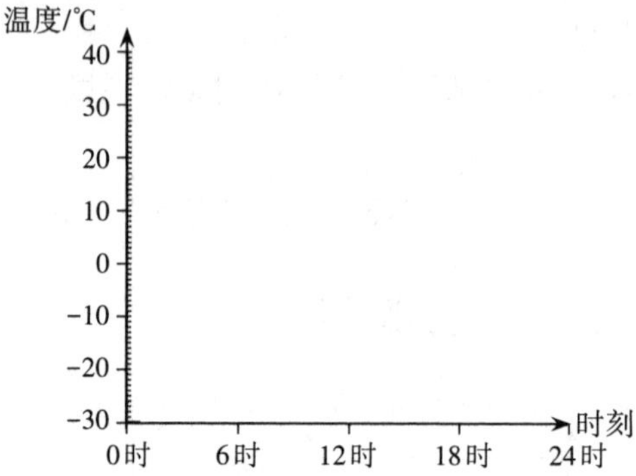

图6-15　24 h气温记录柱状图

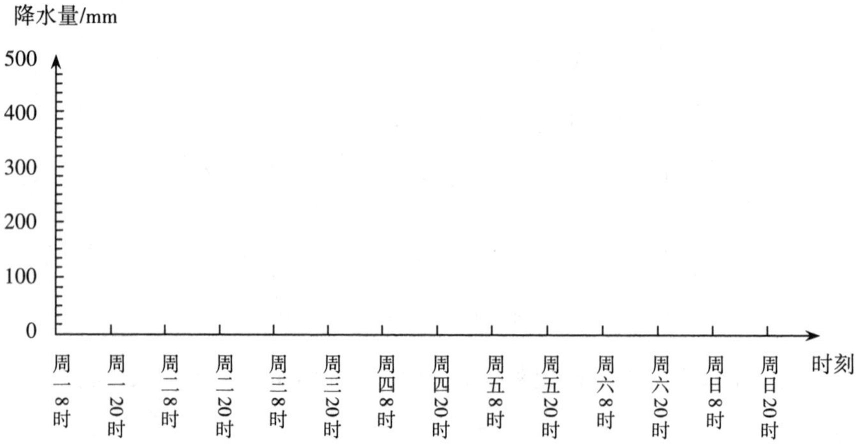

图6-16　一周降水量柱状图

七、注意事项

(1)放置雨量器时要注意保持盛雨器口水平。

(2)雨量器每三天至少清洁和检查一次,如漏斗内有堵塞或雨量器内有灰土等杂物时应立即清洗。

(3)LV16025风杯式风向风速表需要3节5号1.5 V干电池,注意不要采用可充电电池,其输出电压只有1.2 V,可能导致无法开机。测量完成以后及时关闭电源,取出电池以延长电池的使用寿命。

思考题

如何使用乒乓球、吸管、大头针、热熔胶枪等制作一个简易风杯风速仪?简易风杯风速仪能目测估计风力大小即可。

实验十二　观测土壤

土壤是指陆地表层具有一定肥力，能够生长植物的疏松表层，由矿物质、有机质、水分和空气四种物质组成。观测土壤，常常是观察者通过视觉和感觉观察土壤的剖面、土壤的一般形态等外部形态特征，通过化学实验来测定土壤的组成、养分、酸碱性等。其中土壤的一般形态又分为土壤颜色、质地、结构、干湿度、孔隙状况、新生体和侵入体等。义务教育阶段要求研究土壤的组成，观察并描述其颜色、质地和结构等外部形态。

一、实验目的

(1)掌握土壤剖面形态的观察描述方法。

(2)通过土壤的外部形态观察，了解土壤的内在性质，初步确定土壤类型，判断土壤肥力。

(3)掌握土壤标本的采集和制备方法。

(4)通过测定土壤含水量、酸碱性和有机物含量掌握土壤定量测定相关方法。

二、预习要点

(1)土壤的采集方法。

(2)土壤的组成、质地与结构等特征。

三、实验用品

试剂：1 mol/L KCl。

仪器与材料：工兵铲、护目镜、手套、安全帽、铁锹、皮尺、土壤刀、塑料袋、木槌、铝盒、干燥器、分析天平、烘箱、瓷坩埚、酒精灯、三脚架、泥三角、玻璃搅拌棒、酸度计等。

四、实验原理

(一)土壤的剖面

土壤剖面是指从地面垂直向下的土壤纵剖面，由一些形态特征各异的、大致呈水平展布的土层所构成。这是土壤形成过程中物质转化、迁移和积累的结果。自然土壤自上而下依次为有机层、腐殖质层、淋溶层、淀积层、母质层和母岩层，见图6-17。有机层又称枯枝落叶层，以分解和半分解的有机质为主。腐殖质层中腐殖质积累，颜色较深，呈灰黑色和黑色。淋溶层颜色较浅，这是由于溶解于水的矿物质随水下渗而淋失。淀积层质地黏重、紧实，呈棕色或红棕色，这是因为上层土壤淋失的矿物质在此层沉淀、积累。母质层是疏松的风化碎屑物质。母岩层是坚硬的岩石。

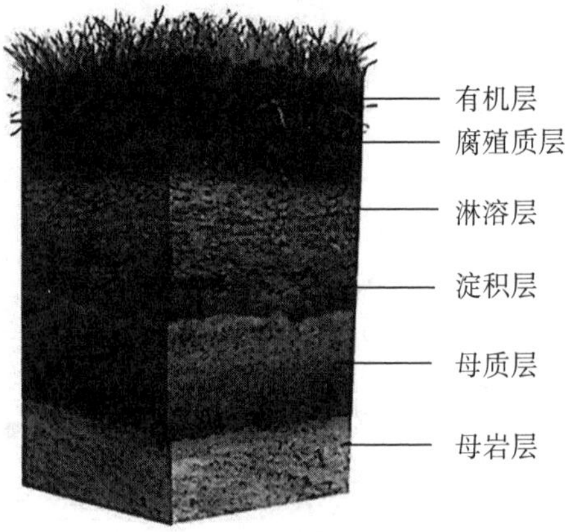

图6-17　土壤剖面的土层垂直序列

(二)土壤的一般形态特征

土壤的形态除剖面构造外，还包括土壤颜色、质地、结构、干湿度、孔隙状况、新生体和侵入体等。

颜色是土壤最重要的形态特征之一。一般黑土壤腐殖质含量高，或是含煤及其他黑色矿物；红壤中含有较多的Fe_2O_3；白壤含有较多的SiO_2；黄壤是水化氧化物造成的。

质地指不同直径的土壤颗粒(土粒)的组合状况。目前土粒分级制尚无公认标准，土壤质地的分类标准也多种多样。国际上常按照粒径大小将土粒分为石砾(>2~3 mm)、砂粒(0.02~2 mm)、粉粒(0.002~0.02 mm)、黏粒(<0.002 mm)等，由此按土壤质地将土壤大致分为砂质土、壤质土和黏质土。砂质土是含砂粒多的土壤，大孔隙多，毛细管空隙少，通气、透水性强，保水、蓄水性能弱。黏质土是含黏粒多的土壤，通气、透水性差，蓄水、保水性能强。壤质土，所含砂粒、粉粒、黏粒的比例适中，兼有砂质土和黏质土的优点，不仅通气、透水性能良好，而且蓄水、保肥性能强。在室内常采用比重法来测量土壤的各种颗粒的百分组成，从而确定土壤的质地分类。土粒在静水中做沉降时：土粒越大，沉降得越快；土粒越细，沉降得越慢。在一定水温下，一定大小的土粒其沉降速度是不变的，不同大小的土粒其沉降速度是不同的。

结构指土壤颗粒胶结情况。土壤结构有团粒、块粒、核状、柱状、棱柱状、片状结构等。其中，团粒结构是指土粒胶结成直径为1~10 mm的团粒状的土壤结构，其大小孔隙均匀，结构稳定，是土壤结构中最好的一种。

松紧度是指土壤疏松和紧实的程度。土壤过松、过紧都会影响水分和空气的储存，均不适宜作物生长发育。过松，作物根扎不牢，过紧，透水透气不良。在野外，可用土刀插入土壤的情况来判断土壤的松紧度。极紧，用很大的力也不容易把土刀插入土体，或只能插入很浅；紧，用较大的力即可把土刀插入土体1~2 cm；较紧，稍用力即可把刀插入土体1~2 cm；疏松，土刀极易插入土体。

孔隙是指土粒之间存在的空间。小孔隙能保持水分，大孔隙则保持通气。

干湿度反映土壤中水分含量的多少。在野外可根据手指研磨土壤的感觉近似地判断干湿等级。干,土壤放在手中不感到潮湿;湿润,土壤放在手中有明显的潮湿感。潮湿,土壤能搓成团,但无水流出;湿,用手挤压,土壤有水流出。实验室中常采用烘干法来测量土壤的水分含量,即土壤失水量占烘干土重量的百分比。

新生体是指在土壤形成过程中新产生的或聚集的物质。根据新生体的外形和性质,可以判断土壤类型、发育过程及历史演变特征。土壤新生体有化学来源和生物来源两种。化学作用产生的新生体有易溶性盐类、石膏、碳酸钙、二氧化硅、锰化合物、亚铁化合物、腐殖质等;生物作用产生的新生体有粪粒、蠕虫穴、鼠穴斑、根孔等。

侵入体指位于土壤中,但不是土壤形成过程中聚集和产生的物质,如砖头、瓦片、铁器、瓷器、木炭、布屑、金属等。观察时,要记录侵入体的名称、形状和大小。

此外,还有其他如动物穴、蚯蚓粪便、动植物残体,或肉眼可见的小动物等,也要观察、记录。

(三)土壤的组成

土壤由固相、液相(水分)和气相(空气)三相组成,其中固相物质由岩石风化而成的矿物质、动植物和微生物残体腐解产生的有机质、土壤生物等组成。通过测量土壤在烘干(105~110 ℃)前后的质量,即可计算出土壤的含水量。测定土壤有机质的方法有很多,中小学科学实验常用直接高温灼烧法:在350~400 ℃高温下灼烧土壤,有机物氧化生成水和二氧化碳挥发出去,测定灼烧前后土壤重量损失,从而测得土壤的有机质含量。

(四)土壤的酸碱度

土壤溶液的酸碱度直接影响土壤养分的存在状态、转化和有效性,从而影响植物的生长发育。土壤的酸碱度通常用pH表示,分为水浸pH和盐浸pH两种。水浸pH是用蒸馏水浸提土壤测定的pH,代表土壤的活性酸度(碱度)。盐浸pH是用某种盐溶液浸提土壤后测定的pH,大体反映了土壤的潜在酸度。盐浸提液常用1 mol/L KCl溶液或用0.5 mol/L $CaCl_2$溶液,在浸提土壤时,其中的K^+或Ca^{2+}会与土壤胶体表面吸附的H^+和Al^{3+}发生交换,进入溶液,故盐浸pH较水浸pH低。

五、实验内容

(一)土壤剖面的观察

挖掘剖面时,应按土壤类型,选择有代表性的地点。不要选择靠近田埂、山脚、河沟、道路、粪坑、坟墓等地。土坑的大小一般要求深1 m、长1 m、宽0.8 m。待观察的剖面(观察壁面)须朝向阳光,在另一侧可挖成台阶状,以便下坑观察剖面的自然状况。挖出的表土堆于一侧,下层土壤堆于另一侧。观察完毕后,应将底土填回下层,表土填回上层。

观察土样剖面时,首先用钢卷尺量好各层的厚度,然后通过手测法及简单工具测量土壤的各项特征,并及时记录。

(二)土样的采集与制备

为减少土壤差异,提高土样的代表性,采集土样时常在一采样地块上多点采土,混合均匀后取出一部分。

1. 采样点的选择

选择有代表性的采样点,应考虑地形基本一致,近期施肥情况、耕作措施以及植物生长表现基本相同。根据地块大小,采样点可选5~20个,其分布应尽量照顾到土壤的全面情况,不可太集中,应避开路边、地角和堆积过肥料的地方。地块小、肥力均匀、地形平坦、地形端正的地块常采用对角线采样法,见图6-18。

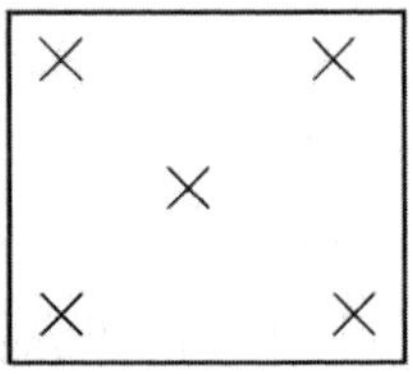

图6-18　对角线采样法

2. 采样方法

在确定的采样点上,先用小土铲去掉表层3 mm左右的土壤,然后倾斜向下切取一片片的土壤。将各采样点土样集中一起混合均匀,按需要量装入袋中带回。

3. 风干

野外取回的土样,较潮湿,易发霉变质,不能长期保存。所以,除测定自然含水量、硝态氮含量、亚铁含量等需用新鲜土样测定外,一般土壤分析项目都用风干土样。

风干的方法是将新鲜的湿土样平铺于通风橱中或干净的牛皮纸上,弄成碎块,除去粗大的植物残体、石块、结核等,摊成薄层(厚约2 cm),放在室内阴凉通风处自行干燥。风干过程中常翻动样品以加速干燥,并捏碎土块,使其直径在1 cm以下,否则干后不易研磨。切忌阳光直接暴晒和酸、碱蒸气以及尘埃等污染。

4. 保存

经处理后的土样,分别装入广口瓶,贴上标签,并注明样号、土类名称、采集地点、采样深度、采样日期、采集人等。

一般样品在广口瓶内可保存半年至一年。保存时尽量避免日光、高温、潮湿或酸碱气体等的影响。

(三)土壤含水量的测定

取干燥铝盒用分析天平称量为m_0。加土样约5 g于铝盒中,用分析天平称量为m_1。

将盛有土样的铝盒放入烘箱,打开盒盖,在105~110 ℃下烘烤6 h。将铝盒及盒盖取出,加盖放入干燥器中,冷却至室温(约20 min),称量。再次放入烘箱中继续烘干3 h,取出冷却后用分析天平称量m_2,两次称量之差不超过3 mg,即为达到恒重。若未达到恒重,如前法再烘1 h,取出冷却后称量,取最近一次数据记录为m_2。

注:在中学科学实验中,若使用普通天平称量,则两次烘干后称量相等,即可认为达到恒重。

新鲜土样应做三次平行测定。

$$新鲜土样土壤水分含量=\frac{m_1-m_2}{m_1-m_0}\times 100\%$$

(四)土壤pH值的测量

风干土反复研细。称取两份5 g研细的风干土，各放在50 mL的烧杯中。一份加无CO_2蒸馏水25 mL，另一份加1 mol/L KCl溶液25 mL，此时土水比为1∶5。分别用搅拌器搅拌1 min，放置30 min后用酸度计测定土壤的水浸pH值和盐浸pH值。

注：无CO_2蒸馏水的制备方法是将蒸馏水煮沸，充分释放水中溶解的CO_2，放凉备用。

图6-19　灼烧土壤

(五)土壤有机质测定

用天平称量瓷坩埚，记为m_3。向瓷坩埚中加入约10 g风干土，称量土壤和瓷坩埚的总质量，记为m_4。

充分高温加热瓷坩埚中的土壤，并不断搅拌，至土壤红热后停止加热，如图6-19所示。将瓷坩埚放入干燥器中冷却。待瓷坩埚和土壤完全冷却后，从干燥器中取出，再次称得土壤和瓷坩埚的总质量，记为m_5。

记录相关称量数据，并进行数据处理。

$$土壤的有机质含量=\frac{m_4-m_5}{m_4-m_3}\times 100\%$$

六、实验记录和数据处理

表6-12　土壤剖面记录表

观测日期：__________　天气状况：__________　剖面地点：__________　观测人：__________

剖面图	层次及深度	颜色	结构	松紧度	干湿度	质地	新生体	侵入体	植物根系	其他	剖面基本特点

注：可根据以上所需记录内容自行设计表格或记录卡片。

七、附注

酸度计也称pH计，是测定溶液pH值的仪器。酸度计能在pH=0~14范围内使用。目前常用的酸度计多为台式和便携式。酸度计测pH值的方法是电位测定法。测定时把复合电极插在被测溶液中，被测溶液由于酸度（氢离子浓度）的不同而产生不同的电动势，通过仪器转化为被测溶液的pH值显示出来。pH计的使用步骤主要包括开机与预热、校准和测量、清洗与储存。

（1）开机与预热。接通电源并打开pH计，通常需要预热30 min以确保仪器稳定。

（2）校准。一般来说，酸度计在连续使用时，每天要校准一次。

①温度补偿：测量标准缓冲溶液温度，调整酸度计的温度至该温度。

②定位：常使用pH=6.86或pH=7.00（pH值由选用的缓冲液成分决定）的标准缓冲溶液进行定位。复合电极用蒸馏水冲洗干净，并用滤纸条吸干。然后将复合电极浸入标准缓冲溶液中，晃动后静止放置，等读数稳定后，调节定位按钮，使仪器显示的pH值与该标准缓冲溶液在此温度下的pH值相同。

③斜率校准：常根据待测液的酸碱性情况，选用pH=4.00（酸性）或pH=10.01（碱性）（pH值由选用的缓冲液成分决定）的标准缓冲溶液进行斜率校正。将电极从定位的标准缓冲溶液中取出，用蒸馏水冲洗干净，并用滤纸吸干，浸入斜率校准的标准缓冲溶液中，待读数稳定后，调节斜率按钮，使仪器显示的pH与该溶液在此温度下的pH相同。

（3）测定。将电极从标准缓冲溶液中取出，用蒸馏水清洗干净，再用滤纸吸干，然后插入被测溶液中，摇动烧杯使溶液均匀，等仪器显示的pH值在1 min内改变不超过±0.05时，此时仪器显示的pH值即是被测溶液的pH值。

（4）清洗与储存。测量完毕后，用蒸馏水清洗电极，并用滤纸吸干。然后套上电极保护套，套中盛满电极保护液（常用饱和KCl溶液），以防止电极泡干燥损坏。

注意：（1）清洗电极后，不要用滤纸擦拭玻璃膜，而应用滤纸吸干或将电极甩干，避免损坏玻璃薄膜、防止交叉污染，影响测量精度。

（2）测量pH值时电极的测量部分应全部浸没在溶液中，否则读数不稳定且不准确。

（3）测量批量的液体样品时，需使用同一台酸度计连续测其pH值。

八、注意事项

（1）土壤样品制备须规范，具有代表性。

（2）测量土壤吸湿水含量时，质地较重的土壤，烘干至恒重的时间可延长至8~12 h；质地较轻的土壤，烘干时间可以缩短至5~6 h。

思考题

（1）采集与处理土样的基本要求是什么？

（2）测量土壤吸湿水含量时，为什么烘箱温度不能超过110 ℃？

（3）测土壤pH值时，为什么要使用不含CO_2的蒸馏水？

实验十三 植物的萌芽与生长

大多数绿色开花植物的萌芽从种子开始,也有少数植物可用根、茎、叶繁殖,例如马铃薯块茎可以萌芽,红薯块根可以萌芽。种子的萌芽指有生命的种子通过或被打破休眠后,给予适当的发芽条件,种子的幼胚恢复生长,幼根、幼芽突破种皮向外伸展的现象。种子萌发分为三个阶段:一是吸水膨胀阶段。种子吸收水分后,其活性很快提高,并吸收O_2和排出CO_2。二是种子内物质变化阶段。主要指在酶的作用下,碳水化合物、脂肪的变化以及蛋白质的分解利用。三是种子形态变化阶段。种子萌动后,胚部细胞继续分裂,生长速度加快。当胚根胚芽伸出种皮达到一定长度时,可认为种子已经萌发。植物的生长和发育始终都受到一系列外部和内部因素的控制。影响植物生长与发育的外部环境因子主要包括温度、光、水分以及各种其他刺激等。

一、实验目的

(1)了解植物种子萌发需要水分、空气、合适的温度等条件,土壤和阳光是种子萌发非必要条件。

(2)了解植物生长需要温度、阳光、水分等条件,认识到植物的生长受环境的影响。

(3)了解光照射方向对植物生长的影响,认识到生物的形态结构、生活习性是同它们的生活环境相适应的。

(4)掌握控制变量实验(对比试验)的设计方法,学会在严谨控制变量的情况下对比观察植物的生长状况。

(5)培养收集、整理、分析实验数据的能力,学会用实验中的数据来解释实验结果。

二、预习要点

(1)种子的结构。

(2)种子萌发需要的条件。

(3)植物生长需要的条件。

(4)控制变量实验的设计方法。

三、实验用品

绿豆种子、一次性杯子、土壤、纸巾、水、滴管、透明密封袋、标签、记录表、冰箱、黑色塑料桶、透明塑料桶、两盆长势差不多的绿豆苗、透明大塑料瓶、黑袋子蒙住的大塑料瓶、真空机等。

四、实验原理

(一)种子发芽的基本条件

种子发芽的基本条件包括两个方面,即种子自身条件和外部条件。种子自身条件:指种子的结构完整(富含有机养分),且胚有生物活力。外界条件:

(1)温度。种子萌发的最低温度为6~7 ℃,12~14 ℃能正常发芽,最适温度为20~25 ℃,最高为35 ℃。

(2)水分。一般需吸收相当于种子自身风干重量的120%~140%的水分才能萌发。

(3)充足的氧气。多数种子的萌发与有无光照无关,只有少数例外,如烟草、杜鹃种子只有在光下才能萌发。

(二)植物生长的条件

植物的生长和发育始终都受到一系列外部和内部因素的控制。影响植物生长与发育的外部环境因子主要包括温度、光、水分以及各种其他刺激等。

温度与植物生长发育关系密切。每种植物都对应着一个最低生长温度、最高生长温度和最适合生长温度。当环境温度低于植物的最低生长温度或高于植物的最高生长温度时,植物就会停止生长;而当环境温度处于最适合的生长温度时,植物生长发育最理想。把反映植物这种特性的三个温度称为植物生长的三基点温度。除了三基点温度外,每种植物还有最高和最低两个生命极限温度指标。当环境温度在最低生长温度和最高生长温度范围以外,但在最高和最低两个生命极限温度指标范围之内时,虽然植物会停止生长但不会死亡;一旦温度恢复到最低生长温度和最高生长温度范围内时,植物还能继续生长。但一旦环境温度超过最高和最低两个生命极限温度指标范围,则植物的生命系统将遭到破坏,植物将会死亡。即使温度再恢复到生长温度范围内,植物也无法再恢复生长发育。

光是控制植物生长发育的最重要的环境因子。一方面,光是光合作用最基本的条件和能量输入源,另一方面光还能控制植物不同发育阶段如种子萌发、幼苗发育和开花等形态发生过程。植物光合作用是绿色植物利用它特有的叶绿素吸收日光能,将二氧化碳和水转化为富含能量的有机物,并释放氧气的过程。这一过程极其复杂,包括光反应和暗反应。它的总过程常用一简单的方程式表示:

$$CO_2 + H_2O \xrightarrow[\text{叶绿体}]{\text{光能}} (CH_2O)(\text{有机物}) + O_2$$

光合作用是地球上规模最大的无机物转变为有机物(每年约可合成4 250亿吨)的过程,也是太阳能转变为化学能并蓄积在合成的有机物中(每年约6.3×10^{15} MJ)的过程。地球上只有绿色植物(还有光合细菌)能通过光合作用直接从太阳光截获能量,并利用它将无机物(二氧化碳)还原成有机物,作为自身的养料。

充足的水分是植物生长的重要条件。植物生长首先需要某些有机物作为建设细胞壁和原生质体的材料,这些材料主要是光合作用的产物。水是光合作用顺利进行的必要条件,缺水光合作用降低。同时,光合作用制造的有机物运输到生长部位也需要水分。缺水时有机物水解,呼吸作用急剧增加,这些都不利于植物生长。

五、实验内容

(一)种子萌发的条件

(1)选择饱满、无损伤的绿豆数十粒。

(2)如图6-20所示,在有无土壤、水分、阳光、温度、空气不同情况下进行实验。

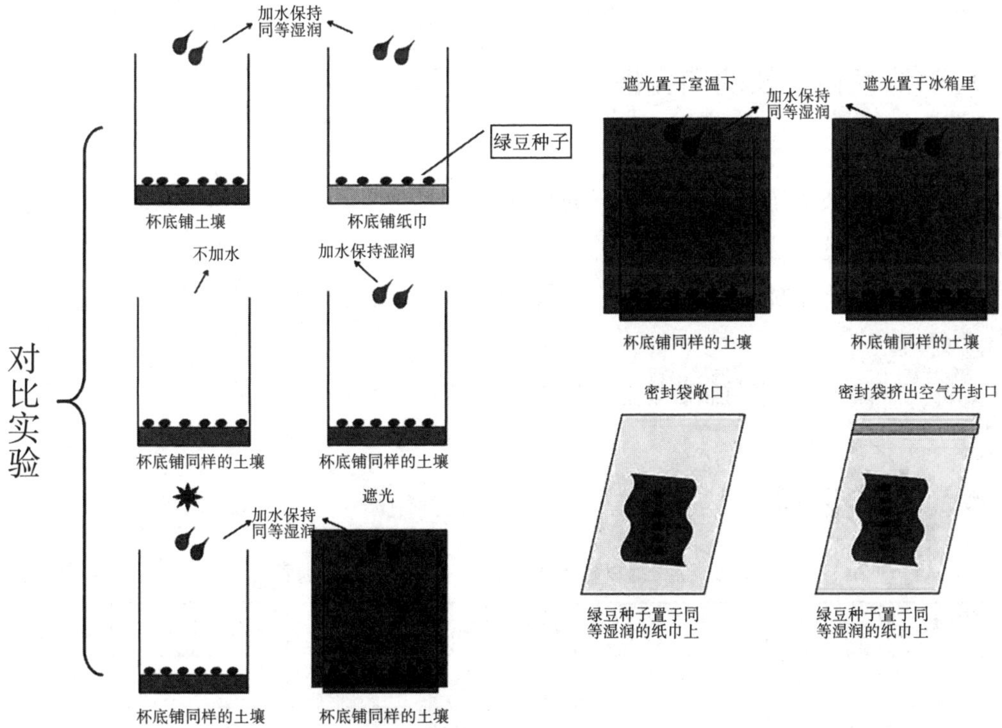

图6-20　绿豆种子萌芽需要条件的对比情况示意图

(3)每天固定时间进行观察,持续一周以上。

(二)阳光对绿豆苗生长的影响

(1)实验步骤。

①准备两盆长势差不多、数量一样的绿豆苗。

②放在同样的环境中,浇同样多的水。

③两盆都用大塑料瓶罩住,其中一盆再用黑色大塑料袋罩住。进行一盆有阳光照射、一盆无阳光照射的对比。

有光照组　　　　　　无光照组

图6-21　绿豆苗光照与否生长情况对比示意图

(2)一段时间后,观察绿豆芽生长情况。

(三)绿豆苗生长的向光性

(1)实验步骤。

①准备两盆长势差不多、数量一样的绿豆苗。

②放在同样的环境中,浇同样多的水。

③用两个纸盒罩住。一个纸盒在左壁挖个圆孔,一个纸盒在右壁挖个圆孔,使光能从圆孔中射入。

(2)一个星期后观察两盆植物的生长变化。

六、实验记录

表6-13　绿豆种子发芽所需条件的实验记录表

研究的问题	绿豆种子萌发需要______吗?
预测	
相同的条件	
不同的条件	
实验方法	

表6-14　绿豆种子发芽是否需要______实验记录表

	种子总数	已发芽数	未发芽数	解释
有(______)				
无(______)				

表6-15　绿豆苗生长所需条件的实验记录表

研究的问题	绿豆苗生长需要______吗
预测	
改变的条件	
不改变的条件	
实验方法	

表6-16　绿豆苗生长是否需要阳光

	绿豆苗高度	茎、叶的颜色	茎的粗细	解释
阳光下的绿豆苗				
黑暗处的绿豆苗				

表6-17　光照射方向对绿豆苗生长的影响

研究的问题	光照射方向影响绿豆苗生长吗
预测	
改变的条件	
不改变的条件	
实验方法	

七、注意事项

(1)严格对比,数据记录应真实。

(2)在设计对比实验的过程中,需严格控制变量。

(3)不宜加入过多水,不能使种子全部浸泡在水里。

(4)需多次实验,保证实验结论的可重复性。

思考题

(1)做种子萌发的对比实验,为什么要放多颗绿豆?

(2)种子萌发实验,如何保证两个杯子里浇的水一样多?在设计对比实验的过程中如何来严格控制变量?

(3)香蕉树、松树、仙人掌分别生长在什么地方?这几种植物的叶同它们的生活环境有什么关系?不同环境里的植物对阳光、水分的需求相同吗?

(4)植物的生长还需要哪些条件?如何通过实验验证?

实验十四　空气系列实验

空气是指地球大气层中的混合气体，它覆盖在地球表面，对人类的生存和生产有重要影响。清洁的空气是无色、无味、透明的气体。作为最为人类所熟知的气体，空气有着气体的共同特征，即占据一定空间、有质量、可以被压缩、可以流动等性质。空气的流动即为风。

一、实验目的

(1)能够通过实验验证空气有质量并占有一定空间。
(2)知道风是一种空气流动的现象，能够通过实验分析空气流动的原因和方向。

二、预习要点

(1)通过查阅资料，掌握空气的基本物理性质。
(2)了解人类利用空气的各种方法，找寻身边利用空气的物品。

三、实验用品

水槽，气球，针尾气球，食用色素，打气筒，热熔胶枪，透明胶，剪刀，美工刀，酒精喷灯，6 mm打孔器，6 mm直径玻璃管，6 mm内径橡胶管，一次性输液器2个，7号橡胶塞，5号橡胶塞，2 L塑料瓶2个，500 mL平底塑料瓶2个，蜡烛，线香等。

四、实验原理

空气是一种混合物，主要由氮气、氧气、稀有气体、二氧化碳以及其他物质组合而成。常温下的空气是无色无味的气体。在标准状况(0 ℃及一个标准大气压)下空气的密度为1.29 kg/m^3，摩尔体积为22.4 L/mol。因此，空气有质量和体积，也就会占据空间。

在自然条件下，风是由太阳辐射引起的。太阳光照射在地球表面上，使地表温度升高，地表的空气受热后温度升高，体积膨胀，密度减小，从而会向上方升起。热空气上升后，低温的冷空气横向流入，上升的空气因逐渐冷却变重而降落，由于地表温度较高又会加热空气使之上升，这种空气的流动就产生了风。

五、实验内容

（一）验证空气可以占据空间

（1）取下一次性输液器的流量调节器，将一次性输液器的软管部分剪成15 cm和60 cm的两段。

（2）在2 L塑料瓶底部钻孔，将15 cm软管塞入小孔后用热熔胶密封，在软管外端套入流量调节器。

（3）将针尾气球套在15 cm软管外端，将针尾部分剪开，并连接在60 cm软管一端，从60 cm软管另一端套入流量调节器。用热熔胶密封针尾气球两端，确保气球连接处的密封性。

（4）使用打孔器在7号橡胶塞打一个小孔，在5号橡胶塞打两个小孔。使用酒精喷灯及小刀将玻璃管截断为25 cm、15 cm、10 cm三段，并将15 cm玻璃管沿小孔插入7号橡胶塞，使用热熔胶将连接处密封。将橡胶管剪为10 cm的一段，并将其连接在橡胶塞上方的玻璃管上。在橡胶塞下方的玻璃管处连接一个气球，使用热熔胶密封连接处。将橡胶塞塞在大塑料瓶瓶口处。如图6-22所示。

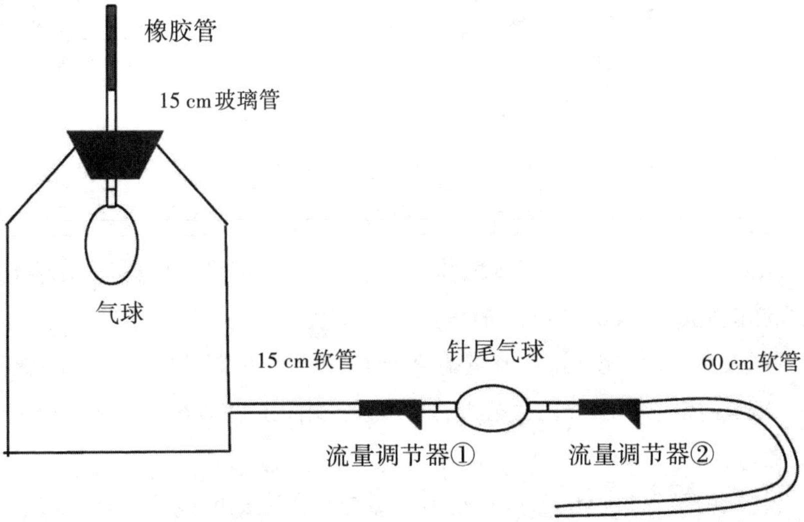

图6-22　排出空气装置示意图

（5）根据500 mL塑料瓶规格自制刻度条，用透明胶将刻度条粘贴在塑料瓶外侧。向瓶内加入与最高刻度相平的水，滴入食用色素。将25 cm和10 cm长的玻璃管分别塞入5号橡胶塞的两个小孔，25 cm玻璃管需置入水中。将橡胶塞塞在小塑料瓶瓶口。将60 cm软管的另一端连接在10 cm长的玻璃管上，如图6-23所示。将500 mL塑料瓶放入水槽中，整体装置如图6-24所示。

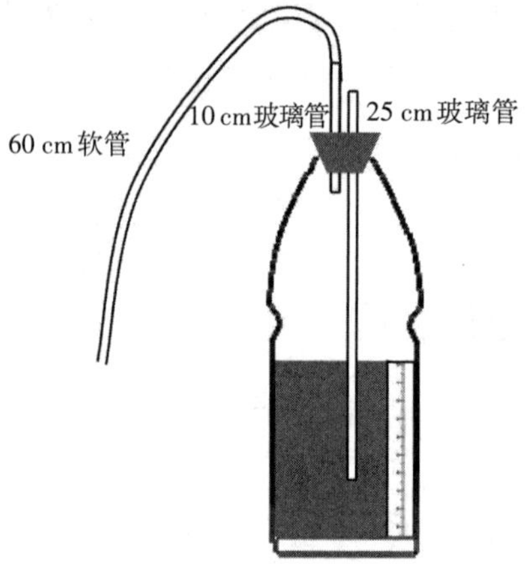

图6-23　测量装置示意图

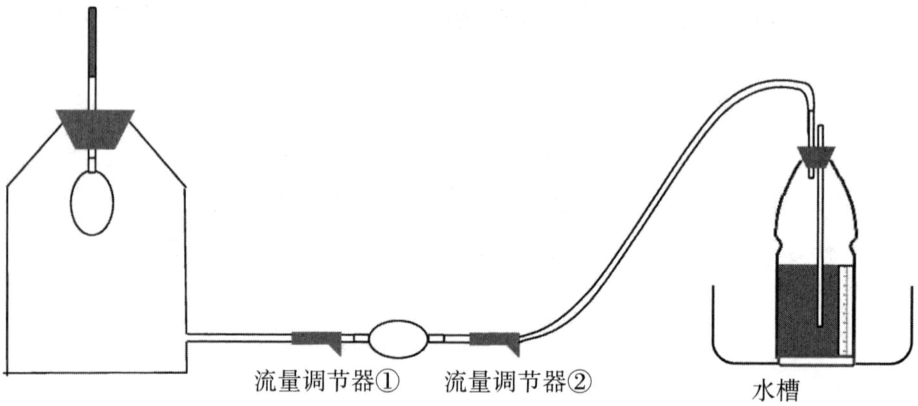

图6-24　整体装置示意图

(6)将打气筒连接2 L塑料瓶口的橡胶管，流量调节器①、②均处于关闭状态，使用打气筒打气，在表6-18中记录气球、针尾气球的变化及500 mL塑料瓶内水位的变化。

(7)将流量调节器①打开，保持流量调节器②关闭，使用打气筒打气，在表6-18中记录气球、针尾气球的变化及500 mL塑料瓶内水位的变化。

(8)当气球大到一定程度后，将流量调节器①关闭，流量调节器②打开，观察气球、针尾气球的变化。轻轻按压针尾气球，使气球内空气全部排出，在表6-18中记录500 mL塑料瓶内水位的变化。

(9)排出气球内空气，将500 L塑料瓶中水增加至最高刻度线处，再重复2次实验。

(二)风的形成

(1)将500 mL塑料瓶及2 L塑料瓶瓶盖取下，且均截为两半，并取瓶口的一半备用。

(2)在2 L塑料瓶瓶身处用美工刀裁出500 mL塑料瓶瓶口大小的圆，并将500 mL塑料瓶瓶口沿裁切处插入2 L塑料瓶中，用热熔胶粘贴固定，如图6-25所示。

(3)将蜡烛粘贴在水槽底部，改变蜡烛长度使其略低于塑料瓶裁切口，保证蜡烛点燃后火焰高度与塑料瓶裁切口相同。在水槽中注入少量水，将制作完成的2 L塑料瓶罩在蜡烛上，将线香对准500 mL塑料瓶的瓶口，点燃线香后观察烟流动的方向并记录在表6-19中。

（4）点燃水槽中的蜡烛后再将塑料瓶罩在蜡烛上，将线香对准500 mL塑料瓶的瓶口，点燃线香后再次观察烟流动的方向及蜡烛火焰的方向，并记录在表6-19中。

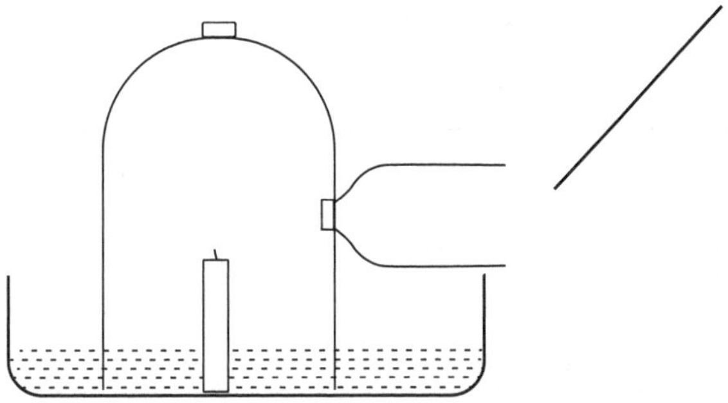

图6-25　风的形成实验装置

六、实验记录和数据处理

表6-18　空气占据空间验证实验数据记录表

观测序号	流量调节器状态	气球状态变化	针尾气球状态变化	水位(cm)
第1次	流量调节器①关闭 流量调节器②关闭			
	流量调节器①打开 流量调节器②关闭			
	流量调节器①关闭 流量调节器②打开			
第2次	流量调节器①关闭 流量调节器②关闭			
	流量调节器①打开 流量调节器②关闭			
	流量调节器①关闭 流量调节器②打开			
第3次	流量调节器①关闭 流量调节器②关闭			
	流量调节器①打开 流量调节器②关闭			
	流量调节器①关闭 流量调节器②打开			

表6-19　风的形成实验记录表

观测序号	未点燃蜡烛时线香烟的流动方向	点燃蜡烛后线香烟的流动方向	蜡烛火焰偏移方向
第1次			
第2次			
第3次			

七、注意事项

(1)使用酒精喷灯时需注意安全。

(2)塑料瓶裁切口避免过于靠上,因为蜡烛过高会使得火焰将塑料瓶烧软、熔融,甚至点燃而引起意外。

思考题

(1)在空气占据空间实验中,500 mL塑料瓶中水位的变化代表什么?如何计算打气筒打出的空气体积?

(2)将线香放置于2 L塑料瓶瓶口,将蜡烛点燃后会出现什么现象?为什么会有这种现象?

实验十五 探究不同材料的保温性能

在现代科技快速发展的今天，材料科学越来越受到重视。材料及其制品都是在一定的温度环境下使用的。在使用的过程中，材料对不同的温度作出反应，表现出不同的热物理性能，这些热物理性能就称为材料的热学性能。其中，热传导性（又称导热性）是材料的重要热学性能之一。在平均温度不高于350 ℃时，导热系数小于0.12 W/(m·K)的材料常常可以用作保温材料，如为了保持室内需要的温度，减少热损失，使用保温材料；为了防止高温热传递的危害，防止辐射热，使用隔热材料；为了保持低温（−30~5 ℃）、超低温（−30 ℃以下），常常要使用保冷材料；为了防止高温辐射热的危害或回收和利用辐射热能，使用热反射材料。因此，探究材料的保温性能，研究如何根据实际需要选择保温材料、降低能耗有着重要的现实意义。

一、实验目的

（1）通过测量不同材质的保温杯中相同体积、相同温度的热水在相同时间内温度的变化，学会比较不同材料保温性能的方法。

（2）理解保温杯的保温原理。

（3）能够利用热传递的原理设计出一个保温性能良好的保温杯。

二、预习要点

（1）生活中常见材料的导热机理。

（2）保温瓶的结构、材质与保温机理。

三、实验用品

热水，冰块，带有盖子的相同规格的不锈钢杯、陶瓷杯、塑料杯、玻璃杯、纸杯等，大号塑料杯，温度计，天平，泡沫塑料，废纸，毛巾，棉花，布条等。

四、实验原理

(一)材料的导热机理

材料的导热性能在很大程度上取决于它的微观结构。当不同物体之间或同一物体内部存在温度差时,就会通过物体内部分子、原子和电子的微观振动、位移和相互碰撞而发生能量传递现象。不同的物质以及不同的物质状态(气态、液态和固态),由于结构上的差别,导热机理也不相同,相应的导热能力也大不一样。在金属中,电子流动对热量的传递起支配作用;在绝缘体和大部分半导体中则以晶格振动起主导作用。

导热系数是表征材料保温性能的重要指标。导热系数(又称热导率)是在稳态条件和单位温差作用下,通过单位厚度、单位面积匀质材料的热流量,通常用希腊字母λ表示,单位为W/(m·K)。导热系数的数值越低,表明材料的保温效果越好。

同一种物质的导热系数,一般来说,固态>液态>气态。不同聚集状态下各种物质导热系数的一般规律是:固体金属>除金属以外的其他固体>液体(液态金属除外)>气体。固体金属的导热系数一般是随温度升高而缓慢减小;非金属液体中,水的导热系数最大;绝大多数液体(除水和甘油等以外)的导热系数均随着温度升高而略有减小;多数气体的导热系数一般会随着温度升高而增大。

表6-20　常用材料的导热率(23 ℃)

材料名称	导热系数 W/(m·K)	材料名称	导热系数 W/(m·K)	材料名称	导热系数 W/(m·K)
钻石	2 300	瓷砖	1.99	空气(0 ℃)	0.024
铜	380	水	0.5~0.7	纸板	0.06~0.14
黄铜(30% Zn)	160	木材(纵向)	0.38	玻璃	0.12
铁	80	木材(横向)	0.14~0.17	亚麻布(50 ℃)	0.09
不锈钢	17	PVC(硬质)	0.17	泡沫塑料	0.045
SiO_2	7.6	PVC(软质)	0.14	水蒸气	0.023 5~0.025

同样材料的导热系数虽然是一个固定的数据,但是厚度越大,接触面积越小,导热所耗的时间也越多,效能也就越差,也称材料的热阻越大。热阻就是材料阻止热量传递的能力:

$$\theta = L / (\lambda S)$$

式中θ是导热材料的热阻,L是导热材料的厚度,S是接触面积,λ是导热材料的导热系数。

选取导热材料时,不仅要考虑材料的导热系数、热阻,还要综合考虑散热环境等因素。很难仅通过一些理论数据就准确地计算出选用何种材料合适,更多的是靠实验测试。经测试既能达到产品要求的理想效果,又能够满足其他工程要求和成本要求的材料就是最为合适的材料。

(二)保温杯的保温原理

热传递是指由于温度差引起的热能传递现象。热传递主要存在三种基本形式:热传导、热辐射和热对流。热传导指由组成系统的分子或原子的热运动及其相互作用引起的热量从高温区向低温区迁移的宏观现象;热辐射是物体由于具有温度而辐射电磁波的现象,这是真空中唯一的热传递方式;热对流则是流体(包括液体和气体)流动过程中从温度较高处向温度较低处传热的现象。保温就是要尽量减少热量在目标物体与其他物体之间的传递,因此,保温杯的设计根本是阻断热传递的三种传热方式。

保温杯从保温瓶发展而来,传统保温瓶的结构如图6-26所示。保温瓶的瓶塞通常以软木或塑料制成,这两种材料是热的不良导体,可以隔绝内部物体与外界空气的接触,减少热传导与热对流。瓶身是双层镀银玻璃瓶胆,玻璃本身是热的不良导体,镀银的玻璃则可将容器内部向外辐射的热能反射回去,减小热辐射。两层瓶胆之间抽成真空状态,可避免热对流和热传导。保温杯的保温原理与保温瓶一样,只是人们为了方便把瓶做成杯。

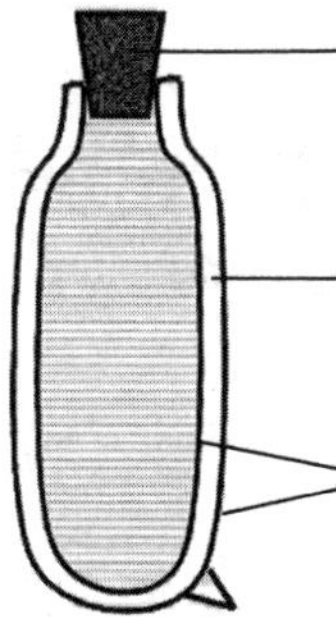

图6-26　保温瓶结构

市售保温杯多为不锈钢真空保温杯,采用双层结构,内胆为不锈钢,杯胆和杯身之间抽成真空。杯盖有硅胶保温密封圈,能保证杯子的密封性,有效阻断热传导和热对流。

五、实验内容

(一)不同材质杯子保温性能的测定

(1)分析比较不同材质杯子的保温性能。

向大小、厚度大致相同,材质不同的杯子中倒入相同体积、相同温度的热水,注意不要倒太满,敞口放置。每隔5 min测量一次杯内水温并记录。连续测量15 min。

(2)分析比较不同保温措施下杯子的保温性能。

向同一材质的杯子倒入相同体积、相同温度的热水,分别在敞口、加盖、用毛巾包裹的条件下,每隔5 min记录一次杯内水温。连续测量15 min。比较单层杯子不同保温措施的保温性能的不同。

向同一材质的杯子倒入相同体积、相同温度的热水,盖上杯盖后,放入更大的杯中。分别在夹层中不塞东西、塞入泡沫塑料、塞入废纸、塞入布条、塞入棉花等条件下,每隔5 min记录一次杯内水温。连续测量15 min。比较双层杯子不同保温措施的保温性能。

综合比较不同材质、不同保温措施下,杯子的保温性能,并解释原因。

(二)保温杯的设计与制作

根据上述测量结果,选择合适的材料、保温措施,设计一个保温杯的制作方案。要求:

(1)阐明设计理念和设计目标;

(2)画出设计图;

(3)分析技术关键;

(4)写出制作步骤和注意事项。

根据设计方案,完成保温杯杯体保温部位的制作。

分别测试保温杯对热水、冰块的保温性能。根据结果比较各组保温杯的保温性能高低。

进一步改进保温杯制作方案。根据改进后的方案,重新制作保温杯并进行性能测试。

六、实验记录和数据处理

表6-21　不同材质的杯子敞口时的水温变化

材料	不锈钢杯	陶瓷杯	塑料杯	玻璃杯	纸杯
初始温度/℃					
5 min温度/℃					
10 min温度/℃					
15 min温度/℃					
15 min内温度变化/℃					
保温效果排序					

参考表6-21,请自行设计本实验项目的其他数据记录与处理表。

七、注意事项

(1)在用热水的时候要注意安全,防止烫伤。热水的温度不要太高。

(2)不同材质的杯子本身的结构特点(如瓶口大小)要相同,这样才可以使测得的数据存在较小的误差。

(3)每次实验中,加入杯子中的水量以及用温度计测试的水温范围要统一,避免实验数据产生误差,注意对变量的控制。

思考题

(1)什么样的材料散热快?什么样的材料能减慢热量的传递?

(2)制作保温杯时,需要从哪些方面考虑减慢热量的传递?实际效果如何?还可以在哪一方面做进一步的改进?

实验十六　液体的压强与浮力

一般情况下，潜水艇用厚厚的钢板制成，潜水员需要穿着抗压能力很强的潜水服下水，且下潜深度也会受到限制，这一切都与物体所受浮力和液体的压强密不可分。

一、实验目的

(1)感受利用控制变量法探究影响液体内部压强大小因素的过程。

(2)说出压强计的结构和使用方法，掌握并运用液体压强的特点解决相关问题。

(3)理解并掌握浮力定义、解释浮力产生的原因及判断浮力方向的方法。

(4)灵活运用弹簧测力计测量物体在液体中所受的浮力大小，探究影响浮力大小的因素。

二、预习要点

(1)液体压强特点和浮力的特点。

(2)测量液体压强和浮力的器材。

(3)液体内部压强和浮力的概念教学。

三、实验用品

橡皮膜，细线，带孔的玻璃圆筒，U形管压强计，烧杯，水，盐水，铝块，铜块，铁块，木块，弹簧测力计，溢水杯，小桶等。

四、实验原理

(一)压强

液体压强是指在液体容器底、内壁、内部由液体本身的重力而形成的压强。液体具有流动性，因而液体内向各个方向都有压强。液体压强与液柱的深度、液体密度密切相关，和液体的质量、体积没有直接的关系。

液体压强计是测量液体内部压强的仪器，如图6-27所示。由一侧装有橡皮膜的金属盒(探头)、橡胶管、U形玻璃管、刻度板、左水柱、右水柱组成。当探头感受到压强时，U形管两端的液面出现高度差，压强越大，高度差越大。

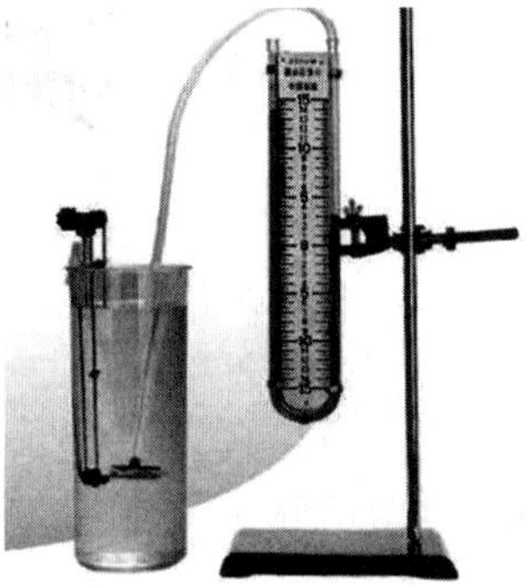
图6-27　液体压强计

将一规则盛水容器放在水平面上，如图6-28所示。该容器中的液柱对容器底部的压力等于液柱所受的重力，设液柱的高度为h，平面的面积为S，这个平面上方的液柱对平面的压力为：

$$F = G = \rho Shg$$

平面受到的压强为：

$$p = \frac{F}{S} = \rho gh$$

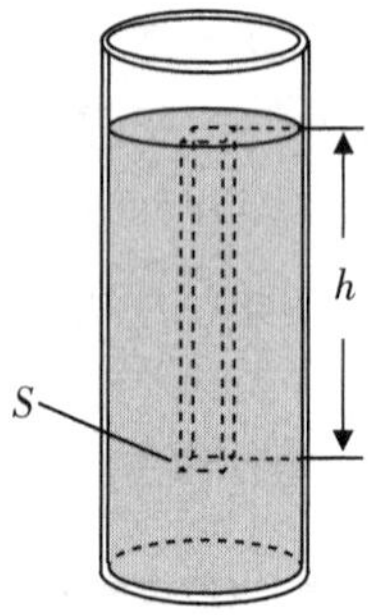

图6-28　水中液柱示意图

(二)浮力

冰山、船只都会受到重力作用，但没有沉入水底，是因为水对它们有一个向上托起的力。浮力就是指浸在液体中的物体受到液体对它向上的力，这种力是物体各表面受到的综合压力差所产生的。

以石块为例，使用弹簧测力计称量石块的重力，将其浸在水中，保持不动，则石块所受重力G与弹簧测力计的拉力$F_{拉}$、石块在水中受到的浮力$F_{浮}$平衡，有：

$$F_{浮} = G - F_{拉}$$

这种测量浮力大小的方法，为称重法。

液体内部存在压强，压强与液体的深度有关，深度不同，压强不同。浸没在液体中的长方体，如图6-29所示，长方体两个相对侧面因相对应的点深度相同，其所受压力相互平衡，水平方向受力平衡。若长方体上、下两表面距离液面的深度分别为h_1、h_2，长方体下表面受到的液体压力为F_2，上表面受到的液体压力为F_1，则有$F_2>F_1$，于是就产生了竖直方向上的压力差，该压力差就是浮力产生的原因。

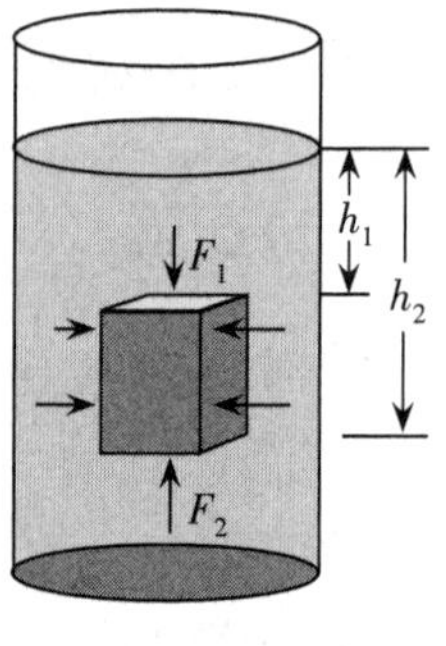

图6-29　液体内部压强示意图

五、实验内容

(一)液体压强

1. 探究液体压强的特点

在玻璃圆筒的侧壁及下壁扎上橡皮膜,如图6-30所示。往玻璃圆筒内倒水,观察倒水前后橡皮膜的情况。(表6-22)

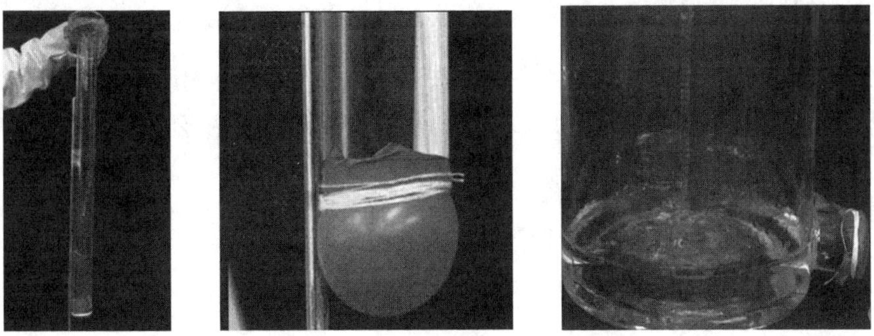

图6-30　探究液体压强特点的装置图

2. 探究影响液体压强大小的因素

利用控制变量法探究影响液体内部压强大小的因素。分别记录下列实验数据并作比较,且得出一定结论。(表6-23)

(1)在同一液体中,保持U形管压强计探头没入液面下的深度(4 cm)相同,改变U形管压强计探头的方向(前后左右)。

(2)在同一液体中,保持液面下的U形管压强计探头方向相同,改变U形管压强计探头没入液体内部的深度(3 cm、5 cm、7 cm)。

(3)在不同的液体(水、油)中控制U形管压强计探头在液体内部的深度(4 cm)、方向(正前方)相同。

(二)浮力

1. 浮力的测量

测量铁块所受的浮力,如图6-31所示,用弹簧测力计测出铁块的重力,随即将铁块浸没水中,观察比较两次弹簧测力计示数的变化情况。(表6-24)

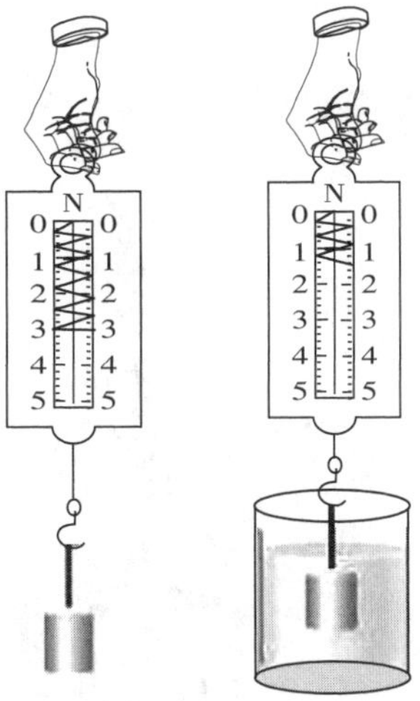

图6-31　铁块浸没水中所受的浮力测量

2. 探究影响浮力大小的因素

(1)探究浮力的大小与物体密度的关系。(表6-25)

①用弹簧测力计测出铝块、铁块、铜块的重力G。

②将铝块、铁块、铜块分别浸没在水中，读出弹簧测力计的示数。

③分别比较两次弹簧测力计示数的变化情况（铝块、铁块、铜块）。

（2）探究浮力的大小与液体密度的关系。（表6-26）

①用弹簧测力计测出铁块的重力G。

②将铁块分别浸没在水中和植物油中，读出弹簧测力计的示数。

③比较这两次弹簧测力计示数的变化情况。

（3）探究浮力的大小与浸在液体中体积的关系。（表6-27）

①用弹簧测力计测出规则铁块（正方体，下同）的重力G。

②将规则铁块1/3、1/2、3/4部分分别浸入水中，浸入深度由浅至深，分别读出弹簧测力计的示数。

③比较这三次弹簧测力计示数的变化情况。

（4）探究浮力的大小与物体浸没深度的关系。（表6-28）

①用弹簧测力计测出铁块的重力G。

②将铁块全部浸没在水中，浸没液体的深度由浅至深（液面以下1 cm、3 cm、5 cm），读出弹簧测力计的示数。

③比较每次弹簧测力计示数的变化情况。

3. 探究物体所受浮力的大小与排开液体所受重力的关系

①用弹簧测力计分别测出某物体所受的重力和空小桶的重力。

②将被测物体浸没在盛满水的溢水杯中，读出此时测力计的示数，同时，用小桶收集物体排开的水。

③测出小桶和物体排开水所受的总重力，如图6-32所示。

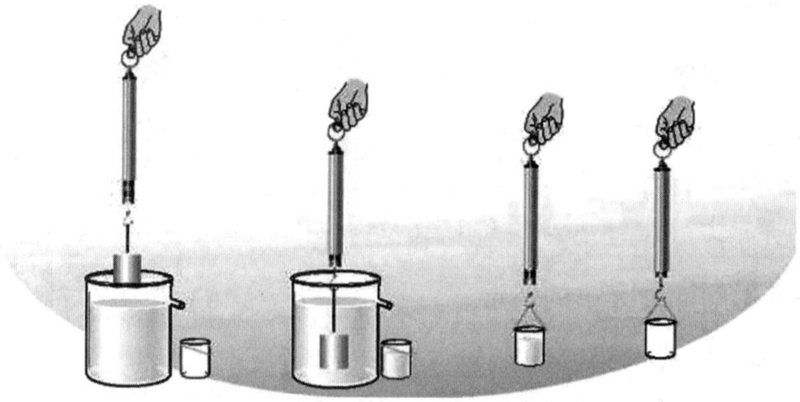

图6-32　探究物体所受浮力的大小与排开液体所受重力的关系

六、实验记录和数据处理

表6-22　液体压强特点

序列	实验现象	实验结论
圆筒下端		
圆筒侧壁		

表6-23　影响液体内部压强大小的因素

实验装置图	控制变量	现象及分析	结论
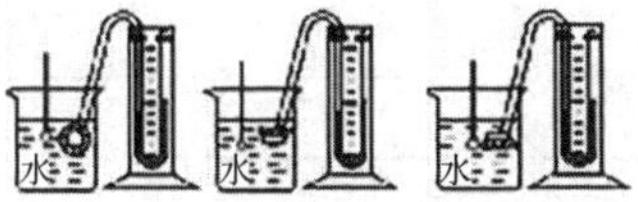 A　B　C	在同一液体中，保持U形管压强计探头没入液面下的深度(4 cm)相同，改变U形管压强计探头的方向(前后左右)		
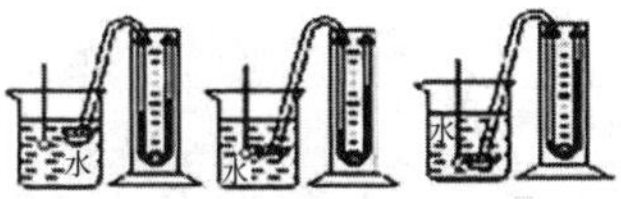 D　E　F	在同一液体中，保持液面下的U形管压强计探头方向相同，改变U形管压强计探头没入液体内部的深度(3 cm、5 cm、7 cm)		
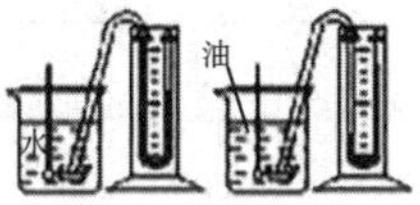 G　H	在不同的液体(水、油)中控制U形管压强计探头在液体内部的深度(4 cm)、方向(正前方)相同		
实验结论			

表6-24　浮力的测量

物体的重力G/N	水中测力计的示数F/N	$F_{浮}$/N

表6-25　浮力的大小与物体密度的关系

物体的种类	物体的重力G/N	水中测力计的示数F/N	$F_{浮}$/N
铝块			
铁块			
铜块			
实验结论			

表6-26　浮力的大小与液体密度的关系

液体的种类	物体的重力G/N	液体中测力计的示数F/N	$F_{浮}$/N
水			
植物油			
实验结论			

表6-27　浮力的大小与物体浸在液体中体积的关系

浸没的体积	物体的重力 G/N	水中测力计的示数 F/N	$F_{浮}$/N
1/3			
1/2			
3/4			
实验结论			

表6-28　浮力的大小与物体浸在液体中深度的关系

浸没的深度	物体的重力 G/N	水中测力计的示数 F/N	$F_{浮}$/N
1 cm			
3 cm			
5 cm			
实验结论			

表6-29　物体所受浮力的大小与排开液体所受重力的关系

序号	物体所受重力 G/N	物体在水中测力计的读数 F/N	浮力 $(G-F)$	小桶和排开水所受的总重力 G_1/N	小桶所受重力 G_2/N	排开水所受重力 (G_1-G_2)
1						
2						
3						
实验结论	比较 $G-F$ 与 G_1-G_2 的大小					

七、注意事项

（1）注意实验过程中，测力计的正确读数方法。

（2）在探究压强特点的实验中，进行实验前，检查橡胶膜是否紧扣，橡胶管是否漏气。

（3）在探究影响液体压强的因素的实验中，不可让压强计中的液面高度差过大，防止液体流出。

八、拓展研究

（1）盛装液体的容器，底部受到的压力与液体自身的重量存在什么样的关系？为什么？

（2）固体压强产生的方向是唯一的，液体压强产生的方向也是唯一的吗？为什么？

（3）完全静置在液面底部的规则物体会受到浮力吗？

思考题

（1）在探究压强影响因素的实验中，如何得知液体压强的大小？

（2）使用的U形管与连通器是否一样？试比较分析。

（3）如何直观地知道物体排开液体的体积占原体积的多少？

实验十七　光的直线传播与反射

人类对光的研究可以追溯到2 000多年前，最初主要探讨人类视觉方面的问题。大约在公元前400年，我国的《墨经》记载了世界上最早的光学知识，主要涉及影的定义和形成、光的直进性和小孔成像等。古希腊的欧几里得在大约公元前300年写成的《光学》一书中也提到了光的直线传播和反射现象。后经托勒密、海赛姆、达·芬奇、开普勒等数学家、天文学家们的努力，人类不断丰富了对光的直线传播和光的反射现象的认识。1637年，法国数学家、科学家笛卡儿在他的著作中给出了光传播的基本定律：反射定律和折射定律，将人类带进了几何光学时代。在本系列实验中，我们将经历先辈们的历程，去探索小孔成像、光的反射等重要规律。

一、实验目的

（1）观察各种反射现象和影子。
（2）设计实验探究小孔成像、光的反射规律。
（3）探究平面镜成像的规律。

二、预习要点

（1）光的直线传播条件、小孔成像、反射等现象。
（2）光的反射定律。

三、实验用品

1. 材料

方形木块或其他不透明障碍物，蜡烛，打火机，硬纸板，半透明薄纸等。

2. 器具

手电筒，激光笔，光具座，平面镜，直尺，量角器，光屏，烟雾机，烧杯，玻璃片等。

四、实验原理

(一)光的直线传播规律

1. 光源

自身能够发光的物体叫作光源。它分为人造光源和自然光源,发光的霓虹灯、点燃的蜡烛和燃烧的火炬等是人造光源;太阳、萤火虫和发光的水母等是自然光源。按照光源的构造及发光面的特点,光源又可分为点光源、线光源和面光源等。其中,点光源是一个理想模型,它指的是从一个点向周围空间均匀发光的光源;线光源和面光源在生活中亦常见,如日光灯属于线光源,LED发射屏等属于面光源。

2. 光沿直线传播的条件与光速

光线是为表示光的传播而引入的概念,通常用一条带箭头的直线表示光的径迹和方向。实验表明:光在真空或同种均匀介质中沿直线传播。光在不同介质中传播速度不同,在真空中为:

$$c = 3.0 \times 10^8 \text{ m/s}$$

光在其他介质中的速度都小于在真空中的速度,若介质的折射率为n,则光在该介质中的速度满足:

$$v = c/n$$

可见,介质的折射率越大,光在其中传播的速度越小。假定光在该介质中的波长为λ,频率为f,真空中波长为λ_0,频率为f_0,则有:

$$v = \lambda f$$

$$c = \lambda_0 f_0$$

光的频率由光源决定,则:

$$f = f_0$$

$$n = \lambda_0/\lambda$$

3. 影子

光在传播路径中遇到不透明的障碍物时,自光源发出并与不透明障碍物表面相切的光线在背光面后方所围成的区域就形成了影子。影子可分为本影和半影,其中,本影是完全黑暗的区域,没有光线进入;有部分光线被遮蔽的是半影。

(二)光的反射定律

1. 光的反射

光在不同介质中传播时,在分界面上改变传播方向又返回原来介质中的现象,就是光的反射现象。如图6-33所示，光从介质1射到介质1与介质2的分界面上时，便有部分光自界面射回介质1中。射回的光线是反射光线，入射的光线是入射光线，垂直于介质1和介质2的分界面的垂线，称为界面的法线。入射光线与法线间的夹角是入射角，反射光线与法线之间的夹角是反射角，图6-33中分别用θ_i和θ_f表示。

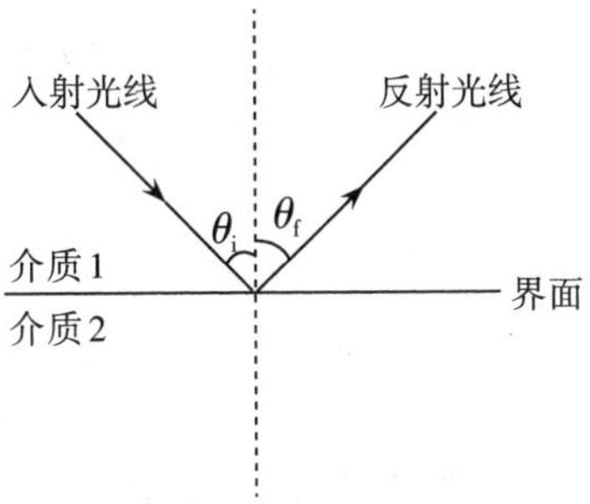

图6-33　光的反射

反射可分为镜面反射和漫反射。其中，平行光线射到光滑表面上时反射光线也是平行的，这种反射是镜面反射；射到凹凸不平的表面上时，反射光线射向各个方向，这种反射叫作漫反射。光遇到水面、玻璃以及其他许多光滑物体的表面时，一般为镜面反射；光遇到物体的表面是粗糙或曲面时，发生的是漫反射。光的反射有着广泛的应用，如车上的后视镜、潜望镜、牙医用的平面镜以及自行车的尾灯等。

2. 光的反射定律

光的反射定律适用于所有光的反射现象。它是由法国物理学家菲涅耳提出的，光的反射又称菲涅耳反射。其内容如下。

(1)光反射时，反射光线、入射光线、法线都在同一平面内。

(2)光反射时，反射光线、入射光线分居法线两侧。

(3)光反射时，反射角等于入射角。

当光垂直两介质的界面入射时，反射光线、入射光线和法线三线合一。所有的反射现象都遵循光的反射定律。在光的反射中，光路是可逆的。

五、实验内容

(一)影子实验

1. 观察影子的形成、变化

(1)把一长方形积木(木块)放在桌面上，用手电筒照射长方形积木，观察积木影子的位置、形状及积木、积木影子和手电筒三者间的位置关系。

(2)长方形积木(木块)位置固定，用手电筒分别从不同方向照射，观察并记录积木的影子。

(3)手电筒位置固定，分别照射远近不同的三个相同长方形积木，观察并记录积木的影子。

实验思考：哪种方式记录实验结果更准确？

2. 一天中太阳影子的观察

(1)将长方形积木(木块)放在一大张坐标纸中央,并放于室外空旷位置。

(2)用铅笔在坐标纸上记录一天中5时、7时、9时、11时、13时、15时和17时的积木影子。

(3)观察并分析积木影子的变化规律。

实验思考:坐标纸上记录时间间隔改为1 h,对实验结果有哪些影响?

(二)演示光的直线传播现象

1. 用烟雾演示

(1)利用烟雾机在室内制造大量烟雾。

(2)打开激光笔、手电筒等照射烟雾,观察现象。

2. 用冷水演示

(1)将烧杯中加入适量清水。

(2)将激光笔紧贴烧杯壁垂直照射水杯,观察现象。

(3)在烧杯中加入几滴牛奶或茶叶水,重复上述操作。

实验思考:还有哪些简便易行的方法证明光是沿直线传播的?

(三)小孔成像实验

(1)制作三个直径分别为1 mm、2 mm、3 mm的小孔成像仪。

(2)点燃一根蜡烛并固定,在距蜡烛5 cm处上下调整小孔成像仪与蜡烛火焰间的位置,直到看到清晰的像为止。

(3)找到合适位置后将三个不同直径的小孔成像仪固定,观察半透明薄纸中的像,并将像的清晰程度、亮度和像的大小、孔径大小记录在表6-30中。

(4)探究小孔成像规律:选择其中成像最清晰的一个小孔成像仪,在距蜡烛5 cm处固定小孔成像仪,前后移动纸筒位置,改变光屏和小孔成像仪间的距离,观察像的大小有怎样的变化,像是正立的还是倒立的。将结果记录在表6-31中。

(四)演示光的反射现象

1. 演示平面镜的反射

(1)把一平面镜置于水平桌面上。

(2)将量角器放在平面镜上,记录量角器的圆心位置。

(3)用激光笔紧贴量角器照射圆心位置,观察现象。

(4)改变激光笔位置,重复上述操作。

2. 制作潜望镜

(1)在纸盒两个长边距边缘约1 cm处各画一条直线。

(2)用直角三角板在纸盒两端距边缘约1 cm处各画一条斜线。

(3)在纸盒的对应面上重复画上面的线,用剪刀将4条斜线剪开。

(4)在镜子的反射面前各开一个窗口,将两面镜子插入纸盒开口,并保持镜子的反射面是相对的。

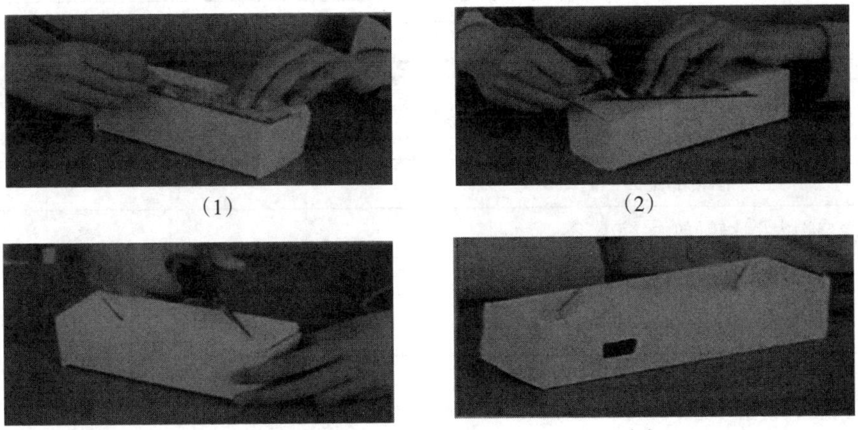

(1)　(2)　(3)　(4)

图6-34　潜望镜制作方法

(五)探究平面镜成像规律

(1)在纸上竖直放置一块玻璃板作为平面镜,在纸上记录平面镜的位置。

(2)把点燃的蜡烛A放在玻璃板前,可以看到玻璃板后面的像。

(3)再拿一支没有点燃的蜡烛B放在玻璃板后面与像重合,在纸上记录下像的位置。

(4)用直线将物、像位置连接起来。

(5)改变位置再测几组,将测得的数据填入表6-32中。

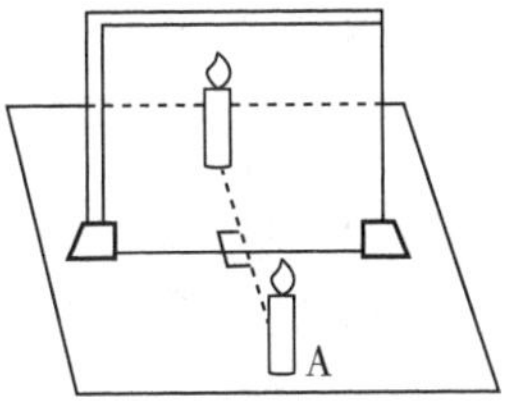

图6-35　平面镜成像实验图

六、实验记录和数据处理

表6-30　小孔成像记录表1

孔径大小	成像的清晰度	亮度	像的大小
1 mm			
2 mm			
3 mm			
实验结论			

表6-31　小孔成像记录表2

小孔到像的距离	像的大小	"正立"还是"倒立"	简易画出光学原理图
实验结论			

表6-32　平面镜成像记录表

关系	第一次	第二次	第三次	第四次
物到平面镜的距离/cm				
像到平面镜的距离/cm				
像与物大小比较(放大、缩小、不变)				
像与物的连线与镜面的关系				
实验结论				

七、注意事项

(1)小孔成像实验中,孔的大小,物与小孔的距离要适当,以保证所成实像既清晰又有一定的亮度。一般来说,孔径越小,像越清晰,像的亮度越差;孔径越大,物与屏的距离应越大。因为光向四面八方分散,所以孔径不宜过大。

(2)选择玻璃板代替平面镜的目的是:在物体一侧能看到物体的像,同时还能看到玻璃板后的代替物体,便于确定像的位置。实验中玻璃板和桌面垂直。

(3)实验中使用剪刀、玻璃片时要注意安全。

思考题

(1)小孔成像实验中,孔径的形状是否会影响像的形状?对孔径大小有哪些要求?

(2)平面镜实验中为什么使用两支同样的蜡烛?如何判定物与像的大小是否相等?

(3)在平面镜探究实验中,假如玻璃板没有竖直放置,平面镜所成的像会出现在什么位置?

实验十八　光的折射与色散

人类对折射定律的探索经历了漫长的过程。早在古希腊时期已有关于光的折射的概念，生活在古埃及的数学家、天文学家托勒密用实验研究了光线从空气射入水的折射现象，并测得“入射角与折射角成正比关系”。1611年，德国科学家开普勒指出托勒密的结论仅适用于入射角较小的情况，但他并没有找到折射定律的正确形式。1621年，荷兰天文学家、数学家菲涅耳通过实验得出了折射定律的实验结果，但他生前并没有公布这一结果。后经惠更斯发表后，1637年，法国数学家笛卡儿从理论上推导出了折射定律的数学表达式。随后，费马从光在介质中传播的理论假定进一步严格证明了这一结论。光的折射定律的发现在光学发展史上，极大地推进了几何光学的发展和现代光学的建立。

一、实验目的

(1)能够演示光的折射现象。
(2)能够说出光色散的特点。
(3)能设计实验探究凸、凹透镜成像规律。

二、预习要点

(1)光的色散现象。
(2)日常生活光的折射现象。
(3)光的折射定律。

三、实验用品

1. 材料

水槽，蜡烛，火柴，塑料瓶，剪刀等。

2. 器具

光具座，激光笔，玻璃板，玻璃三棱镜，刻度尺，凸透镜，凹透镜等。

四、实验原理

(一)光的折射

1. 折射现象

如图6–36所示，入射光线从一种介质1斜射向另一种介质2时，一部分光线在两种介质的交界面发生反射，即反射光线；另一部分光线穿过交界面进入介质2，但传播方向发生了偏折，这部分光线就是折射光线，这种现象就是光的折射现象。其中，垂直于介质1和2交界面的虚线是法线；θ_i是入射光线与法线的夹角，称为入射角；θ_r是折射光线与法线的夹角，称为折射角。折射现象非常普遍，同一种介质的局部密度发生变化时，光线穿过也会发生偏折。

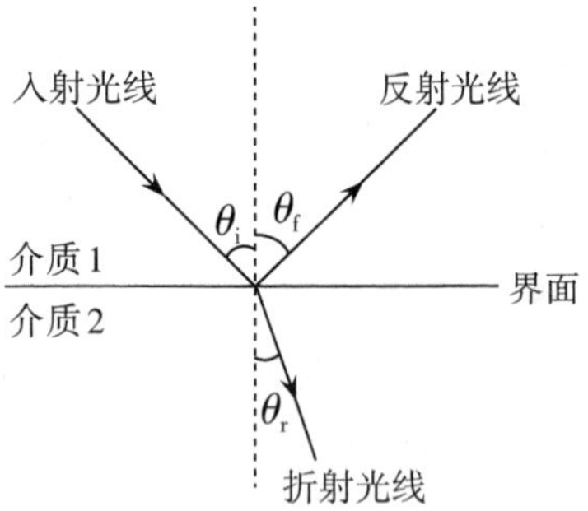

图6–36　光的折射

2. 折射定律

折射定律也称为斯涅尔定律，它刻画了折射现象中入射光线与折射光线传播方向间遵循的必然规律。其内容如下。

(1)折射光线、入射光线和法线在同一平面。

(2)折射光线和入射光线分居法线两侧。

(3)入射角和折射角的正弦之比为一常数，即

$$\frac{\sin\theta_1}{\sin\theta_2}=n_{21}$$

也可表示为：

$$\sin\theta_1\cdot n_1=\sin\theta_2\cdot n_2$$

式中n_{21}称为第二介质对第一介质的相对折射率，θ_1为入射角，θ_2为折射角。

(二)薄透镜成像公式

透镜的中心厚度相对透镜表面的曲率半径可以忽略时，称为薄透镜。在薄透镜近轴的区域内，当成像光束与透镜主光轴的夹角很小时，薄透镜的成像公式为：

$$\frac{1}{u}+\frac{1}{v}=\frac{1}{f}$$

式中u为物距，v为像距，f为透镜的焦距。其符号规定如下：光线和主轴交点的位置都从薄透镜光心算起，凡在光心右方者，其间距离的数值为正；凡在光心左方者，其间距离的数值为负。

(三)凸透镜焦距的测量

1. 自准法

自准法是自准直技术的简称,它在平行光的调整、测量望远镜的调整、测量球面和非球面的面型以及测量透镜或光学系统的焦距等方面有着广泛应用,是几何光学实验中经常采用的一种实验技术。无限远的物体经透镜成像,像处在透镜的焦平面上。

利用自准法测量透镜焦距,就是当某物体位于待测透镜焦平面上时,光线经待测凸透镜产生平行光,在其后遇一平面镜使光线反射回来,再经待测凸透镜成像于原物所在焦平面上,通过测量像(原物)与透镜之间的距离来确定透镜的焦距。自准法测量透镜焦距的原理如图6-37所示。当物体AB位于透镜L的焦平面上时,其上各点发出的光束经透镜L和平面反射镜M所组成的光学系统后,如果在焦平面上成一与物等大的倒立实像$A'B'$,此时物体AB或像$A'B'$到透镜中心的距离就是透镜的焦距。

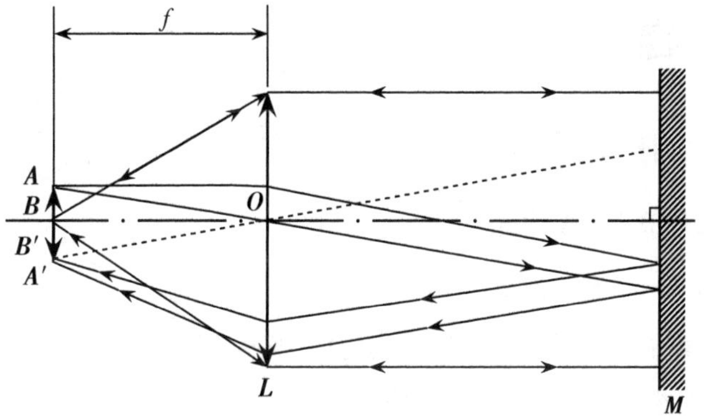

图6-37　自准法光路图

2. 共轭法

共轭法又称为位移法、贝塞尔法或二次成像法。如果物屏与像屏的距离L保持不变,且满足$L > 4f$,在物屏与像屏间移动待测凸透镜,可二次成像。

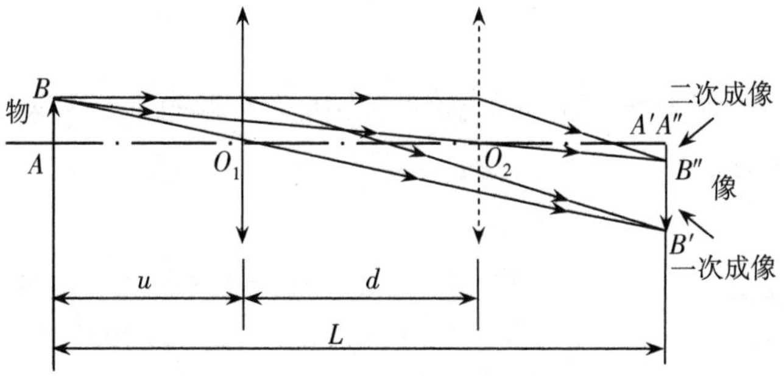

图6-38 共轭法光路图

当凸透镜移至O_1处时，屏上得到一个倒立放大实像$A'B'$；再移动透镜，当凸透镜移至O_2处时，屏上得到一个倒立缩小实像$A''B''$，设物距为u，透镜两次成像的位置O_1O_2间的距离为d，如图6-38所示。当凸透镜在O_1处时，由透镜成像公式知：

$$\frac{1}{u}+\frac{1}{L-u}=\frac{1}{f}$$

当凸透镜移至O_2处时，由透镜成像公式知：

$$\frac{1}{u+d}+\frac{1}{L-u-d}=\frac{1}{f}$$

联立以上两式可得：

$$f=\frac{L^2-d^2}{4L}$$

只要测出d和L，即可求得凸透镜的焦距。

五、实验内容

(一)演示光的折射现象

1. 用激光笔和玻璃砖演示

(1)将激光笔和玻璃砖固定在白色背景的背板上。

(2)用激光笔紧贴背板，且以一定角度照射玻璃砖表面。

(3)观察光线进入玻璃后发生偏折的现象。

2. 用冷水和热水演示

(1)在烧杯一半侧面贴上白色坐标纸作为背景。

(2)将烧杯中装入半杯冷水，用激光笔紧贴烧杯壁水平照射，此时，在坐标纸上出现一个激光点，记录其位置。

(3)向烧杯中加入适量热水，再用激光笔重复上述操作，观察坐标纸上的激光点是否偏离原来的位置。

实验思考：从上面两种演示折射现象的实验中，你有哪些新的认识？你还能想到哪些演示折射现象的办法？

(二)观察光经过三棱镜的色散现象

(1)用白光照射三棱镜的一个侧面,在另一面用白屏接收三棱镜射出的光线。

(2)记录白屏上光带的分布情形。

(3)改用激光笔照射三棱镜,再用白屏承接三棱镜射出的光线。

(4)比较两次光带。

实验思考:彩色光带的带宽与哪些因素有关?

(三)探究凸透镜成像规律

(1)将蜡烛、凸透镜、光屏依次放置在光具座上,点燃蜡烛,把烛焰、凸透镜、光屏三者的中心调至同一高度。

(2)将蜡烛移至凸透镜2倍焦距以外的某一位置,调节光屏的位置直到光屏上出现清晰的烛焰像,观察并在表中记录像的情况。

(3)将蜡烛移至距凸透镜2倍焦距处,调节光屏的位置直到上面出现清晰的烛焰像,观察并在表中记录像的情况。

(4)将蜡烛移至距凸透镜1倍焦距和2倍焦距之间的某一位置,调节光屏的位置直到上面出现清晰的烛焰像,观察并在表中记录像的情况。

(5)将蜡烛移至距凸透镜1倍焦距处,调节光屏的位置,观察并在表中记录像的情况。

(6)将蜡烛移至距凸透镜焦距以内的某一位置,观察并在表中记录像的情况。

实验思考:(1)凹透镜的成像有怎样的规律?(2)如何测量凸透镜的焦距?

六、实验记录和数据处理

表6-33 凸透镜成像记录表1

成实像时(f=____cm)

实验序号	像的性质	物距/cm	像距/cm	应用
1	倒立、缩小			
2				
1	倒立、等大			
2				
1	倒立、放大			
2				

表6-34　凸透镜成像记录表2

成虚像时（f=____cm）

实验序号	像的性质	物距/cm	像距/cm	应用
1	正立、放大			
2				

表6-35　凸透镜成像记录表3

物距(μ)	像的性质			像距(ν)	应用
	正(倒)	放大(缩小)	实(虚)		
$u > 2f$					
$u = 2f$					
$f < u < 2f$					
$u = f$					
$u < f$					

七、注意事项

（1）仪器安装。实验时，将有关器材放置在水平桌面上，应使蜡烛、凸（凹）透镜、光屏按自左向右的顺序摆放，并使三者的中心在同一高度上。

（2）如何找像？当成实像时，移动光屏，使光屏上的像最清晰时，光屏的位置才是像的位置。

（3）实验时，将透镜圈定在50 cm处，先移动蜡烛，再移动光屏，直到找到最清晰的像为止。（物体按照由远及近的方向移动）

思考题

(1)实验时,为什么应使蜡烛、透镜、光屏位于同一条直线上,并使烛焰、透镜、光屏三者的中心大致在同一高度?光屏的作用是什么?如果将光屏移走,烛焰通过透镜还能成实像吗?

(2)若凸透镜只剩下原来的一半,光屏上还能成完整的像吗?如果遮住一半呢?

(3)若凸透镜外表面上有一个小飞虫停在上面,在光屏上的烛焰的像会不会出现小虫的阴影?

(4)讨论透镜成像问题,可用实验法、公式法和作图法三种方法,其中,用作图法时经常要用到三条特殊光线。如果透镜成像中三条特殊光线中有两条被遮挡,还能成像吗?如果能,与原来不被挡时所成的像有无差别?

实验十九　常见物质的化学性质

人类目前发现和合成的化学物质已达几千万种，它们都有着各自的特性。我们将物质在化学变化中所表现出来的性质称为化学性质，如酸碱性、氧化还原性、热稳定性、可燃性等。物质不需要经过化学变化就能表现出来的性质为物理性质，如颜色、气味、状态、熔沸点、硬度、导电性、溶解度、密度等。

一、实验目的

(1)理解溶液酸碱性与pH之间的关系，学会使用酸碱指示剂、pH试纸等方法检验溶液的酸碱性。

(2)通过实验认识酸和碱的常见化学性质，并能使用化学方程式来表示。

(3)通过实验认识常见金属与氧气反应的化学性质，并能使用化学方程式来表示。

(4)能通过金属与非氧化性稀酸、金属与金属化合物的置换反应，判断常见金属的活动性顺序。

二、预习要点

(1)酸碱电离理论及酸、碱的常见化学通性。

(2)常见金属的活动性顺序。

(3)pH试纸的使用。

三、实验用品

1. 试剂

待鉴别溶液A、B、C和D(分别为HCl、CH_3COOH、NaOH和氨水，浓度均是0.1 mol/L)，3 mol/L HCl，3 mol/L NaOH，澄清石灰水，0.1 mol/L $CuSO_4$，0.1 mol/L $FeCl_3$，0.1 mol/L $AgNO_3$，0.1 mol/L

稀 H_2SO_4，0.1 mol/L $Al_2(SO_4)_3$，0.1 mol/L $FeSO_4$，石蕊试液，酚酞试液，氧化铜粉末，石灰石，镁条，铜片，铁钉，铝片等。

2. 仪器与材料

试管，试管夹，酒精灯，量筒，启普发生器，药匙，坩埚钳，广范pH试纸（附配套的标准比色卡），砂纸等。

四、实验原理

（一）常见酸和碱的化学性质

1. 酸碱电离理论

随着科学的发展，人类逐步创立了多种酸碱理论，如酸碱溶剂体系理论、酸碱质子理论和酸碱电子理论等，在7~9年级的科学学习中，要求学生掌握酸碱电离理论，初步认识酸碱的本质。1887年，化学家阿伦尼乌斯（Svante A.Arrhenius）提出了酸碱电离理论：在水溶液中电离时产生的阳离子全部是氢离子（H^+）的物质为酸，产生的阴离子全部是氢氧根离子（OH^-）的物质为碱；酸碱中和反应就是 H^+ 和 OH^- 结合生成 H_2O 分子的反应。根据这一定义，人们可以根据酸、碱电离出氢离子或氢氧根离子的程度，定量地比较酸碱性的相对强弱。

2. 水的解离平衡和溶液的酸碱性

（1）水的解离平衡。

在纯水中，水能发生微弱的电离，水分子、氢离子和氢氧根离子总处于平衡状态，称为水的解离平衡。通常写为：

$$H_2O(l) \rightleftharpoons H^+(aq) + OH^-(aq)$$

$$K_w^{\ominus} = [H^+][OH^-]$$

式中 $K_w^{\ominus}$ 为水的解离平衡常数，也称水的离子积；$[H^+]$、$[OH^-]$ 分别为 H^+ 和 OH^- 的平衡浓度。

水的离子积可以通过实验测定。实验测得常温（25 ℃）下，在纯水中，$[H^+]=[OH^-]=1.0\times10^{-7}$，$K_w^{\ominus}=1.0\times10^{-14}$。

思考：已知水的解离是一个吸热过程，随着温度的升高，水的离子积会如何变化？纯水的pH值又如何变化？

（2）溶液的酸碱性和pH。

H^+ 或 OH^- 浓度的改变能引起水的解离平衡的移动。但是，只要温度保持恒定，

$K_w^\ominus = [H^+][OH^-]$仍然保持不变。水溶液中$H^+$的浓度称为溶液的酸度。一般常用pH值来表示溶液酸碱性的大小。

$$pH = -\lg[H^+]$$

同样，

$$pOH = -\lg[OH^-]$$

$$pK_w^\ominus = pH + pOH$$

常温水溶液中，$pK_w^\ominus = pH + pOH = 14.00$。此时有：

酸性溶液，$[H^+] > 1.0\times10^{-7}$ mol/L，$[H^+] > [OH^-]$，$pH < 7$；

中性溶液，$[H^+] = 1.0\times10^{-7}$ mol/L，$[H^+] = [OH^-]$，$pH = 7$；

碱性溶液，$[H^+] < 1.0\times10^{-7}$ mol/L，$[H^+] < [OH^-]$，$pH > 7$。

思考："pH = 7 表示溶液是中性的"这个说法正确吗？为什么？

3. 酸、碱的化学通性

(1)酸碱性。

现代结构理论和测试方法都证明，强电解质在水溶液中是完全电离的，而作为弱电解质的弱酸和弱碱在水溶液中只有一部分分子发生电离。在中小学科学实验中，溶液的酸碱性通常使用石蕊、酚酞等酸碱指示剂或其试纸，以及pH试纸等来测定。如图6-39所示。

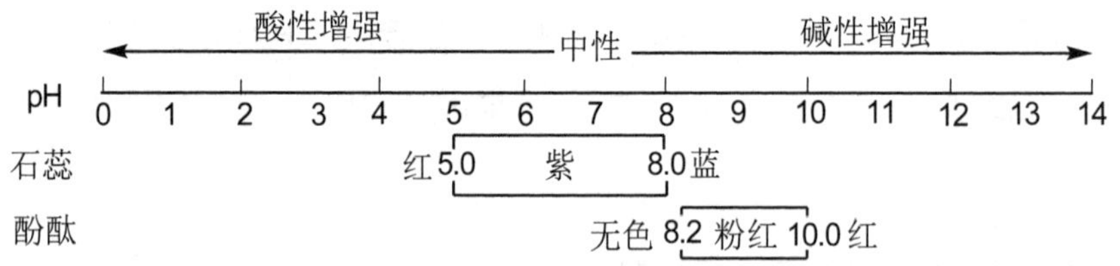

图6-39 溶液酸碱性及常用指示剂变色范围

使用试纸检测溶液的酸碱性时，可先将试纸剪成2~3块，放在干燥、洁净的表面皿或点滴板上，然后用玻璃棒将待测溶液搅拌均匀，再用玻璃棒蘸取少许待测溶液滴在试纸的中部，显色半分钟后观察被润湿试纸的颜色。若为石蕊试纸或酚酞试纸，可根据所显示颜色直接判断溶液的酸碱性；若为pH试纸，需将所显示的颜色与相应的标准比色卡相比较，即可测得溶液的pH值。

注意：切勿将试纸浸入溶液中直接进行试验，以免污染待测溶液；用后试纸丢弃在垃圾桶内，不能丢在水槽内。

(2)化学性质。

化学平衡中，若有沉淀、水、弱酸或弱碱等物质生成时，将促使化学反应正向进行。因此，酸和碱通常表现出以下通性。

①酸、碱中和反应。

②酸、碱与氧化物的反应。

酸性氧化物和碱反应，或碱性氧化物和酸反应，均生成盐和水；两性氧化物则既能与酸反应，也能与碱反应，酸、碱适量时都生成盐和水。

③酸、碱与盐的反应。

盐的种类很多，酸碱性各不相同。强酸强碱盐水溶液显中性；强酸弱碱盐易水解，水溶液显酸性；弱酸强碱盐水解后，水溶液显碱性；弱酸弱碱盐水解后，水溶液可能显酸性、碱性，也可能显中性。显酸性的盐，易和强碱反应，生成新盐和新碱（弱碱）；而显碱性的盐，易和强酸反应，生成新盐和新酸（弱酸）。

（二）常见金属的化学性质

许多金属易失去价电子形成金属阳离子，显示出一定的化学活泼性。我们可从金属与非金属单质反应、与酸或其他金属化合物溶液发生置换反应的难易程度来判断金属的活泼性。

1. 金属与非金属单质的反应

多数金属都能跟氧气反应，生成金属氧化物。活泼金属还能够与不活泼的非金属单质如N_2、S、C等反应。

2. 置换反应

由一种单质与一种化合物生成另一种单质与另一种化合物的反应叫置换反应。较活泼的金属可跟较不活泼金属化合物的溶液发生置换反应，将较不活泼的金属置换出来。由此可以将常见的金属按其活动性强弱进行排序，这就是金属活动性顺序。

$$\xrightarrow[\text{金属活动性由强到弱}]{\text{K Ca Na Mg Al Zn Fe Sn Pb (H) Cu Hg Ag Pt Au}}$$

五、实验内容

（一）酸、碱的化学性质

1. 溶液的酸碱性

在四支试管中分别加入待鉴别溶液A、B、C和D各1~2 mL，再各滴加石蕊试液1~2滴，观察溶液的颜色。在表6-36中记录现象，判断溶液的酸碱性，并做出解释。

使用同样方法用酚酞试液判断待鉴别溶液A、B、C和D的酸碱性，并做出解释。

将两张pH试纸分别对半撕开，放置于表面皿上。用玻璃棒分别蘸取A、B、C和D溶液滴在pH试纸上，对照标准比色卡，读取各溶液的pH值。

综合分析上述实验现象和结果，得出A、B、C和D的鉴别结论。

2. 酸碱中和实验

（1）自行设计实验步骤，选择合适的指示剂，用A、B、C和D中已鉴别出的酸、碱进行中和实验。

（2）使用澄清石灰水和已鉴别出的强酸溶液进行中和实验，实验步骤自行设计。

提示：需要根据选择的指示剂考虑酸和碱的滴加顺序，实验记录单自行设计。

思考：用玻璃棒蘸上述中和反应生成的溶液，在酒精灯火焰上加热烘干，会有何现象？说明什么？

3. 氧化物与酸、碱的反应

（1）向试管中放入少量CuO粉末，滴加1~2 mL 3 mol/L HCl溶液，加热振荡，观察并在表6-37中记录现象。

（2）制备CO_2（具体方法见实验四），使用塑料瓶收集。向收集满CO_2的塑料瓶中快速加入2 mL 3 mol/L $NaOH$，盖上盖子，摇晃振荡，观察并在表6-37中记录现象。

解释上述现象，写出有关化学方程式。

4. 盐与酸、碱的反应

找出提供试剂中所有的盐溶液，设计这些盐与酸、碱反应的实验方案。实验时观察并记录现象，解释原因，总结实验结论。自行设计实验记录单。

（二）金属的化学性质

根据以下实验内容，自行设计金属的化学性质实验记录单。

1. 金属与氧气的反应

取铜片一小块、镁条4~5 cm，放置于小木块上，用细砂纸将铜片与镁条分别打磨光亮。

（1）用坩埚钳夹住镁条，在空气中点燃镁条，用石棉网承接燃烧产物。观察并记录燃烧现象及产物的颜色和状态，写出相应的化学方程式。

（2）用坩埚钳夹住铜片，在酒精灯火焰上加热铜片。观察并记录燃烧现象及铜片的颜色变化，写出相应的化学方程式。

2. 金属置换反应

（1）金属与酸的反应。

取铜片、铝片各一小块以及铁钉一枚，均用细砂纸将其打磨光亮。

分别在三支试管中放入打磨好的铜片、铝片和铁钉，再各加入3 mL稀硫酸，观察并记录现象，解释原因，并写出相应的化学方程式。

(2)金属与盐溶液的反应。

找出提供试剂中所有的金属以及盐溶液，设计这些金属与其他金属盐溶液反应的实验方案。实验时观察并记录现象，比较这些金属的化学活泼性。

六、实验记录和数据处理

表6-36 "溶液的酸碱性"实验记录表

实验内容	实验现象	结果与解释
1.石蕊指示剂 A + 石蕊试液 B + 石蕊试液 C + 石蕊试液 D + 石蕊试液 2. 酚酞指示剂 A + 酚酞试液 B + 酚酞试液 C + 酚酞试液 D + 酚酞试液 3. pH试纸 玻璃棒蘸取A溶液，滴于pH试纸 玻璃棒蘸取B溶液，滴于pH试纸 玻璃棒蘸取C溶液，滴于pH试纸 玻璃棒蘸取D溶液，滴于pH试纸		
结论	A是______，B是______，C是______，D是______。	

表6-37 "氧化物与酸、碱的反应"实验记录表

实验内容	实验现象	解释和化学方程式
(1)CuO (s) + HCl，加热振荡 (2)CO_2(g) + NaOH，盖上盖子，摇晃振荡		

七、注意事项

(1)实验现象的记录要全面,建议可从反应前后溶液颜色的变化,是否有沉淀生成以及沉淀的颜色、是否有气体生成以及气体的气味和颜色、产生气体的快慢等方面来记录。

(2)实验时试剂的取用、加热等操作要规范。

(3)使用试管、玻璃棒等仪器时,每次使用完要洗涤干净,方可用于下次实验。

思考题

(1)进行测定溶液pH值的实验时,应注意什么?

(2)如何证明NaOH和HCl恰好完全反应了?

(3)石蕊、酚酞试剂均可以制成试纸来使用,且都可以润湿后使用。为什么pH试纸不能先润湿再使用?

(4)在取用固体试剂时应注意什么?

(5)雪碧是一种无色的碳酸饮料,在试管中加入1~2 mL雪碧,再滴入1~2滴紫色石蕊试液后,会有何现象?加热试管,现象是否会改变?为什么?

实验二十 研究摆的等时性

时间是描述物质运动或事件发生过程持续性和顺序性的一个参数，利用物质不受外界影响的周期变化规律可以测量时间。世界时（亦称“格林尼治平时”）系统是以地球自转为标准基础的时间计量系统。早期的人们通过日晷、水钟、沙漏等简易时钟来测量时间，其准确性相对较低。1582年，意大利物理学家及天文学家伽利略（Galileo Galilei）在观察比萨天主教堂中悬挂在半空中的吊灯后，通过反复研究单摆的运动发现了摆的等时性，即同一个摆的摆动周期是恒定的，与摆动的幅度无关，这一性质称为摆的等时性。1657年，荷兰物理学家、天文学家、数学家惠更斯（Christiaan Huygens）利用摆的等时性发明了摆钟，大大提高了计时的准确性。

一、实验目的

（1）观察各种摆的运动，掌握研究摆的等时性的方法。

（2）能够学习利用摆的等时性制作一个1 min摆动60次的单摆。

二、预习要点

（1）摆钟的结构。

（2）生活中各种摆动的物体。

（3）简谐振动的运动特点及固有周期。

三、实验用品

摆钟1个，秒表1个，细绳1根，小重物（螺母或钩码等）3个，铁架台2个，摆绳，长短摆锤各1个，30 cm长细木条3根，短金属螺丝3个等。

四、实验原理

摆钟是时钟的一种，它是利用摆锤的周期性振动（即摆动）来计量时间，它依据单摆运动规律制作而成。

(一)单摆

不可伸长、不计质量的长为l的细线一端固定于A点,另一端悬挂一个体积很小、质量为m的重物。如果位置O为其静止时的平衡位置,把重物从平衡位置略微移开后释放,则重物就会在其平衡位置O附近做往复运动。这个做周期性振动的系统就被称为单摆,其中,重物称为摆锤,细线称为摆线。

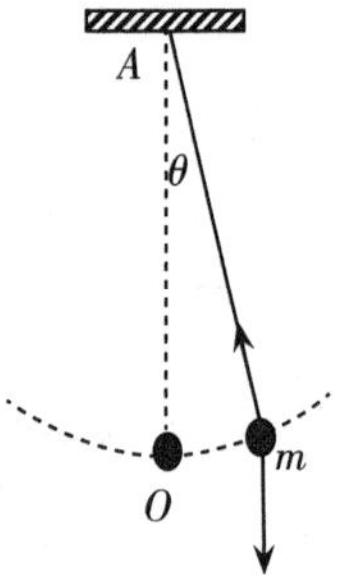

图6-40　单摆

选择摆锤为研究对象,单摆的运动可以视为绕过点O且垂直于纸面的水平轴的转动。若在某一时刻摆线与竖直方向的角位移为θ,并选取摆锤在平衡位置右方时θ为正,在平衡位置左方时θ为负。忽略空气阻力,重力、拉力的合力对摆锤过点O水平转轴的力矩为:

$$M=-mgl\sin\theta$$

式中负号表示力矩的方向总是与角位移的方向相反。

当角位移θ很小时($\theta<5^\circ$),有$\sin\theta\approx\theta$,上式可以简化为:

$$M=-mgl\theta$$

即力矩与角位移成正比且方向相反。

根据转动定律$M=J\frac{\mathrm{d}^2\theta}{\mathrm{d}t^2}$,其中$J=ml^2$为摆锤对点$O$的转动惯量,则:

$$\frac{\mathrm{d}^2\theta}{\mathrm{d}t^2}=-\frac{g}{l}\theta$$

令:

$$\omega^2=\frac{g}{l}$$

则有:

$$\frac{\mathrm{d}^2\theta}{\mathrm{d}t^2}=-\omega^2\theta$$

解得:

$$\theta=\theta_{\mathrm{m}}\cos(\omega t+\varphi)$$

即为单摆的振动方程。式中θ_{m}为最大角位移,φ是初相位,二者都是积分常量。

根据$\omega=\frac{2\pi}{T}$,则单摆的振动周期T为:

$$T=2\pi\sqrt{\frac{l}{g}}$$

由此可知，单摆的周期取决于单摆的摆长和该处的重力加速度，即，周期只和振动系统本身的物理性质有关，这是简谐振动的周期特点。但是，需要注意的是，在该模型中，做了如下近似。

(1)整个系统的质量集中在摆锤上，且摆锤等价为一个质点，即其大小和形状可忽略。

(2)摆线不可伸长。

(3)忽略空气阻力。

(4)摆动角度小于5°。

以上条件是维持摆的等时性的重要因素。同时，这些因素也使得单摆是一个理想模型，而生活中的摆则更接近于复摆。

(二)复摆

不可忽略大小和形状的刚性物体，质量为m，一端固定在水平轴的O点，将其拉离平衡位置一个微小角度后释放，若其可以无摩擦地绕轴做周期性自由摆动，那么该装置称为复摆。

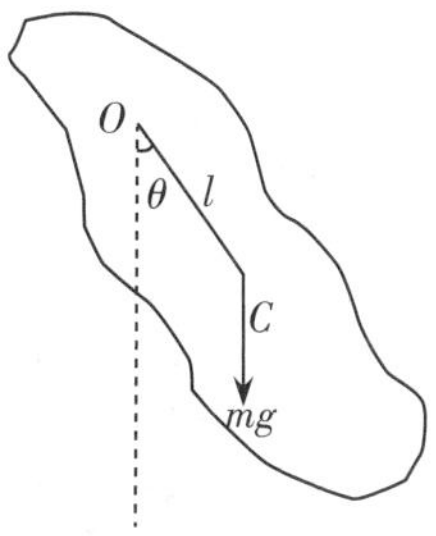

图6-41　复摆

若复摆的质心为C，对轴O的转动惯量为J，质心距转轴O的距离为l，则摆角很小时，复摆受到的重力矩与单摆类似。据刚体的转动定律有：

$$\frac{\mathrm{d}^2\theta}{\mathrm{d}t^2} = -\frac{mgl}{J}\theta$$

则复摆的振动周期为：

$$T = 2\pi\sqrt{\frac{J}{mgl}}$$

由此可知，复摆的振动也是简谐振动，也可以用作计时系统。但其周期与复摆的质量、其对转轴的转动惯量、复摆质心与该轴的距离以及该处的重力加速度有关。

五、实验内容

(一)观察钟摆的运动特点

1. 观察摆钟的结构

摆钟的摆动系统主要由擒纵机构(包括齿轮与齿轮操纵器)、摆锤组件和垂体组成。摆锤组件包括摆锤、摆杆及挂摆装置。摆锤穿过摆杆，可以调节在摆杆上的位置，并通过螺母固定。垂体因其重力作用带动齿轮转动，摆锤摆动，齿轮与齿轮操纵器脱离，转动一个齿，从而带动表盘指针转动一秒钟。

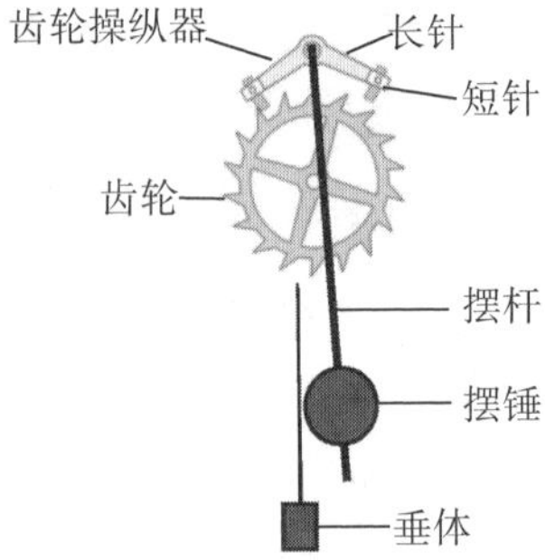

图6-42　摆钟的内部结构

2. 测量钟摆1 min摆动次数

(1)悬挂钟摆，确定摆动计数的起始位置。

(2)测量钟摆1 min摆动完整周期的次数。

(3)重复上述步骤，测5次。

实验思考：怎样计数一个摆动周期更准确？

(二)探究摆的快慢的影响因素

1. 探究摆的快慢与摆锤质量的关系

(1)将细线一端固定在水平放置的支架上，另一端悬挂一个钩码。

(2)将钩码拉离平衡位置微小距离，计数30 s内的摆动次数，重复5次。

(3)依次并列悬挂增加悬挂钩码，重复上述步骤。

实验思考：理论上摆角满足什么条件，摆的等时性好？为什么并列悬挂钩码？

2. 探究摆的快慢与摆线长短的关系

(1)用细线和钩码组成一个摆，悬挂于水平放置的支架上，调节摆长为10 cm。

(2)让摆小幅度摆动。

(3)计数30 s摆动次数，重复5次。

(4)将摆线长度调整至20 cm、30 cm，重复上述步骤。

3. 探究复摆的摆动快慢与摆锤重心的关系

(1)取3根长短、粗细相同的30 cm长的木条，将螺母用螺丝分别固定于木条10 cm、20 cm、30 cm处。

(2)让摆小幅度摆动。

(3)计数15 s内的摆动次数，重复5次。

(三)制作一个1 min摆动60次的摆

(1)根据探究摆的快慢与摆线长短关系的实验结果,估算1 min摆动60次的摆线长度大约是多少。

(2)使用递减法、递增法每次变化5 cm(或其他数值),使1 min摆动次数接近60次后,再进行摆线微调。

实验思考:计算当地1 min摆动60次的摆的摆线大致长度。

六、实验记录和数据处理

表6-38　钟摆1 min摆动次数

第1次	第2次	第3次	第4次	第5次	平均值

实验结论:同一个钟摆在相同时间内,摆的次数是________。

表6-39　摆的快慢与摆锤质量关系

摆线l=____ cm,计时____s

质量	第1次	第2次	第3次	第4次	第5次	平均值
m						
$2m$						
$3m$						

实验结论:当摆线长度一定时,摆的快慢与摆锤质量________。

表6-40　摆的快慢与摆线长度关系

摆锤质量m=____g,计时____s

摆线长度	第1次	第2次	第3次	第4次	第5次	平均值
10 cm						
20 cm						
30 cm						

实验结论:当摆锤质量一定时,摆的快慢与摆线长度的关系是________。

表6-41　复摆的摆动快慢与摆锤重心的关系

摆锤质量m=_____g,计时_____s

摆锤重心位置	第1次	第2次	第3次	第4次	第5次	平均值
10 cm						
20 cm						
30 cm						

实验结论:当摆锤质量一定时,复摆摆动快慢与摆锤重心位置的关系是__________。

七、注意事项

(1)摆的运动过程是在同一平面内的稳定摆动。

(2)摆动幅角小于5°。

(3)实验教学时注意引导学生发现摆钟摆线的大致长度。

八、拓展研究

摆的等时性仅在小角度摆幅下近似成立,摆在实际摆动过程中会因阻力影响摆幅逐渐缩小,进而会影响其走时精度。惠更斯利用擒纵机构(见图6-42)在一定程度上稳定了摆幅,发明了摆钟,从而使彼时的时间计量误差更小,人们能够更为精确地掌握时间。然而,惠更斯并未止步于此,而是考虑能否制作一个摆动周期与摆幅完全无关的钟摆,以克服摆角较大时,摆动周期随摆幅变化的问题。

图6-40中的细线称为摆线,但在数学中,摆线定义为:一个圆沿一条直线运动时,圆边界上一定点所形成的轨迹,又称旋轮线或圆滚线。惠更斯从理论上证明沿摆线运动的物体具有精确的等时性。进一步研究发现如果在单摆两侧各设置一个形状为摆线的障碍物,如图6-43所示,那么摆球的运动轨迹也是摆线,这种摆被称为惠更斯摆,理论上也具有精确的等时性。

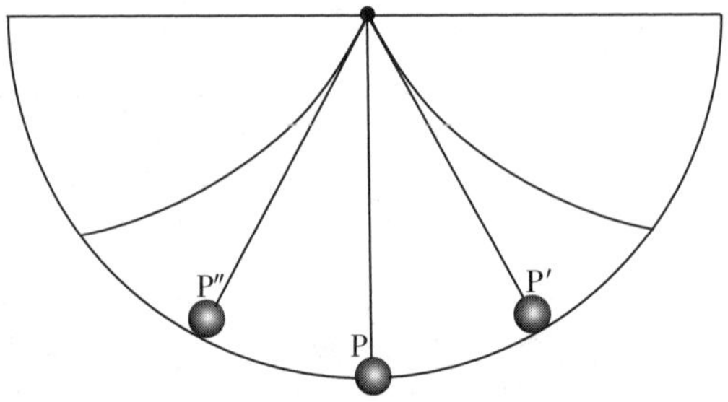

图6-43　惠更斯摆

做一个惠更斯摆,研究其等时性,并分析为什么后来的摆钟并未沿用这种设计。

思考题

(1)由单摆运动规律说明如何提高摆的等时性。

(2)查阅资料,分析影响摆钟周期精度的因素有哪些。

实验二十一　测量固体和液体的密度

单位体积某种物质的质量叫作该物质的密度,可用物质的质量与其体积的比值来表示。密度表示物质的一种特性,它只与物质的种类有关,与质量、体积等因素无关。通过测定密度可以鉴定物质纯度和区别组成相似而密度不同的物质。因此,学习测定物质密度的方法是十分必要的,测量固体和液体的密度是初中科学的重要实验项目之一。

一、实验目的

(1)掌握质量体积法和浮力法测定物体密度的原理。
(2)熟练掌握普通天平、分析天平、量筒、容量瓶等仪器的基本使用方法。
(3)会用图示法表示实验结果,用图解法求得物体的密度。
(4)学会测量几种固体和液体的密度。

二、预习要点

(1)密度的概念及基本计算公式。
(2)阿基米德原理及其基本公式。
(3)使用作图法处理实验数据的基本方法。
(4)普通天平、分析天平、量筒、容量瓶等仪器的使用。

三、实验用品

无水乙醇(待测液体),丙酮,三块大小不同的长方体铁块,三块大小不同的小石块(来源需相同以保证材质相同),三块相同材质的不吸水小木块,细线,普通天平,分析天平,刻度尺,游标卡尺,量筒(50 mL),烧杯(50 mL),容量瓶(10 mL),弹簧测力计等。

四、实验原理

(一)质量体积法测密度

根据密度的定义,只要测量出物体的质量m和体积V,就可以得到它的密度ρ。物质的密度与物质的种类有关,且受外界条件(如压强、温度等)的影响。因此,在表示密度时,经常同时注明温度。表6-42是一些常见物质的密度,未注明温度的均表示室温。

表6-42　常见物质的密度

物质	密度(g/cm^3)	物质	密度(g/cm^3)
铅	11.34	海水	1.03
铜	8.92	汽油	0.71
铁	7.86	无水乙醇	0.79
铝	2.70	水银	13.6
花岗岩	2.79~3.07	空气(0 ℃,1 atm)	0.001 29
干松木	0.4~0.7	二氧化碳(0 ℃,1 atm)	0.001 98

如果我们取某种已知密度的液体，例如纯水(不同温度时的密度ρ_0可从表6-43中查得)，实验中保证纯水的体积与待测物体的体积相等(均为V_0)，就可根据下式，通过测定二者的质量计算出待测物体的密度。

$$\rho = \frac{m}{m_0}\rho_0$$

式中m_0、ρ_0分别为纯水的质量和密度，m为待测物体的质量。这样就把体积测量转换为质量测量了。把难以直接测准的物理量的测量转化为容易直接测准的物理量的测量，这种思想方法是物理量测量的重要方法之一。

表6-43　不同温度下纯水的密度

温度(℃)	密度(g/mL)	温度(℃)	密度(g/mL)	温度(℃)	密度(g/mL)
0	0.999 86	12	0.999 52	24	0.997 32
1	0.999 93	13	0.999 40	25	0.997 07
2	0.999 97	14	0.999 27	26	0.996 81
3	0.999 99	15	0.999 13	27	0.996 54
4	1.000 00	16	0.998 97	28	0.996 26
5	0.999 99	17	0.998 80	29	0.995 97
6	0.999 97	18	0.998 62	30	0.995 67
7	0.999 93	19	0.998 43	31	0.995 37
8	0.999 88	20	0.998 23	32	0.995 05
9	0.999 81	21	0.998 02	33	0.994 73
10	0.999 73	22	0.997 80	34	0.994 40
11	0.999 63	23	0.997 56	35	0.994 06

(二)浮力法测密度

由阿基米德原理可知,浸入静止液体里的物体受到向上的浮力,浮力的大小等于该物体排开的液体受到的重力,用公式表示为:

$$F_{浮}=G_{排}=\rho_{液}gV_{排}$$

式中,$F_{浮}$为物体在液体中受到的浮力,$G_{排}$为物体排开的液体受到的重力,$\rho_{液}$为液体的密度,g为重力加速度,$V_{排}$为物体排开的液体体积。因此,可以用浮力法来测定物体的密度。

1. 漂浮、悬浮在液体中物体密度的测定

对于能自己漂浮、悬浮在液体中的物体,浮力与自重相等,所以有$G_{物}=F_{浮}$,则:

$$m_{物}g=\rho_{物}V_{物}g=\rho_{液}gV_{排}$$

即

$$\rho_{物}=\rho_{液}V_{排}/V_{物}$$

式中,$V_{物}$为物体的体积。实验时常选择测量水中物体的密度。可先测出物体排开水的体积$V_{排}$,再将物体压入水中测出物体的体积$V_{物}$,已知水的密度$\rho_{液}$,即可计算出物体的密度$\rho_{物}$。

2. 沉入液体底部物体密度的测定

密度比液体大的实心物体会自动沉入液体底部。此时用测力计吊着物体慢慢浸入水中,使其全部浸没在水中静止,读出测力计示数$F_{拉}$,有:

$$F_{浮}=G_{物}-F_{拉}=\rho_{液}gV_{排}$$

因$V_{物}=V_{排}$,因此有:

$$\rho_{物}=\frac{m_{物}}{V_{物}}=\frac{G_{物}/g}{(G_{物}-F_{拉})/\rho_{液}g}=\frac{G_{物}}{G_{物}-F_{拉}}\rho_{液}$$

实验时,可用测力计分别测出物体在空气中的重力$G_{物}$、吊在水中的拉力$F_{拉}$,已知水的密度$\rho_{液}$,即可计算出物体的密度$\rho_{物}$。

对于空心时漂浮在液体中,实心时会沉底的物体,可以先利用漂浮时$G_{物}=F_{浮}$测量出空心物体的质量$m_{物}$($m_{物}=\rho_{液}V_{排}$),然后想办法将它沉入水底(若为橡皮泥可直接捏成实心状),测出物体的体积$V_{物}$,根据$\rho_{物}=m_{物}/V_{物}$即可计算物体密度$\rho_{物}$。

五、实验内容

(一)质量体积法测定物体的密度

1. 测定液体的密度

(1)粗略测定。

向洁净干燥烧杯中倒入适量待测液体,用天平称量其质量m_1。将已称重烧杯中的部分待测液体倒入空的量筒,记录刻度V。测出烧杯及剩余待测液体的总质量m_2。从烧杯中

倒出待测液体的质量即为 $m = m_1 - m_2$。

每次倒出不同体积的待测液体，测量多次。将测量数据记录于表6-44中。

做出 $m-V$ 直线图，求出斜率，得到待测液体的密度。

实验思考：本实验获取液体的密度既可以直接计算密度的平均值，也可通过作图来求解密度。对比平均值法和图解法的测定结果，分析这两种方法的优劣。

(2)准确测定。

取一清洁干燥的10 mL容量瓶，在分析天平上准确称量其质量 m_3，然后准确注入蒸馏水至容量瓶刻度线，再称其总质量 m_4，数据记录于表6-44中。根据室温下水的密度，可以计算出容量瓶定容后的体积。

将容量瓶用少量丙酮洗涤两次。待容量瓶干燥后注入待测液体至刻度线，称其总质量 m_5，数据记录于表6-44中。根据待测液体的质量和体积，计算待测液体的密度。

用同样的方法平行测量三次，计算待测液体的平均密度，并计算结果的相对误差和相对偏差，分析相对误差和相对偏差产生的原因。

2. 测定固体的密度

(1)测定规则固体的密度。

将三个大小不同的同一材质的长方体金属块编为1，2，3号。

取出1号金属块，测量其长、宽、高和质量，数据记录于表6-45中。平行测量三次，取三次密度计算值的平均值，即为1号金属块的密度。

使用同样方法分别测出2号和3号金属块的密度(自行设计实验数据记录和处理表)。

计算三块金属块的平均密度。根据测定结果，推断金属块的材质是什么。计算相对误差及相对偏差，分析相对误差和相对偏差产生的原因。

实验思考：本实验测量质量可以使用普通天平(或电子天平、台秤)，也可以使用分析天平，测量长宽高可以使用一般刻度尺也可以使用游标卡尺。请搭配出两套适用于本实验的测量质量和长度的仪器套装，并分析这两套仪器对实验测定结果的准确度有何影响。

(提示：根据实验对结果的准确性要求选择仪器进行搭配。若搭配不当，其结果往往是“事倍功半”或是“前功尽弃”)

(2)测定不规则固体的密度。

将材质较为均匀的三个石块洗净晾干，分别编为4，5，6号。

取出4号石块，用天平测其质量。向量筒倒入一定量的水，记录刻度 V_1。用细线系好已称重的石块，慢慢放入量筒并浸入水中，抖动几下细线以排去石块周围吸附的气泡，记录刻度 V_2。V_2-V_1 即为石块的体积。测量三次，计算4号石块的平均密度。

使用同样方法分别测出5号和6号石块的平均密度。

计算三个石块的平均密度，并计算测量的相对偏差，分析相对偏差产生的原因。

注：参考表6-45，自行设计本实验数据记录和处理表。

(二)浮力法测量物体的密度

1. 测量固体的密度

(1)已知不吸水木块在水中呈漂浮状态,测量木块的密度。

在量筒中倒入适量的水,读出量筒刻度V_1。将小木块缓慢放入量筒中漂浮,待液面稳定后,读出量筒刻度V_2。用细铁丝将量筒中漂浮的小木块慢慢压入水中,使其完全浸没在水中。待液面稳定后,读出量筒刻度V_3。根据公式$\rho_{物}=\frac{V_{排}}{V_{物}}\rho_{液}$,计算出木块的密度。

以上操作重复三次,求其平均值,计算相对偏差。

注:参考表6-45,自行设计本实验数据记录和处理表。

(2)已知金属块在水中可沉入水底,测量金属块的密度。

将待测金属块用细线挂在弹簧测力计上,读取测力计读数$G_{物}$。用测力计吊着金属块慢慢浸入水中,使其全部浸没在水中,用玻璃棒驱除附在金属块上的气泡,然后读取测力计读数$F_{拉}$。根据公式$\rho_{物}=\frac{G_{物}}{G_{物}-F_{拉}}\rho_{液}$,计算出金属块的密度。

以上操作重复三次,求其平均值,判断金属块为何种物质,并计算相对偏差。

注:参考表6-45,自行设计本实验数据记录和处理表。

2. 设计实验:测量未知液体的密度

请设计方案,采用浮力法测量未知液体的密度。

提示:先利用已知密度的水测量某一固体的密度,再利用该固体测量待测液体的密度。

六、实验记录和数据处理

表6-44　液体密度的测定(________℃)

测量项目		第一次	第二次	第三次
粗略测定	烧杯+待测液体质量m_1(g)			
	待测液体倒出的体积V(mL)			
	烧杯+剩余待测液体质量m_2(g)			
	待测液体倒出的质量$m=m_1-m_2$(g)			
	$\rho_{待测液体}=\frac{m_1-m_2}{V}$(g/mL)			
	待测液体的平均密度(g/mL)			
准确测定	容量瓶的质量m_3(g)			
	容量瓶+水质量m_4(g)			
	容量瓶+待测液体质量m_5(g)			

续表

测量项目		第一次	第二次	第三次
准确测定	$V_{定容}=\dfrac{m_4-m_3}{\rho^t_{水}}$(mL)			
	$\rho_{待测液体}=\dfrac{m_5-m_3}{V_{定容}}=\dfrac{m_5-m_3}{m_4-m_3}\rho^t_{水}$(g/mL)			
	待测液体的平均密度(g/mL)			

表6-45　规则固体密度的测定(________℃)

被测物编号:

测量项目	第一次	第二次	第三次
长(cm)			
宽(cm)			
高(cm)			
体积V(cm^3)			
质量m(g)			
密度ρ(g/cm^3)			
平均密度(g/cm^3)			

七、注意事项

(1)质量体积法测量不规则物体密度时,将石块放入水中要缓慢,不能有水溅出。

(2)固体悬在量筒或容器中时,切勿与杯壁或杯底相碰。因实验中忽略了悬线的质量,故悬线应该很细,且不吸水。

八、拓展研究

中学科学实验教学测量物体的密度中用到的主要测量工具是普通天平、量筒和弹簧测力计。在使用质量体积法测量固体密度时,需注意以下几点:

(1)物体可以沉于水中。采用本实验内容的操作即可测定固体的密度。

(2)物体不能沉入水中。有两种方法测定物体的体积。方法一,用细铁丝或小钢针将物体按入水中。方法二,用小铁块辅助物体下沉:先用细线系好小铁块放入量筒的水中,记下总体积V_1,然后取出小铁块并和待测物体捆在一起放入量筒的水中,记下总体积V_2,待测物体的体积是V_2-V_1。注意方法二要保证不要有水损失,且捆绑用线要很细。

(3)待测物体溶解于水。可以考虑用细砂或其他粉状物体来代替水完成体积的测定。

注意:这里所测的物体都是比较小的。若物体比较大,则可以用生活中的杆秤或磅秤来测量质量,用溢水杯、烧杯等来测量体积:取一只大小合适的溢水杯并装满水,将待测物体打碎,分别放入水中,用烧杯接住溢出的水,再用量筒分次测出溢出水的体积就是待测物体的体积。

思考题

(1)质量体积法测液体密度时,若先称空烧杯质量m_1,将量筒中体积为V的液体倒入烧杯后再称质量m_2,此法使测出的液体密度值偏大还是偏小?为什么?

(2)使用质量体积法测液体密度,在对量筒进行读数时,若俯视读数,液体体积比实际偏大还是偏小?对计算密度有什么影响?

(3)做直线图时,若数据点不在同一条直线上,如何画出误差最小的直线?

(4)实验中用的水是事先放置在容器中时间较久的自来水。能否用刚刚从水龙头放出来的自来水?为什么?

(5)设计实验方案判断一个直径为10 cm的铜质球体是实心还是空心。

实验二十二　电路实验

电和人类的生活息息相关，如电灯、电话、电影、电视、电脑、无线广播等都离不开电，在现代工业、农业及国民经济的其他各部门中，电力是主要的动力来源，如果这个世界上没有电，世界的现状将无法想象。

电学知识一直以来都在知识结构中占据着非常重要的地位，从小学科学领域中认识“电”，到初高中物理领域中掌握和应用“电”，再到大学物理、物理化学等领域中理解与“电”交叉的诸多知识。本实验主要包括认识串并联电路，串并联电路电流、电压特点，电流、电压和电阻的关系以及伏安法测电阻等。

一、实验目的

(1)归纳串联与并联电路的区别，概述串并联电路中电流与电压的特点。

(2)理解并掌握欧姆定律。

(3)灵活运用伏安法测量电阻。

二、预习要点

(1)串联、并联电路的特点与辨别。

(2)串、并联电路中电压、电流、电阻的关系。

三、实验用品

干电池，开关，导线，不同规格的小灯泡，电阻器，电流表，电压表，滑动变阻器，导线等。

四、实验原理

本实验主要是研究串联电路、并联电路的主干与支干电路的电压与电流的关系。

(一)直流电路

用导线把电源、用电器以及可能的中间环节(如开关)连接起来的电流通路称为电路。通常的电路由若干分支组成，每个分支称为一条支路。三条及以上支路的连接点称为节点。载有恒定电流的电路称为直流电路，利用恒定电流的连续性方程可以得到直流电路满足以下两个重要性质：

(1)直流电路中同一支路的各个截面具有相同的电流；

(2)流进直流电路任一节点的电流等于从该节点流出的电流。

将电路元件依次首尾连接起来所形成的电路称为串联电路，将两个或多个用电器并列连接在电路的两个点之间所形成的电路称为并联电路，那么：

(1)串联电路中各处电流均相等；

(2)并联电路中总电流等于各支路中电流之和。

(二)欧姆定律

实验表明，线状金属导体两端的电压 U 与其电流 I 成正比，即

$$U = IR$$

其中，R 为导体的电阻，与导体的材料、形状、长短、粗细及温度有关。这就是欧姆定律。

(三)伏安法测电阻

伏安法测电阻为欧姆定律的应用，是使用电压表和电流表测导体电阻的比较常见的方法，通过改变滑动电阻器的阻值即可改变未知电阻两端的电压。

用电压表测未知电阻的电压，用电流表测出通过未知电阻的电流，实验中可测量一系列对应值 U 与 I，根据欧姆定律的变式 $R=U/I$，计算出未知电阻的阻值。

五、实验内容

(一)串联电路与并联电路

1. 区分串、并联电路

根据所给的实验器材，自主设计实验电路，基于串联与并联电路连接特点，对设计的实验电路进行区分，串联电路与并联电路分别如图6-44(a)、(b)所示。

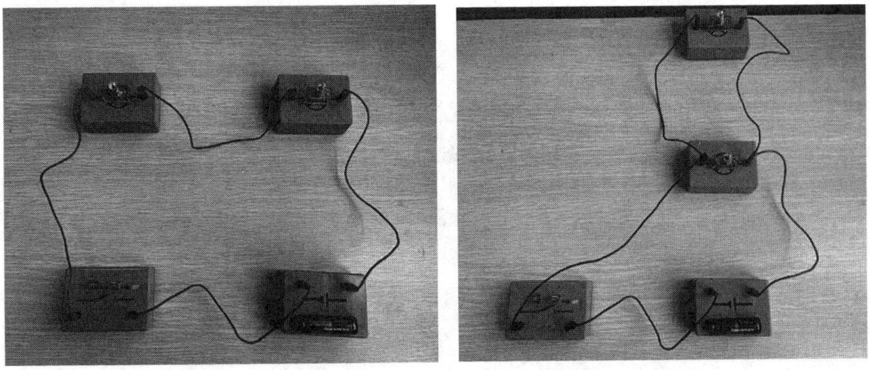

(a)串联电路　　(b)并联电路

图6-44　串联电路与并联电路

2. 串、并联电路中电流、电压特点

(1)串联与并联电路中电流特点。

设计实验图，使用电流表测量串联与并联电路图中各处电流，记录数据得出相应的结论。

① 测量串联电路电流。实验电路如图6-45所示。

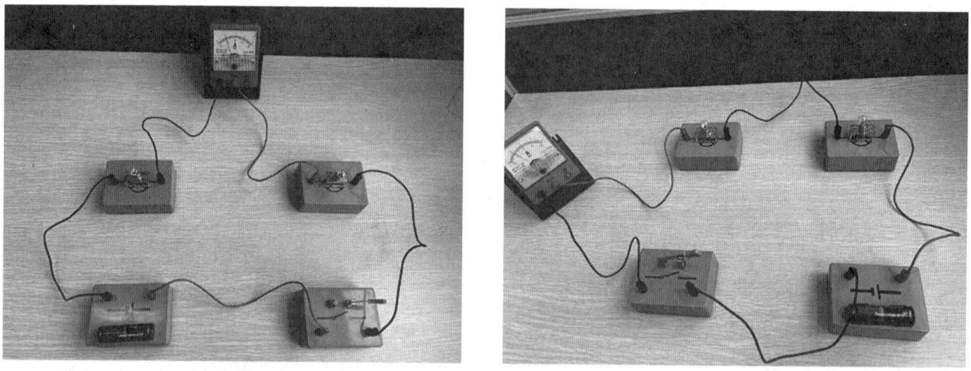

(a)　　　　(b)

图6-45　测量串联电路电流实物图

按照实验电路实物图连接好实验装置并进行测试，做好实验数据记录，填写在实验记录单上，表6-46。处理实验数据，得出实验结论。

② 测量并联电路电流。并联电路中各路电流测量示意图如图6-46(a)、(b)、(c)所示。对应实物电路图如图6-47(a)、(b)、(c)所示。

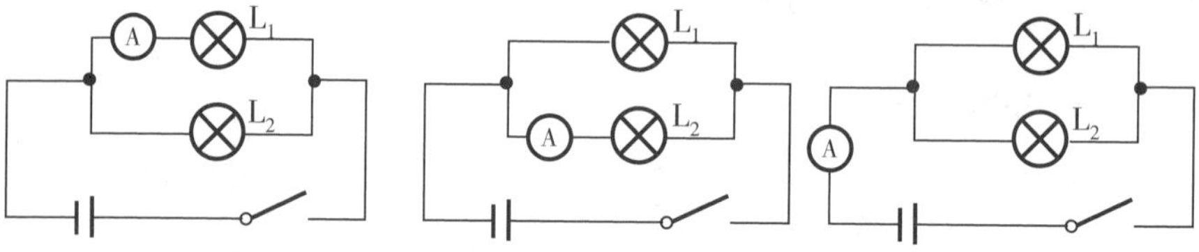

(a)　　　　(b)　　　　(c)

图6-46　测量并联电路电流示意图

(a)　　　　(b)　　　　(c)

图6-47　测量并联电路电流实物图

按照实验电路实物图连接好实验装置并进行测试，做好实验数据记录，填写在实验记录单上，表6-47。处理实验数据，得出实验结论。

(2)串联与并联电路电压特点。

① 测量串联电路电压。串联电路电压测量示意图如图6-48(a)、(b)、(c)所示，对应实物电路图如图6-49(a)、(b)、(c)所示。

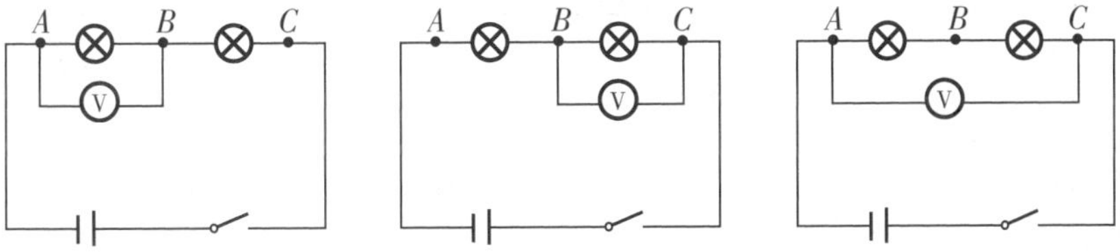

(a)　　(b)　　(c)

图6-48　测量串联电路电压示意图

(a)　　(b)　　(c)

图6-49　测量串联电路电压实物图

按照实验电路实物图连接好实验装置并进行测试，做好实验数据记录，填写在实验记录单上，表6-48，并处理实验数据，得出结实验论。

② 测量并联电路电压。并联电路电压示意图如图6-50所示。对应实物电路图如图6-51(a)、(b)、(c)所示。

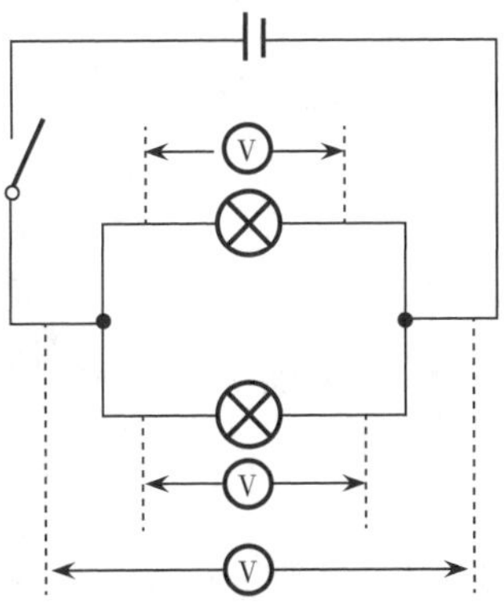

图6-50　测量并联电路电压示意图

(a)　　(b)　　(c)

图6-51　测量并联电路电压实物图

按照实验电路实物图连接好实验装置并进行测试，做好实验数据记录，填写在实验记录单上，表6-49。处理实验数据，得出结实验论。

(二)电流、电压与电阻的关系

使用控制变量法，控制电流或电压中的一个变量，改变另一个变量，研究它对电阻的影响。如图6-52所示 。

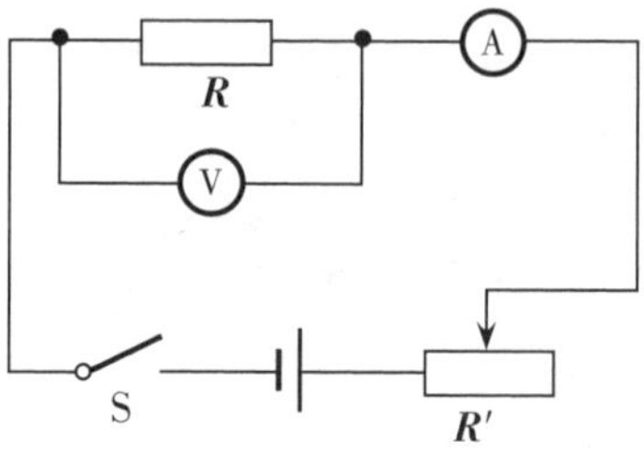

图6-52　电流、电压与电阻关系实验示意图

滑动变阻器是一种电路元件，它可以通过改变自身接入电路的电阻来控制电路。在电路分析中，它既可以作为一个定值电阻，也可以作为一个变值电阻，其一般由接线柱、滑片、电阻丝、金属杆和磁筒五个部分构成。

1. 电流与电压的关系

选用一个定值电阻，保持电阻不变，调节滑动变阻器滑片位置，改变定值电阻两端的电压，记录电流值，表6-50。

2. 电流与电阻的关系

更换不同阻值的定值电阻，通过调节滑动变阻器滑片位置使定值电阻两端电压不变，记录电流值，表6-51。

(三)伏安法测电阻

通过改变滑动电阻器的阻值改变未知电阻两端的电压，用电压表、电流表测未知电阻的电压和电流，实验中可测定一系列对应值 U 与 I，根据欧姆定律的变式 $R=U/I$，计算出未知电阻的阻值。实验电路图如图6-53所示。

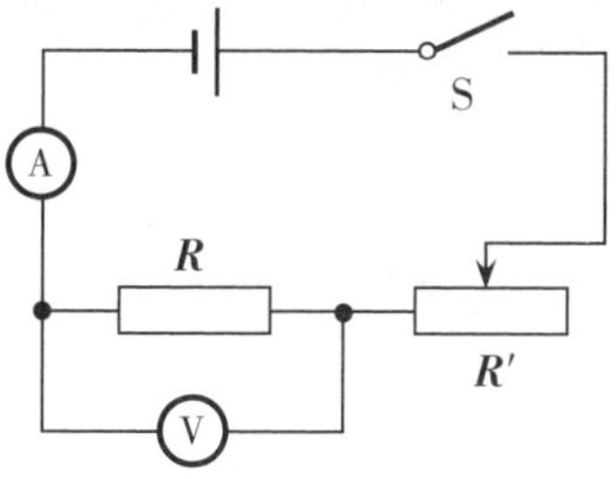

图6-53 伏安法测电阻的实验示意图

六、实验记录和数据处理

表6-46 串联电路中的电流

数据记录	图(a)所测电流I_1/A	图(b)所测电流I_2/A
灯泡L_1、L_2串联		
实验结论		

注：可换规格不同的小灯泡进行多次实验并记录数据。

表6-47 并联电路中的电流

数据记录	图(a)所测电流I_1/A	图(b)所测电流I_2/A	图(c)所测电流I_3/A
灯泡L_1、L_2并联			
实验结论			

注：可换规格不同的小灯泡进行多次实验并记录数据。

表6-48 串联电路中的电压

数据记录	图(a)所测电压U_{AB}/V	图(b)所测电压U_{BC}/V	图(c)所测电压U_{AC}/V
灯泡L_1、L_2串联			
实验结论			

表6-49 并联电路中的电压

数据记录	图(a)所测电压U_1/V	图(b)所测电压U_2/V	图(c)所测电压U_3/V
灯泡L_1、L_2并联			
实验结论			

表6-50 电流与电压的关系

实验序号	R/Ω	U/V	I/A
1			
2			
3			
实验结论			

注：根据实验记录数值，画出I–U关系图。

表6-51　电流与电阻的关系

<table>
<tr><th>实验序号</th><th>U/V</th><th>I/A</th><th>R/Ω</th></tr>
<tr><td>1</td><td rowspan="3"></td><td></td><td></td></tr>
<tr><td>2</td><td></td><td></td></tr>
<tr><td>3</td><td></td><td></td></tr>
<tr><td>实验结论</td><td colspan="3"></td></tr>
</table>

注:根据实验记录数值,画出I–R关系图。

表6-52　伏安法测电阻

<table>
<tr><th>序号</th><th>U/V</th><th>I/A</th><th>R/Ω</th><th>R/Ω</th></tr>
<tr><td>1</td><td></td><td></td><td></td><td rowspan="3"></td></tr>
<tr><td>2</td><td></td><td></td><td></td></tr>
<tr><td>3</td><td></td><td></td><td></td></tr>
<tr><td>实验结论</td><td colspan="4"></td></tr>
</table>

七、注意事项

(1)连接电路时,清楚每个用电器以及开关的关系,区分串联电路与并联电路。

(2)连接电路时,开关应处于断开状态,若有滑动变阻器,滑动变阻器应移到阻值最大处。

(3)实验开始时,检查各个器材的接线柱是否牢固,接线柱线头不要太长,避免两接线柱导线接触,形成短路。

(4)实验开始时,电流表及电压表量程与分度值要记录好,注意电流表及电压表是否调零。

(5)开始测量之前,电流表及电压表需有试触的过程。

(6)应多次进行实验,记录数据,使结果具有一定的正确性与普遍性。

思考题

(1)归纳总结串并联电路中电流、电压分别有什么特点。

(2)在探究电流与电阻的关系的实验中,更换电阻后如何操作?

(3)滑动变阻器的作用是什么?

(4)伏安法测电阻的实验中有什么注意事项?

(5)伏安法测电阻的实验中通常电流表有内接和外接两种方式,分析两种方式的误差。

(6)伏安法测电阻时是否可以将定值电阻换成小灯泡进行实验?

实验二十三 模拟地球的运动

地球的运动是多种运动的复合。地球围绕倾斜的地轴自西向东自转,同时按照一定轨道围绕太阳公转。地球自转,产生了昼夜交替和天体东升西落的现象。一天中,随着地球的自转,太阳高度角不断变化,在太阳的照射下,物体的影长由长变短再变长,气温则先升高再降低。一年中,随着地球围绕太阳公转,每天正午的太阳高度角不断发生变化,每天的平均气温也随之变化,从而形成四季交替的现象。

一、实验目的

(1)认识地球自转和公转的特点。
(2)了解在阳光的照射下,物体影长的变化与气温变化之间的关系。
(3)了解地球的自转和公转所产生的自然现象及其原理。
(4)掌握义务教育科学课程中有关地球的自转和公转的实验教学内容。

二、预习要点

(1)地球自转和公转的基本特点。
(2)地球自转和公转所产生的自然现象。
(3)模拟实验的常用方法和要求。

三、实验用品

直径约 8 cm 圆球一个(大头针可插入),铁丝一段,手电筒一个,大头针一根,直尺一把等。

四、实验原理

基础教育阶段,主要研究的地球运动包括地球的自转和公转。

(一)地球的自转

地球的自转是地球绕着一个假想的轴即地轴转动。地轴通过地心,连接南北极,和赤道平面垂直,与地球公转轨道面(黄道平面)的夹角为66°34′,地轴正对着北极星。地球自转的方向是由西向东。所以从地球的北极点鸟瞰,地球自转是逆时针方向旋转,从南极点上空看是顺时针方向旋转。

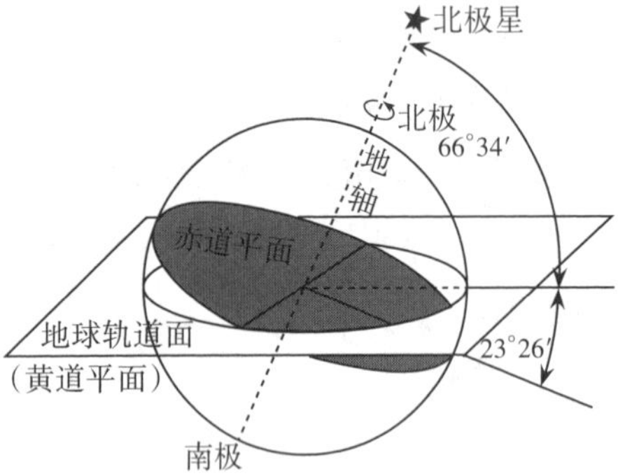

图6-54 地球的自转图

图6-55 恒星逆时针视运动

地球自转的周期是一个恒星日,目前其值为23 h 56 min 4 s。但是近年来地球自转周期在缓慢增加(即转速缓慢减小),导致需要对全球计时器进行调整,例如2005年12月31日全球钟表统一加一秒。这样的调整称为闰秒。

地球自西向东的自转产生了昼夜交替的现象,在地球上可观察到太阳、月亮、恒星等星体的东升西落,以及北极星附近的恒星围绕北极星的逆时针视运动。因为地轴的倾斜,两极地区还会交替出现极昼极夜现象。

为了照顾到各地区使用时间的方便,又使不同地区容易将本地的时间与其他地区的时间进行换算,1884年国际经度会议决定将地球表面按经线从东到西每15°划成一个区域,在同一区域内的东端和西端的人看到太阳升起的时间最多相差1小时,称为一个"时区"。现今全球共分为24个时区。为了照顾到行政上的方便,常将1个国家或1个省份划在一起。所以时区并不严格按南北直线来划分,而是按自然条件来划分。例如,中国幅员广,横跨5个时区,但为了使用方便,实际以东八时区的标准时为准,称为"北京时间",也就是说"北京时间"并不是北京(东经116.4°)的地方时间,而是东经120°的地方时间。

在标准时计时的区时系统中,东西十二区重叠,计时相同但日期不同。为避免混乱,国际上以180°经线作为日期变更线,也叫"国际日期变更线","国际日期变更线"避开了一些岛屿和地区,使它们不至于分成两个日期。所以"国际日期变更线"并不是一条直线,而是曲折的折线。

(二)地球的公转

地球环绕太阳的运动称为地球公转。因为同地球一起环绕太阳的还有太阳系的其他天体,太阳是它们公有的中心天体,故被称为"公"转。地球绕太阳做近似圆周的椭圆运动,方向是自西向东,从北极上方看呈逆时针。地球的公转周期为一个恒星年,需时365 d 6 h 9 min10 s。

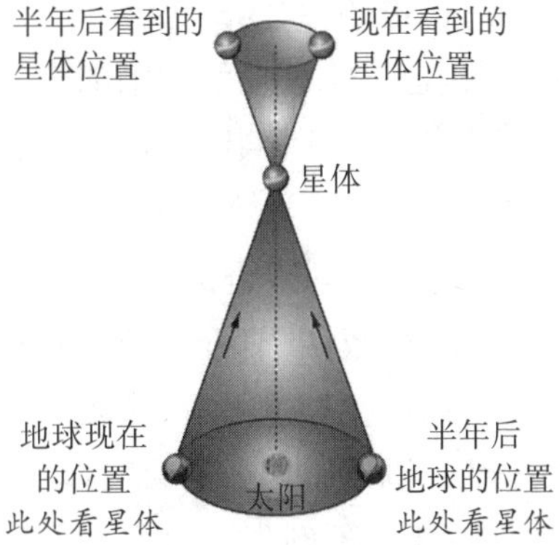

图6-56 恒星的视差位移

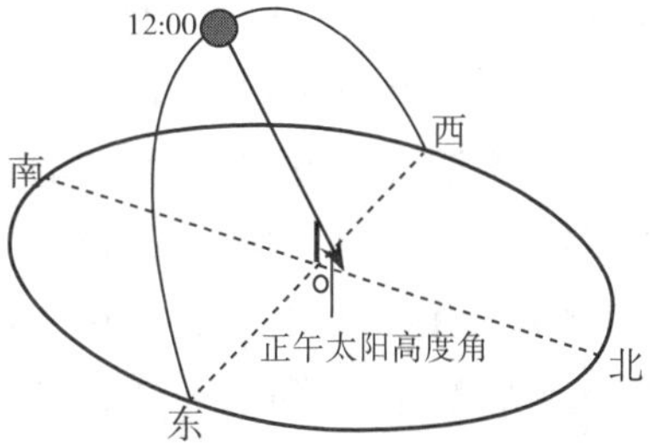

图6-57 太阳高度角

使用精密的仪器在地球上观测距离太阳系较近的恒星时,会发现一年中随着地球的公转,恒星在天球背景中的位置也会发生微小的移动,这种现象称为恒星视差。这是因为地球在公转的过程中,地球的位置发生了变化,所以在地球上观察到的恒星也发生了移动。地球公转的周期为一年,轨道是封闭曲线,恒星视差变化的周期也为一年,轨道也是封闭曲线。恒星视差现象直接证明了地球在围绕太阳公转,是日心说的直接证据。

科学上将指某地的太阳光线与当地地平面所交的最小线面角,称为“太阳高度角”。太阳高度角越大,也就是越接近直射,同样多的阳光受热面积越小,光热越集中,地面上获得太阳辐射强度越大,从而气温越容易升高;而太阳高度角越小,阳光越斜射时,同样的阳光受热面积越大,光热越分散,地面上获得太阳辐射能量越少,气温越容易变低。

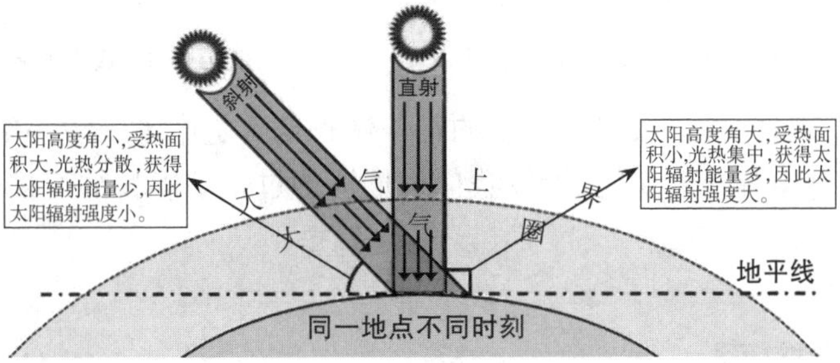

图6-58 直射与斜射示意图

由于地轴倾斜,地球的赤道面与黄道面之间有一交角,称为黄赤交角,为23°26′。在地球公转的过程中,地轴的方向基本保持不变,地球在公转轨道上自西向东转动,太阳的直射点在北回归线—赤道—南回归线之间不断地折返,从而形成四季交替。

春分是每年的3月20日或21日,太阳直射赤道,北半球物体正午时影长中等,气温接近中等,全球除了极点附近以外白天和黑夜几乎等长,无极昼极夜现象;春分之后,太阳直射点开始向北回归线移动,南极附近极夜开始,北极附近极昼开始,范围渐大,到每年的6月21日前后,是夏至,太阳直射北回归线,北半球太阳高度角最大,北回归线以北在地面上观测正午时物体的影长为全年最短，最接近直射，一天中日照时间也最长，气温较高，北极圈以北均为极昼区，南极圈以南均为极夜区，范围最大；此日过后，太阳直射点向南移动，北半球白昼渐短，当直射点再次移至赤道时，约为每年的9月23日前后，即秋分，除极点外全球昼夜等长，影长变回中等，气温也逐渐降低至接近中等；过后，太阳的直射点向着南回归线移动，在12月21日左右直射南回归线，即为冬至，此时北半球白昼最短，北极圈以北为极夜，南极圈以南为极昼，北半球观测正午时物体的影长为全年最长，太阳高度角最小，阳光最斜射，正午影长最长，日照时间也最短，气温也逐渐接近最低。之后，太阳直射点会从南回归线向北运动，回到春分的位置，循环往复，形成四季。南半球同理，但四季与北半球相反，当太阳直射北回归线时，北半球是夏季，而南半球是冬季；当太阳直射南回归线时，北半球是冬季，而南半球是夏季。所以，由于地球围绕太阳公转且有倾角，太阳高度角在一年中发生规律变化，导致每天的日照时间和气温不断发生变化，从而形成了四季。

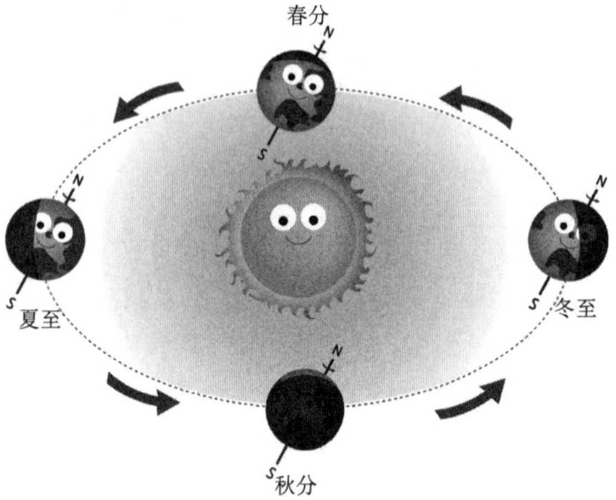

图6-59　地球的公转示意图

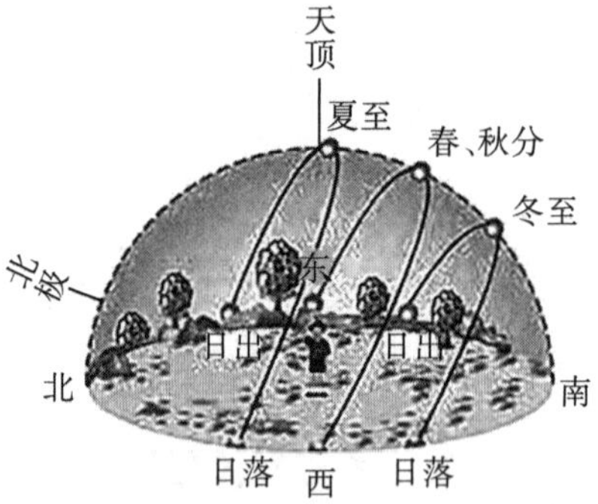

图6-60　四季太阳高度变化示意图

综上所述，春分、夏至、秋分、冬至的正午影长变化是中等→短→中等→长，对应气温也向中等→热→中等→冷变化，所以我们也能够通过正午影长的变化规律来推断四季的变化。

五、实验内容

(一)地球自转模拟实验

1. 制作地球模型

(1)用直径约为8 cm的偏软质球模拟地球。

(2)用铁丝穿过球心扎进球里或穿过球里，使球可以绕轴转动，模拟地轴。

(3)直接用剩余铁丝弯折成为底座，或用较重物体当作

图6-61　地球模型

底座，将球体固定在底座上，且球可以自由转动。

(4)调整轴的倾角至和水平面夹角约为66.5°，制成倾斜的地球模型。

2. 模拟地球自转

(1)用手电筒模拟太阳。

(2)打开手电筒，正对着地球模型照射。调整手电筒，将光束尽量汇集起来，并确保能照亮半个地球模型。

(3)自西向东转动地球模型，模拟地球自转。

(4)将地球模型的不同方向对着手电筒，观察昼夜交替现象和极昼极夜现象。

实验思考：

如果地轴不倾斜，会不会有昼夜交替现象？

(二)地球公转模拟实验

1. 制作公转模型

(1)在纸上画出直径约50 cm的圆形公转轨道，标出公转方向。

(2)在轨道上均匀地标出4个点*A*、*B*、*C*、*D*。

(3)在地球模型上估计本地所处的位置，垂直于此点，扎一根大头针，露出长度1 cm。

(4)将地球模型摆放在轨道上，在轨道中间适当垫高手电筒。

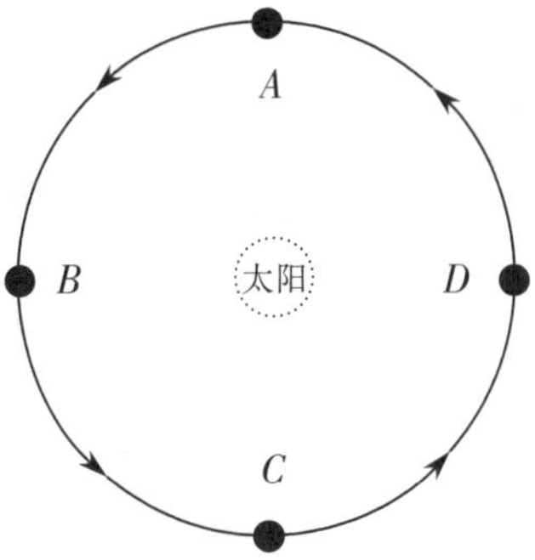

图6-62　地球公转轨道模型

实验思考：

扎上的大头针代表地球表面的物体，物体正午的影长在一年中如何变化？

2. 模拟地球的公转

(1)将地球模型放在轨道*A*点，使地轴顶端向右倾斜(与*A*点公转方向相反)，且地轴在水平轨道平面的投影与轨道相切，此时的位置为春分。

(2)旋转地球，使大头针正对手电筒。

(3)测量并记录地球模型上大头针的影长。

(4)保持地轴方向不变，将地球模型依次公转至*B*、*C*、*D*点，分别重复上述步骤。

实验思考：

(1)在地球公转的过程中，如果地轴垂直于公转轨道平面，将出现怎样的现象？

(2)在地球公转的过程中，如果地轴在公转轨道平面的投影始终与公转轨道相切，将出现怎样的现象？

(3)测量影长时为什么要使大头针正对手电筒？

六、实验记录和数据处理

表6-53　地球自转模拟实验记录表

地球模拟 （用阴影画出地球上黑夜的部分）	观察能否产生昼夜交替现象
	□全球都有昼夜交替现象 □大部分地区有昼夜交替现象 ______地区产生极昼现象 ______地区产生极夜现象
	□全球都有昼夜交替现象 □大部分地区有昼夜交替现象 ______地区产生极昼现象 ______地区产生极夜现象
	□全球都有昼夜交替现象 □大部分地区有昼夜交替现象 ______地区产生极昼现象 ______地区产生极夜现象

表6-54　地球公转模拟实验记录表

位置	正对太阳时影子长度	影长的变化	对应节气
A		□长　□中等　□短	
B		□长　□中等　□短	
C		□长　□中等　□短	
D		□长　□中等　□短	

七、注意事项

（1）可以选择多种材料指导学生制作地球模型。

（2）选择光线较强且能聚集的手电筒。

（3）公转时在不同位置保持地轴指向不变。

（4）因地理纬度不同，地球模型的直径和露出大头针的长度的比值也需要进行调整，否则可能会出现影长过短不易测量或者影长过长而失真的情况。

思考题

（1）如图6-63所示，圭表是古代一种测量正午日影长度的天文仪器，圭是平卧的尺，表是直立的竿。每天正午时，表的影子就印在平卧的圭上。请思考，古人如何利用圭表确定节气时间？

（2）如果在小学科学课堂教学过程中，学生在利用模拟实验探究四季的成因时让地轴处于和公转轨道平面相垂直的位置，你会怎样做？

图6-63　圭表

实验二十四　模拟生态系统——生态瓶的设计及制作

生态系统，是指在一定空间内，由生物群落与它的非生物环境相互作用而形成的统一整体。地球上的全部生物及其非生物环境的总和，构成地球上最大的生态系统——生物圈。地球上有许多生态系统，大至生物圈、海洋和陆地，小至森林、草原、湖泊和小池塘。在不同的生态系统中，各种生命通过一张极其复杂的食物网来获取和传递太阳的能量，同时完成物质的循环。生态系统的组成包括生产者、消费者和分解者及非生物部分。藻类、绿色植物、光合细菌和化能自养菌构成生产者。食草动物、食肉动物、杂食动物、腐食生物构成消费者。细菌、真菌等微生物构成分解者。非生物部分包括空气、水、无机盐、有机物、气候和太阳能等。它们的存在对于生态系统的能量传递和物质循环都是必不可少的。

一、实验目的

(1)了解生态瓶的原理，理解生态系统各要素的相互关系。

(2)设计生态瓶的制作方案，能够分析方案中的技术关键。

(3)能运用观察及测量等方式获取制作生态瓶的信息，用科学语言描述其状态，用统计图表分析实验的影响因素，并根据分析结果提出改进方案。

(4)树立保护环境、可持续发展理念。

二、预习要点

(1)生态系统的概念，生态系统的构成。

(2)O_2传感器、CO_2传感器、pH传感器、色度计和浊度传感器的使用。

(3)生态瓶质量的评价。

三、实验用品

绿菊，浮萍，金鱼藻，黑藻，小鲢鱼，泥鳅，田螺，细沙，石头，池塘水，隔夜自来水，渔网，大塑料瓶等。

四、实验原理

(一)生态系统的能量流动

(1)生态系统中能量流动是单向的。在生态系统中,能量流动只能从第一营养级流向第二营养级,再依次流向后面的各个营养级,不可逆转,也不能循环流动。

(2)能量在流动过程中逐级递减。输入到一个营养级的能量不可能百分之百地流入下一个营养级,能量在沿食物链流动的过程中是逐级减少的。一般来说,在输入到某一个营养级的能量中,只有10%~20%的能量能够流到下一个营养级,也就是说,能量在相邻两个营养级间的传递效率是10%~20%。在一个生态系统中,营养级越多,在能量流动过程中消耗的能量就越多。因此,生态系统中的能量流动一般不超过5个营养级,如图6-64所示。

任何生态系统都需要不断得到来自系统外的能量补充,以便维持生态系统的正常功能。如果一个生态系统在一段较长时期内没有能量输入,这个生态系统就会崩溃。

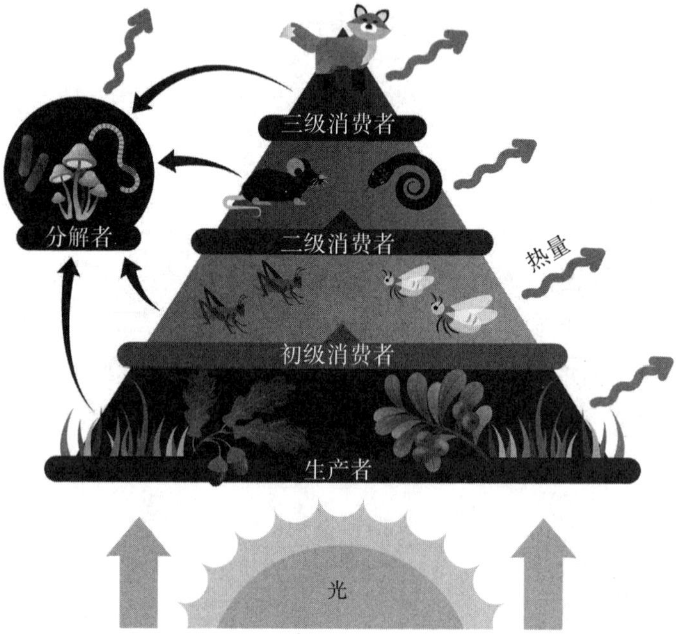

图6-64　生态系统的能量金字塔

(二)生态系统的物质循环

组成生物体的碳、氢、氧、氮、磷、硫等元素,都在不断进行着从非生物环境到生物群落,又从生物群落到非生物环境的循环过程,这就是生态系统的物质循环。

碳在生物群落与非生物环境之间的循环主要是以CO_2的形式进行的。由于CO_2能够随着大气环流在全球范围内流动,因此,碳循环具有全球性。此外,海洋对于调节大气中的碳含量起着非常重要的作用。当大气中CO_2含量增加,水圈中的CO_2含量也随之增加;如果大气中的CO_2发生局部短缺,水圈中的CO_2也能及时进入大气。

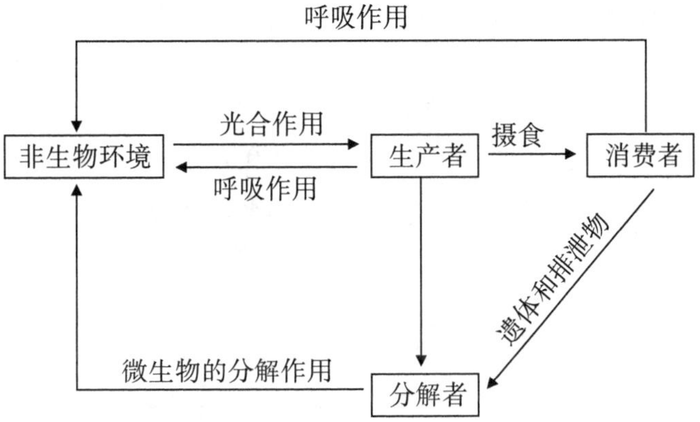

图6-65 生态系统的碳循环

能量流动和物质循环是生态系统的主要功能，它们同时进行，彼此相互依存，不可分割。能量的固定、储存、转移和释放，都离不开物质的合成和分解等过程。能量作为动力，使物质能够不断地在生物群落和非生物环境之间循环往返。但是它们还具有不同的特点。在物质循环过程中，非生物环境中的物质可以被生物群落反复利用；能量流动则不同，能量在流经生态系统各营养级时，是逐级递减的，而且流动是单方向不循环的。

（三）生态平衡及生态系统的稳定性

生态系统能够通过自我调节得以恢复，从而维持相对稳定的结构和功能。像这样，生态系统的结构和功能处于相对稳定的一种状态，就是生态平衡。

人们把生态系统维持或恢复自身结构与功能处于相对平衡状态的能力，叫作生态系统的稳定性。也就是说，生态系统的稳定性，强调的是生态系统维持生态平衡的能力。生态系统的自我调节能力是有限的。当外界干扰因素的强度超过一定限度时，生态系统的稳定性急剧下降，生态平衡就会遭到严重的破坏。

五、实验内容

（一）简单生态瓶的制作

1. 制作步骤

（1）准备材料。准备一只1.5 L左右透明的宽口瓶，塑料或玻璃材质均可，洗净，洗净后的瓶子应无异味，无油渍。

（2）在瓶底装入一层洗净的沙子、小石子和营养土，铺在瓶子底部作为微生物寄生的场所并用以固着水草。灌装水约三分之二，留有约三分之一的空气。

（3）放置绿色植物。可以在瓶子里固着水草，在水面放一些浮萍等藻类。先将水加入生态瓶，然后再放植物避免加水时影响已经固着的植物。加满水、放置植物的生态瓶一般要等待一段时间，让水中的一些浑浊物沉淀下来，再放进水生动物。

(4)把螺、小鱼等水生动物放进去。根据生态瓶大小,可适当调整数量。

(5)封口。塑料瓶封口可直接将瓶盖拧紧,保证不漏气即可。玻璃瓶封口应使用合适尺寸胶塞塞住瓶口,并在外侧蜡封,保证不漏气。

(6)贴标签。标签内容包括:生态瓶的名称、制作时间、制作和管理者名字。

(7)观察生态瓶中植物、动物、水等情况,并将生态瓶的状态记录在表6-56中。

2. 评价标准

(1)材料用具评价的标准为:①材料齐全;②植物、动物符合淡水生态瓶或者陆地生态瓶的要求;③所取的水或者营养土无污染且富含微生物;④所选植物是动物取食的对象;⑤植物和动物的数量比例合适。

(2)生态瓶设计的评价标准为:①瓶子无色透明、大小合适;②装水量合理,留有合适空间;③动物和植物之间存在取食和被取食关系;④植物和动物生命力旺盛;⑤动物体积大小合适,植物和动物数量比例合适。总体评价:生态瓶维持时间越长则制作越优秀。

(3)实验结果记录表的评价标准包括:①表题是否书写正确;②表头是否书写合理;③观察变量是否完整合理;④记录时间或次数是否合理。

该实验流程固定,通常按照"讲授知识点—学生分组讨论—制订实验方案—制作生态瓶—作品展示交流—课下持续观察—得出结论"的流程开展。但实验中还存在一些问题,例如结论的得出以观察为主,主观性较强,会有一定的误差;实验往往导致动物死亡,存在动物伦理问题。在数字传感器快速普及的背景下,可以将传统的简单生态瓶的制作提升为数字化生态瓶的制作。

(二)数字化生态瓶的制作

1. 制作步骤

(1)准备材料。准备一个约5 L的透明塑料瓶,清洗干净,内壁无油污,无异味。使用美工刀在瓶侧边切开一个长11.70 cm,宽10.20 cm的切口,在上面打两个孔直径为4.00 cm、一个孔直径为3.00 cm的圆孔。取矿泉水瓶,裁剪,只保留瓶口及少部分瓶颈,分别插进4.00 cm及3.00 cm的圆孔中,用热熔胶枪密封固定,见图6-66(a)。在瓶盖上钻0.55 mm孔,插入输液器针头,用热熔胶枪密封接口。

(2)装砂石,注水。从瓶侧边切口处装入1.5 kg洗净的砂石,均匀平铺在瓶子底部。接着灌入2 000 mL阳光晒过的自来水,约占瓶子三分之二体积,留有约1 600 mL的空气。

(3)放置绿色植物。使用镊子将12颗高度约6 cm的绿菊固定到砂石中。

(4)放小鱼和黄金螺。等待一段时间,水中的浑浊物沉淀下来之后,把1只长约3 cm的黄金螺和3条长约5 cm的小鱼放进水中。

(5)密封生态瓶。用热熔胶枪密封瓶侧边切口,再使用保鲜膜和胶带对留有缝隙的地方进行封堵,保证生态瓶不漏气。

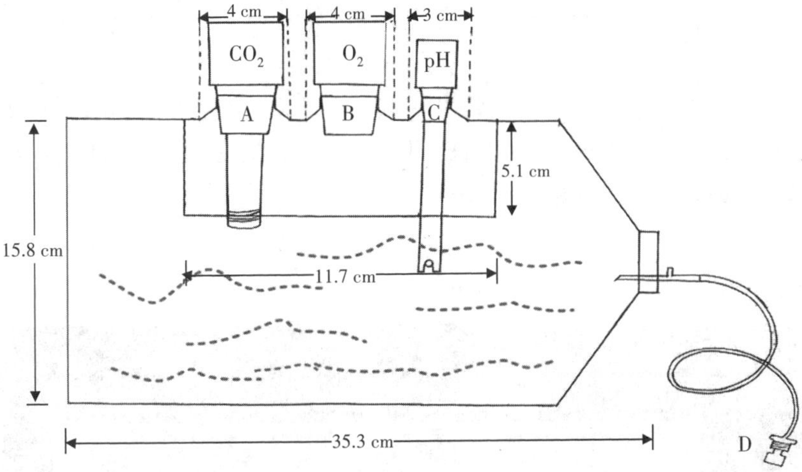

(a)

(b)

图6-66 数字化生态瓶的设计图纸(a)及实物(b)

2. 数据采集

分别打开pH传感器、色度浊度传感器、O_2传感器和CO_2传感器的电源，通过蓝牙和软件进行连接。

(1)CO_2浓度数据采集。将CO_2传感器插入瓶侧边直径为4.00 cm的A瓶口中。接着打开传感器电源，点击Capstone软件“硬件设置”选择“795-450 CO_2”，将传感器和软件连接，然后选择“CO_2浓度”待测量。

(2)O_2浓度数据采集。首先把O_2传感原件安装到O_2传感器上，打开蓝牙将传感器和Capstone软件连接，选择“O_2浓度”待测量，收集大气样品，进行传感器校准。校准完毕后将O_2传感器插入瓶侧边直径为4.00 cm的B瓶口中，点击Capstone软件“硬件设置”选择“445-114 O_2”，将传感器和软件连接，然后选择“O_2浓度”待测量。

(3)pH数据采集。首先连接pH传感器和pH探头，使用蒸馏水冲洗pH探头末端的玻璃膜，再将其插进瓶侧边直径为3.00 cm的C瓶口中，使用保鲜膜缠绕瓶口密封。点击

Capstone 软件“硬件设置”选择“490-819 pH”，将传感器和软件连接，最后选择“pH 值”待测量。

（4）浊度数据采集。使用蒸馏水和100 NTU浊度校准试管校准浊度传感器。然后通过生态瓶D口上的输液器抽取水样，注入样品测试试管，在软件上将传感器类型切换为浊度传感器。选择“浊度”待测量。

（5）将Capstone软件模式调整为“连续模式”，通用采样率设置为1.00 Hz，然后点击“记录”，开始记录数据，待数值稳定后停止测量。

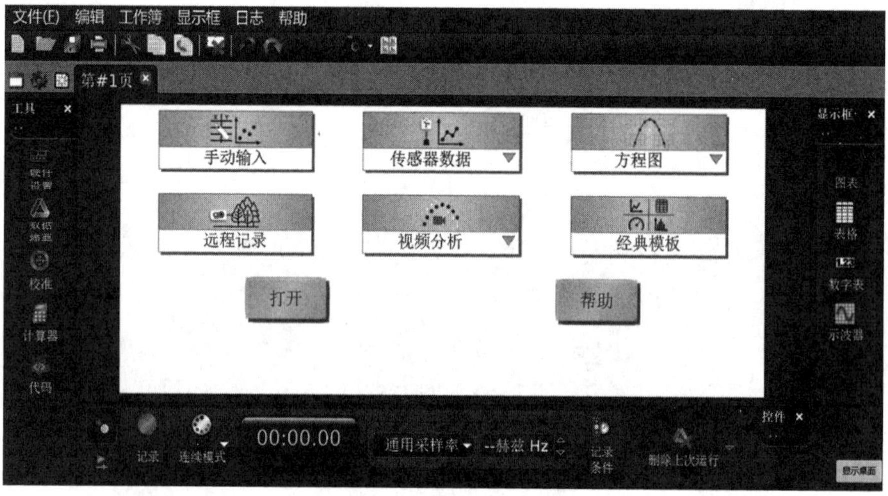

图6-67　传感器操作界面

六、实验记录

生态瓶制作方案设计可参考表6-55记录，简单生态瓶的观察参考表6-56记录，数字化生态瓶的数据记录可由操作平台直接导出。

表6-55　生态瓶建造方案设计记录表

<table>
<tr><th>所需材料</th><th>生态瓶的草图</th></tr>
<tr><td>生物环境：

非生物环境：</td><td></td></tr>
<tr><td colspan="2">建造方法与注意事项：</td></tr>
<tr><td colspan="2">作品评价：</td></tr>
</table>

表6-56　简单生态瓶观察记录表

时间(d)	植物生存状况[1]	动物1生存状况[2]	动物2生存状况[2]	水质状况[3]
1				
2				
3				
4				
5				
……				

注:(1)植物生存状况包括:鲜绿、发黄、死亡等;

(2)动物生存状况包括:游动、浮头、死亡等;

(3)水质状况包括:澄清、浑浊、变黄、变绿、变黑等。

七、注意事项

(1)如果制作生态瓶用的水源是自来水,应放在阳光充足的地方晒一晒,以除去其中的氯,最好使用自然流域里的水。

(2)石子和细沙要用自来水冲洗除去其中的污垢避免污染。

(3)放置鱼类时注意,大多数鱼都对水温的突然变化十分敏感,鱼被突然换到不同水温的水中后容易死去,特别注意动物数量不能太多,否则生物可能缺氧死亡。

(4)传感器使用前应进行校准,可根据各物质数据的变化判断是否需要终止实验。

思考题

(1)制作生态瓶时需要用到哪些材料模拟非生命环境？这些材料能够为在生态瓶里生活的生物提供哪些条件？

(2)生态瓶中应该放什么种类的生物？为什么？

(提示:在有限的空间,考虑个体小、行动慢的动物。水葫芦繁殖很快,会遮挡阳光,金鱼藻在弱光下不适合生存。大鲫鱼耗氧量、食量都太大,不适合养大鲫鱼。小龙虾会把所有的生物吃完,而鱼、泥鳅还来不及繁殖。)

(3)生态瓶中的CO_2、O_2浓度及酸度,水的浊度会呈现怎样的变化？

(4)生物的数量以什么比例合适？

(5)这些水生植物为动物提供了哪些帮助？非生物对生物有哪些帮助？

(6)改变生态瓶中的生物数量会产生怎样的结果？

(7)为了让生态瓶里的各种生物和谐地生存下去,应该注意什么？

实验二十五　制作动力小车

动力小车即加装了动力装置的玩具小车。通过开启动力装置，可以让小车开始运动。常见的动力装置有风力装置、反冲动力装置、重力装置、电机装置等。

一、实验目的

(1)知道重力、弹力等力可以改变小车的运动状态。

(2)知道测量物体运动速度的方法。

二、预习要点

(1)查阅相关资料，了解车辆的发展历程，以及不同历史时期车辆的动力来源。

(2)通过简单的调查，了解目前市售玩具小车的动力装置都有哪些。

三、实验用品

导轨，光电门及传感器配件，实验用小车底座，橡皮筋，大小不同的两种气球，气嘴，棉线，铁垫圈，挂钩，热熔胶枪等。

四、实验原理

1. 动力小车原理

力可以改变物体的运动状态。动力小车利用多种力改变小车的运动状态，使其从静止状态开始运动。橡皮筋及重力动力小车主要运用能量转换的原理，即橡皮筋动力小车的工作原理是将橡皮筋的弹性势能转化为动能，重力动力小车的工作原理是将重力势能转化为动能。反冲动力小车的原理为牛顿第三定律，即相互作用的两个物体之间的作用力和反作用力总是大小相等，方向相反，作用在同一条直线上。

2. 速度测量原理

做直线运动的物体的平均速度为$\bar{v}=\frac{\Delta s}{\Delta t}$。在实验中将挡光片安装在小车上，使其随小车在导轨上运动，当其穿过光电门时，计时器将会记录并显示通过两光电门之间距离Δs所用的时间，就能算出小车的平均速度。

如图6-68所示，可在气垫导轨上相距一定距离的两点A、B处各放一个光电门，测量小车经过A、B两光电门之间的时间t_{ab}及两光电门之间的距离S_{ab}，则小车经过A、B两光电门之间的平均速度为：

$$\bar{v}=\frac{S_{ab}}{t_{ab}}$$

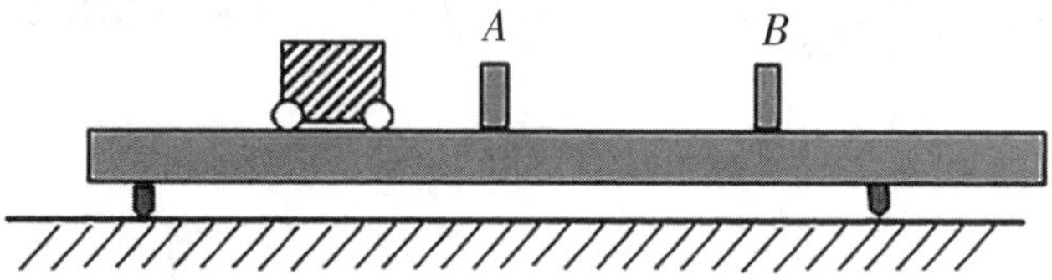

图6-68　小车、导轨及光电门连接示意图

五、实验内容

1. 橡皮筋动力小车

（1）将挂钩用热熔胶枪粘贴在小车底座车头正前方的正中位置。分别将橡皮筋两端用热熔胶枪固定在小车左右后轮的轮轴上，固定位置距离小车两后轮的距离基本相等。固定好后将橡皮筋拉长，挂在挂钩上，如图6-69所示。

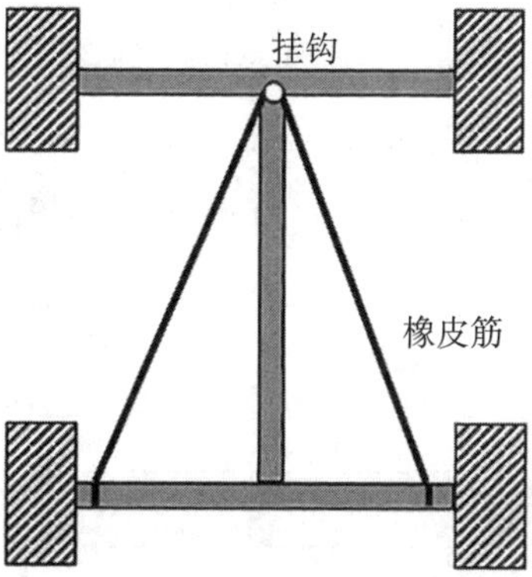

图6-69　橡皮筋动力小车示意图

（2）将导轨摆放在水平桌面上，在导轨中间部分摆放两个光电门，光电门间距30 cm。

（3）向后旋转小车后轮轮轴3圈，让橡皮筋缠绕在轮轴上。保持此状态，将小车底座放置在安装好光电门的导轨一端。记录小车经过两光电门之间的时间差，计算平均速度。

（4）增加轮轴转动圈数至5圈、7圈，并在同一位置释放小车，记录不同转动圈数下的时间差，并计算平均速度，将多次测量结果填写在表6-57中。

2. 反冲动力小车

(1)将小气球用橡皮筋捆绑在气嘴上，用热熔胶枪将气嘴固定在小车底座上。

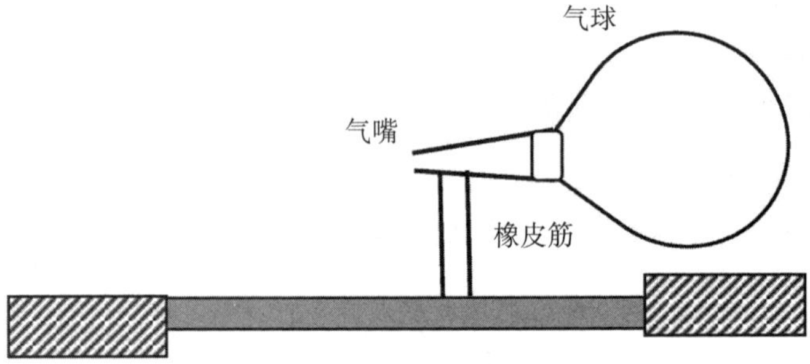

图6-70　反冲动力小车示意图

(2)向气嘴内吹气后，待气球完全膨胀后用手捏紧，同时将小车底座放置在安装好光电门的导轨一端。松开气嘴，小车开始运动。记录小车经过两光电门之间的时间差，计算平均速度并填写在表6-58中。

(3)将气嘴上的小气球拿下，将大气球再次用橡皮筋捆绑在气嘴上，再次向气嘴内吹气，待大气球完全膨胀后用手捏紧，并将小车底座放置在同一位置后松开气嘴，再次记录小车经过两光电门之间的时间差，计算平均速度，填写在表6-58中。

3. 重力动力小车

(1)将棉线拴在小车底座的车头正前方的正中位置。在棉线另一端系上挂钩。

(2)将小车底座放置在安装好光电门的导轨一端，将挂钩一端垂下桌沿，先挂一个铁垫圈后释放小车，记录小车经过两光电门之间的时间差。依次增加铁垫圈数量并在同一位置释放小车，记录不同铁垫圈数量下的时间差，并计算平均速度，将多次测量结果填写在表6-59中。

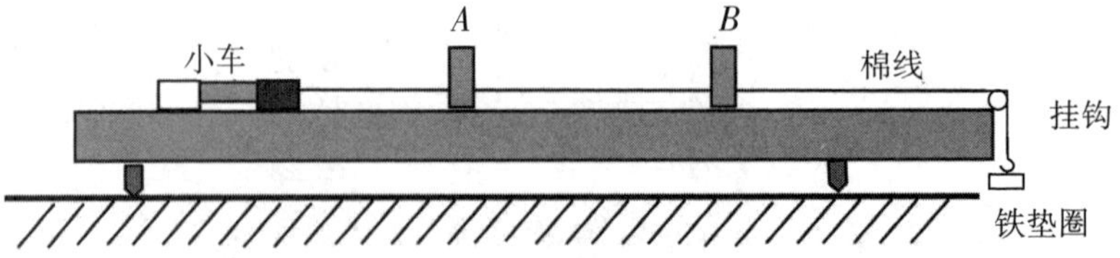

图6-71　重力动力小车示意图

六、实验记录和数据处理

表6-57　橡皮筋动力小车实验记录表

橡皮筋转动圈数	观测序号	通过两光电门的时间差(s)	小车的平均速度(m/s)
3圈	第1次		
	第2次		
	第3次		
	第4次		
	第5次		
5圈	第1次		
	第2次		
	第3次		
	第4次		
	第5次		
7圈	第1次		
	第2次		
	第3次		
	第4次		
	第5次		

表6-58　反冲动力小车实验记录表

气球型号	观测序号	通过两光电门的时间差(s)	小车的平均速度(m/s)
小气球	第1次		
	第2次		
	第3次		
	第4次		
	第5次		
大气球	第1次		
	第2次		
	第3次		
	第4次		
	第5次		

表6-59 重力动力小车实验记录表

铁垫圈数量	观测序号	通过两光电门的时间差(s)	小车的平均速度(m/s)
1个	第1次		
	第2次		
	第3次		
	第4次		
	第5次		
2个	第1次		
	第2次		
	第3次		
	第4次		
	第5次		
3个	第1次		
	第2次		
	第3次		
	第4次		
	第5次		

七、注意事项

(1)小车底座加装的动力装置需在正中位置,以免发生翻倒。

(2)所有小车的释放位置应保持相同。

思考题

(1)除橡皮筋外,利用弹力的动力小车还可使用哪些材料制作?

(2)使用电机驱动的小车应如何设计?它的能量转换情况如何?

实验二十六 制作小水钟

人类最早使用的计时仪器是利用太阳的光影长短和方向来判断时间,也称太阳钟,如圭表和日晷。但是太阳钟在阴天或夜间就会失去效用。为此人们又发明了漏刻计时仪器。漏刻一词不仅指水时计(漏刻),也指火钟、沙漏、香漏等。本实验项目研究水时计(漏刻),制作小水钟。

一、实验目的

(1)了解古代利用流水装置计时的原理,设计多种水钟制作方案,能够分析各方案的技术关键,选择合适方案并优化。

(2)能够通过绘制模型结构图展示水钟模型。

(3)能够分析影响水钟计时准确性的因素,改造已制作的水钟。

二、预习要点

(1)水钟计时的原理。

(2)影响水钟水流速度的因素有哪些。

三、实验用品

塑料瓶,墨水,铁钉,铁丝,吸管,透明软胶管,泡沫块,长木条,薄木板,齿轮,指针,直尺,剪刀,胶带,记号笔,铁架台(带铁圈),热熔胶枪,酒精灯,量筒,水槽等。

四、实验原理

(一)我国古代水钟的计时原理

水钟又叫漏刻,是我国古代利用滴水多寡来计量时间的一种仪器,如图6-72所示。漏刻由两个部分组成,分别是漏和刻。漏是指计时用的漏壶,用于泄水或盛水,用于泄水时称为泄水型漏壶,用于盛水时称为受水型漏壶;刻是标有时间刻度的标尺,常称其为箭刻。使用时将箭置于壶中,用一只箭舟将箭托起,使箭浮于水面。壶中水位的变化使箭能够实现上升或下降,根据壶口处所对应箭上的指示刻度读取时间。

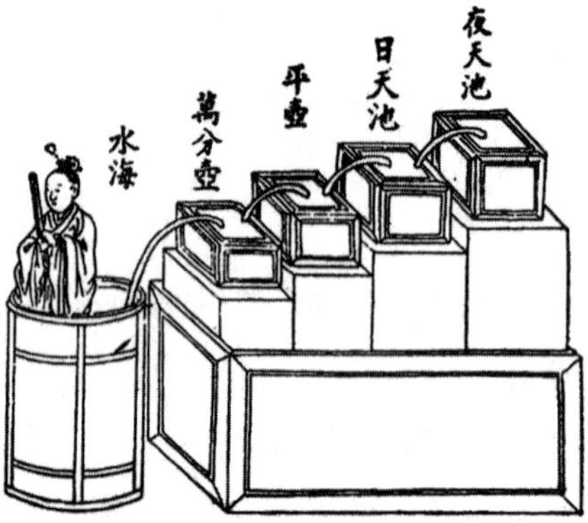

图6-72 (唐)吕才漏刻

中国的水钟,最先是泄水型,后来泄水型与受水型同时并用或两者合一。为了得到均匀水流,自东汉起就采用复式漏壶:从一个漏壶向第二个漏壶注水,重叠使用二级以至六级,最后的漏壶才把水注入放置浮箭的壶。这种方法使添水操作的断续性得以平滑。因此人们又根据漏壶个数的多少,将漏壶称为一级漏壶、二级漏壶、三级漏壶……

用多级烧杯模拟水钟装置,如图6-73所示,通过橡胶管虹吸使水流向下一级烧杯,并保持第二级大烧杯里小烧杯的水一直处于溢出状态。根据理想流体的伯努利方程,从第二级通向第三级烧杯的橡胶管的出水口处的流量为:

$$Q = \frac{S\sqrt{2gH}}{\sqrt{\alpha + \frac{\lambda}{d} + \Sigma\xi}}$$

式中α为动能校正系数,λ为流管管道的沿程阻力系数,d为流管管径,ξ为局部阻力系数,S为流管出水口内横截面积,g为重力加速度,H为水位。

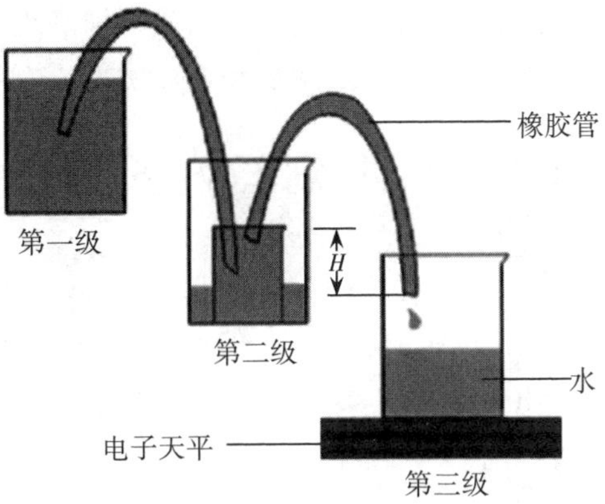

图6-73　多级漏壶结构简图

图6-73中小烧杯上沿到橡胶管最终出水口的距离为上式中的H。出水口橡胶管高度不变，则H不变，流速就恒定。因此，第二级里的小烧杯就起到了多级漏壶中平水壶的作用。

(二)马利奥特瓶水钟

以法国物理学家马利奥特命名的马利奥特瓶(简称马氏瓶)，是一种既能控制水位又能自动连续补水的装置。利用马利奥特瓶的匀速水流特性，可以制成水钟，其结构如图6-74所示。瓶的上端留有2个口，一个为加水口，平时用橡胶塞盖紧；另一个为通气孔，插入中空的玻璃管。当下端放水口打开，空气将通过玻璃管进入瓶内，玻璃瓶进气口A处压强恒等于大气压，出水口玻璃管末端B处始终与A处存在高度差H，使得AB间的压强差恒定。因此，只要瓶内水位高于A处，B处的出水流速将保持恒定。

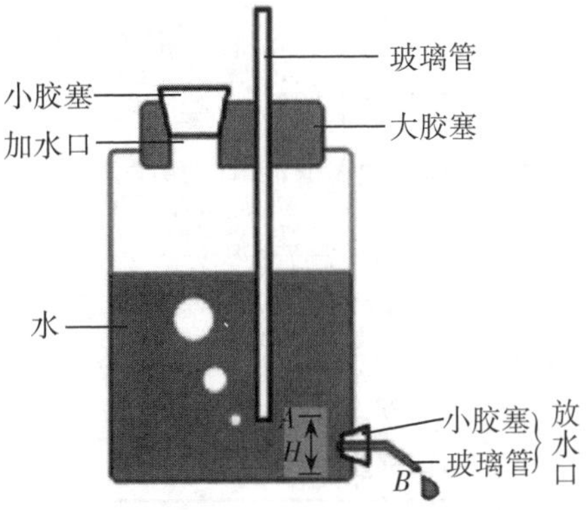

图6-74　马利奥特瓶水钟结构简图

五、实验内容

(一)10 min量程一级水钟的制作(单壶泄水型水钟)

沿着饮料瓶的侧面由上到下画一条竖线。剪掉该饮料瓶的瓶底，并在瓶盖上钻一个小孔。将瓶子盖上瓶盖，倒置固定在铁架台的铁圈上。堵住瓶盖上的小孔，向瓶中注满水(为了便于观察液面，可在水中滴入几滴墨水)，在水平面处画一个起始刻度，标为0。

松开出水孔，开始漏水。每隔1 min，在水面下降位置画上相应刻度。直到10 min，即可完成10 min计时刻度的制作。

实验思考：若在10 min之前，水钟的水已漏完，该如何修改水钟？

连续测量3次，记录每分钟时间间隔刻度的间距，观察水钟能否稳定计时，分析原因。

（二）10 min量程二级水钟的制作（双壶泄水型或受水型水钟）

1. 制作

取A、B两个同样大小的塑料瓶。在A瓶的瓶盖上钻一小孔，并将A瓶的底部剪掉。将B瓶的瓶颈剪掉，然后将B瓶正放在桌面，将A瓶倒置放入B瓶中，即组成二级水钟。

（1）泄水型二级水钟。

制作计时刻度时，以每分钟的水面下降为序，将刻度刻在容器A瓶上，即为泄水型水钟。

实验前将A瓶倒置，堵住出水孔倒满水，在水面处画一个起始刻度，标为0。开始漏水。每分钟在A瓶水面下降的位置画上相应刻度，并测量间距，做好数据记录，直到10分钟。

（2）受水型二级水钟。

制作计时刻度时，以每分钟的水面上升为序，将刻度画在B瓶，即为受水型水钟。

实验前在受水壶B瓶最低处画一个起始刻度，标为0。若瓶底不平或瓶身粗细不匀，可先注入一些水淹没这些地方，然后将水面作为初始0水位。将A瓶倒置，堵住出水孔，倒满水。迅速放入B瓶中，开始漏水。每分钟在B瓶水面上升的位置画上相应刻度，并测量间距，做好数据记录，直到10分钟。

两种二级水钟均连续测量三次，记录每分钟时间间隔刻度的间距，观察水钟能否稳定计时，分析原因。

2. 计时测量

两种二级水钟均连续测量三次，记录每分钟时间间隔刻度的间距，观察水钟能否稳定计时，对比两种水钟的计时效果，分析原因。

（三）10 min量程三级水钟的制作

（1）设计。

根据前面一级、二级水钟的制作经验，小组讨论设计能够稳定计时的三级水钟制作方案。设计要求如下：

①画出设计的三级水钟的结构简图，图中要注明各壶的名称，明确标出各壶出水口、入水口的位置。

②写出详细的制作方案。

设计建议：

①增加平水壶和分水壶，以保证平水壶的水面不变。

②在保证漏壶能匀速流水的基础上，可以考虑创新设计刻壶，如创新箭刻形式、将测量水位计时转变为测量水的质量、通过连杆带动表盘指针转动计时等。

③设计多种方案，分析其科学性、合理性和可行性等，筛选其中一种，并将方案优化。

④根据优化后方案设计测量数据记录表。

(2)根据设计方案，制作三级水钟。

(3)计时测量。连续测量三次，记录数据，观察水钟能否稳定计时。分析原因，提出修改解决方案。

(4)修改迭代。根据修改方案，对水钟进行修改，并重新计时测量。

(5)发布成果。各组展示水钟模型，汇报水钟的计时数据，分享设计制作的创意以及经验。

(四)马利奥特瓶水钟的制作

请结合三级水钟的设计制作基本流程，根据马利奥特瓶的匀速水流原理，以小组为单位进行创意设计并制作马利奥特瓶水钟。

六、实验记录和数据处理

以一级水钟数据记录为例，开始计时时，在受水壶上每隔1 min标注一次水位线高度，标记完毕，测量间距，对比间距是否均匀。实验重复三次，将数据记录于表格。

表6-60　水钟数据记录表

时间/min	刻度间距/cm			
	第一次	第二次	第三次	平均
1				
2				
3				
4				
5				
6				
7				
8				
9				
10				

观察第一次、第二次、第三次的间距变化情况，推测这种计时方法是否准确。

其他水钟数据记录表，请自行设计，记录并处理数据。

七、注意事项

(1)瓶盖孔大小的调节,孔不可过大,否则水流太快,水流完也达不到最大量程;不可过小,不然刻度太密集。

(2)在做三级水钟时,天壶漏水孔与平水壶水平面处高差不能太大,否则水流入平水壶会产生大量气泡,堵塞吸管。

(3)在使用三级水钟计时时,应注意观察平水壶的水面是否保持稳定。若出现平水壶水面高于分水口的情形,可适当增大平水壶分水口及其软胶管的直径;若出现平水壶水面低于分水口的情形,应首先检查天壶水位是否过低需要补水,如果补水后仍然不能使平水壶水面上升,则需适当增大天壶出水口及其软胶管的直径。

(4)在使用美工刀和剪刀等工具时,要注意安全。

思考题

(1)三级水钟中,天壶与平水壶水流速度的大小存在什么关系?

(2)在使用同样瓶子的前提下,如何增大水钟的最大量程?

(3)刻箭型水钟的浮标可以使用哪些材料制作?

实验二十七　种植凤仙花

植物的一生会经历出生、成长、繁殖和死亡的过程，这一过程周而复始，使得它们的种族得以延续。不同植物生命周期的具体表现不同，绿色开花植物一生会经历种子萌发、生长发育、开花结果、衰老、死亡的过程。那么绿色开花植物是如何由种子发育成一株植物的呢？植物在生长过程中会发生哪些变化？这些变化对植物的生长和生存又有什么意义呢？本实验为种植绿色开花植物凤仙花和观察记录凤仙花的生长变化活动。在亲历种植活动中发现植物生长需要一定的条件，了解栽培植物的方法；同时在观察植物生长发育过程中认识绿色开花植物的根、茎、叶、花、果实、种子等植物器官的结构和功能，进而激发研究植物生长变化的兴趣和珍爱生命的自觉性。

一、实验目的

(1)了解绿色开花植物通常会经历种子萌发、生长发育、开花结果、衰老、死亡的过程。

(2)了解植物生长需要阳光、空气、适宜的水分等条件。

(3)掌握根、茎、叶、花、果实、种子的结构与功能。

二、预习要点

(1)植物根、茎、叶、花、果实的结构与功能。

(2)植物生长需要的条件。

(3)凤仙花的生命周期。

三、实验用品

凤仙花种子，营养土，花盆，红墨水，透明杯，镊子，放大镜，软尺(或转尺)，锡箔纸，刀片，白纸等。

四、实验原理

(一)凤仙花播种与栽培

植物的生长和发育始终都受到一系列外部和内部因素的控制。影响植物生长与发育的外部环境因子主要包括温度、光、水分以及各种其他刺激等等。凤仙花又叫作指甲花、急性子，是凤仙花科中的一种一年生草本植物。凤仙花是一种生命力很强的植物，容易栽培和管理，在全国都有种植。同时，凤仙花生长周期较短，一般在3~4月播种，6~9月开花结果，并形成成熟的种子。凤仙花喜欢阳光，养殖时要保证阳光充足，选用疏松肥沃、排水性能较好的土壤，并且尽量将温度控制在20 ℃左右。

（二）茎的运输作用

茎在植物的根与叶之间，是植物的营养器官。茎的主要功能一是支持植物体；二是运输物质，即输导作用。茎的内部有两种管状结构，一种叫导管，由下至上将根吸收的水分和无机盐运输到植物体的各个部分，供给茎本身和叶、花等利用；另一种叫筛管，由上至下将叶子制造的养分运输到植物体各个部分，供使用和贮藏。

（三）观察花的结构

花是绿色开花植物的重要繁殖器官。根据花的结构不同，花可以分为完全花和不完全花。一朵完全花由花萼、花瓣、雄蕊和雌蕊组成。这些结构缺少一部分或者几部分的花叫作不完全花。花萼起保护作用，花瓣的颜色大多鲜艳绚丽，可以吸引昆虫为其传粉。雄蕊和雌蕊是花的主要结构。雄蕊由花药和花丝组成，花药中有花粉，花粉中有雄性细胞。雌蕊由柱头、花柱、子房组成，子房中有胚珠，胚珠里有卵细胞。花粉落到雌蕊的柱头上萌发出花粉管进入子房，花粉中的雄性细胞与胚珠中的卵细胞结合形成受精卵，这个过程叫受精。受精完成后，花瓣、雄蕊、花柱和柱头完成了它们的使命，随后纷纷凋落。子房膨大发育成果实，子房中的胚珠发育成种子。

五、实验内容

（一）凤仙花播种与栽培实验

（1）准备好花盆和土（营养土效果更好），先把一块小石头放在花盆的出水孔上，然后放入多于半盆的泥土。

（2）选出5颗颗粒饱满没有受过伤的凤仙花种子，用手指在土壤中按出5个深约1 cm的洞，每个洞放一粒凤仙花种子，再用土盖住洞口。

（3）往花盆中浇少量水，直到土壤湿润，然后将花盆放在温暖的地方。

（4）在接下来的种植过程中，需要定时浇水、观察。

（二）茎的运输作用实验

（1）取一段凤仙花的茎，观察茎的结构。

（2）将凤仙花的茎放入装有红墨水的杯子。

(3)一段时间后，将凤仙花的茎纵向切开，观察现象。

(三)观察花的结构实验

(1)摘一朵盛开的凤仙花，观察它是由几部分构成的。
(2)用镊子细心地从外到内将花的各部分撕下来，将它们分别摆在白纸上。
(3)使用放大镜观察雄蕊和雌蕊各有什么特点。
(4)观察其他植物的花，比较它们的相同点和不同点。

六、实验记录

表6-61　凤仙花生长变化记录表

日期								
凤仙花高度								
凤仙花状态								

1. 凤仙花的生命周期包括哪些阶段：____________________。
2. 从播种到长出新的种子需要 __________天。
3. 请根据凤仙花不同阶段的植株高度绘制统计图表。

4. 其他发现：

七、注意事项

(1)实验教学时注意引导学生持续观察。
(2)可以采用多种记录方法，比如文字、图画、照片等。
(3)发芽、生长速度与环境关系较大，需具体分析。

思考题

(1)为什么种下的种子有些没有萌发？可能是什么原因？
(2)根除了能吸收水分，还有固定植物的作用，生活中哪些现象可以作为证据？
(3)雄蕊和雌蕊分别有什么作用？
(4)凤仙花生长过程中，哪些现象可以说明水、阳光、空气、温度等影响植物的生长？
(5)凤仙花的生命周期是多长时间？运用观察记录结果说明凤仙花生长变化的规律。

实验二十八　养殖蚕

蚕桑文化是我国传统农业文化中的重要组成部分，它伴随着人类文明的发展而发展。而蚕作为一种昆虫，在小学科学课中占有很重要的地位，也很有代表性，是同学们认识昆虫的一个活教材。蚕是孩子们容易亲近的小动物。养蚕抽丝、织绸制衣是我国劳动人民的伟大发明，五千多年来蚕文化的滋养，使所有的中国人都对“蚕宝宝”有着特殊的亲切感。

蚕是变态类昆虫，最常见的是桑蚕，又称家蚕，以桑叶为食料的吐丝结茧的经济昆虫之一。蚕繁殖方式是有性繁殖，通过雌雄个体交配产生受精卵从而繁殖后代。它由卵孵化而来，所以是卵生动物。蚕的一生都要经历出生、成长、繁殖、死亡的生命历程，这样的生命过程一代代循环往复，使种族得以延续，呈现出动物的生命周期现象。研究动物的一生，有利于理解动物的生命活动和生命周期现象，构建动物生命周期模型，理解繁殖的意义，感受动物丰富多彩的生命过程。

一、实验目的

（1）通过观察蚕的一生，掌握完全变态发育和不完全变态发育的概念，并了解其不同发育阶段的形态结构特征。

（2）通过对蚕蛾的观察，掌握昆虫的形态结构特征。

（3）通过蚕的养殖，了解蚕的生长发育所需的基本条件。

（4）了解在适宜的环境条件下，蚕的幼虫身体逐渐长大，伴随着眠性和蜕皮现象。

二、预习要点

（1）动物的繁殖方式，结构与环境的适应。

（2）动物生长发育需要的条件。

（3）动物的生命周期。

三、实验用品

蚕卵，放大镜，尺子，桑叶（或莴笋叶），处于不同阶段的蚕及蚕的饲养盒，棉签，不同时期学生的观察记录表，小剪刀，手电筒，动物繁殖过程的图片和资料等。

四、实验原理

蚕的一生要经过蚕卵—蚁蚕(幼虫)—熟蚕(幼虫)—蚕蛹—蚕蛾(成虫)等这几个发育阶段,像蚕这种在发育过程中经过卵、幼虫、蛹、成虫等几个发育阶段的发育方式,叫作完全变态发育。

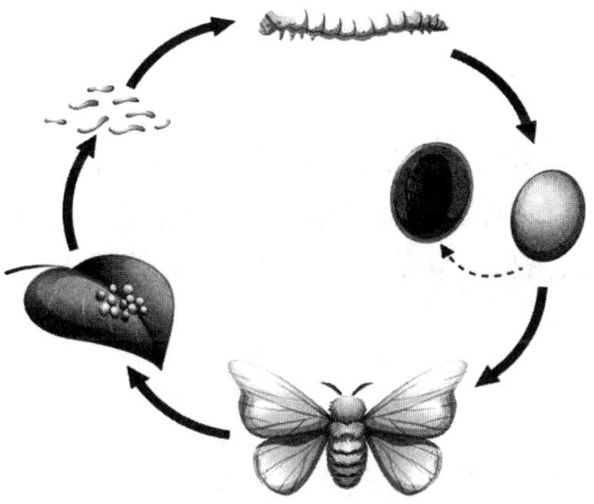

图6-75 蚕蛾的变态发育示意图

(一)蚕卵

蚕以卵繁殖。蚕卵看上去很像细粒芝麻,宽约1 mm,厚约0.5 mm。一只雌蛾可产400~500粒蚕卵,1 700~2 000粒蚕卵重约1 g。蚕卵的颜色,刚产下时为淡黄色或黄色,经1~2天变为淡赤豆色、赤豆色,再经3~4天后又变为灰绿色或紫色,便不再发生变化,称为固定色。蚕卵外层是坚硬的卵壳,里面是卵黄与浆膜,受精卵中的胚胎在发育过程中不断摄取营养,逐渐发育成蚁蚕,它从卵壳中爬出来,卵壳空了之后变成白色或淡黄色。

蚕卵在温度为22~29 °、湿度适宜的环境中会自然孵化,如太干燥,可在蚕卵上洒些水。

(二)蚁蚕

蚕从蚕卵中孵化出来时,身体的颜色是褐色或赤褐色的,极细小,且多细毛,样子有点像蚂蚁,所以叫蚁蚕。蚁蚕长约2 mm,体宽约0.5 mm,它从卵壳中爬出来后,经过2~3 h就会进食桑叶。

(三)蚕的眠性

蚕宝宝食桑量极大,因此,长得很快,体色也逐渐变淡。但它的食欲逐渐地有所减退乃至完全禁食,它吐出少量的丝,将腹足固定在蚕座上,头胸部昂起,不再运动,好像睡着了一样,称作“眠”。眠中的蚕,外表看似静止不动,体内却进行着脱皮的准备,脱去旧皮之后,蚕的生长就进入一个新的龄期,从蚁蚕到吐丝结茧共蜕皮4次。眠性是蚕的生长特性之一。眠性是蚕的遗传性状,同时受环境的影响。

(四)蚕龄

蚕龄又称龄期,表示蚕宝宝处于某一个发育阶段。从蚁蚕到第一次蜕皮为第一龄;眠起后进入第二龄;再次蜕皮后进入第三龄;第三次蜕皮后进入第四龄,第四次蜕皮又称大眠。大眠后就进入第五龄,五龄的蚕宝宝长得极快,体长可达6~7 cm,体重可达蚁蚕重量的1万倍左右。

(五)熟蚕

蚕宝宝到了五龄末期,就逐渐体现出老熟的特征:先是排出的粪便由硬变软,由墨绿色变成叶绿色;食欲减退,食桑量下降;前部消化管空虚,胸部呈透明状;继而完全停食,体躯缩短,腹部也趋向透明,蚕体头胸部昂起,口吐丝缕,左右上下摆动寻找营茧场所,这样的蚕就称为熟蚕。

(六)结茧

人们把熟蚕放在特制的容器中或蔟器上,蚕便吐丝结茧了。结茧可分为四个过程:(1)熟蚕先将丝吐出,黏结在蔟器上,再吐丝连接周围蔟枝,形成结茧支架,即结茧网。茧网不具备茧形,只是一些松软凌乱的茧丝层,以作为结茧的支架。(2)蚕结制茧网后,继续吐出凌乱的丝圈,加厚茧网内层,然后以S形方式吐丝,开始出现茧的轮廓,叫作结茧衣。茧衣的丝纤维细而脆,排列极不规则,丝胶含量也多。(3)茧衣形成后,茧腔逐渐变小,蚕体前后两端向背方弯曲,成“C”形,蚕继续吐出茧丝,吐丝方式由“S”形改变成“∞”形,这就开始了结茧层的过程。(4)当蚕由于大量吐丝,体躯大大缩小时,头胸部摆动速度减慢,而且没有一定的节奏,吐丝开始显得凌乱,形成松散柔软的茧丝层,称为蛹衬。

(七)蚕蛾

蛹在茧里,身体发生着巨大的变化,经过十多天,就羽化成蚕蛾。蚕蛾吐出一种碱性的液汁,使黏着蚕丝的丝胶溶解;然后,用头和足把丝拨开,蚕蛾就从圆洞里钻出来。蚕蛾具有昆虫的典型特征,身体分为头、胸、腹三部分,全身披着白色鳞毛;头部呈小球状,长有鼓起的一对复眼和一对羽状触角,口器退化,无法进食;胸部长有三对足及两对翅,腹部末端体节演化为外生殖器。蚕蛾有雌蛾、雄蛾之分,雌蛾体大,触角灰色,腹部肥大,翅短小,爬行慢;雄蛾体小,触角黑色,腹部狭长,翅大,爬行较快,翅膀振动快。雌雄蚕蛾是通过有性生殖方式来繁殖后代,即雌雄蚕蛾交配后,雌蛾产下受精卵,以卵生的生殖方式繁衍后代。

五、实验内容

(一)观察蚕卵和蚁蚕

(1)准备好蚕卵,以及一个干净没有异味的盒子(纸盒、塑料盒、铁盒均可),然后在盒子的上方以及四周扎上数个小孔,保证盒子的通风透气性。

（2）将蚕卵放入蚕盒中，等待蚕宝宝孵化。一般当温度为22~29 ℃的时候，孵化时间为11 d左右。

（3）观察蚕卵的形状、颜色、大小等，并记录。

（4）观察蚁蚕的外形特征并记录。

（二）观察幼蚕

（1）观察幼蚕的身体结构，数一数蚕的身体有几节，每节有什么特征。

（2）用放大镜观察蚕的口器。

（3）将蚕放在玻璃片上，观察它的运动方式。

（4）用棉签轻轻触碰蚕的身体，观察蚕对外界刺激的反应。

（三）观察蚕茧和蚕蛹

（1）观察蚕的吐丝过程。

（2）借助手电筒、放大镜等器材观察蚕茧（形状、颜色、尺寸、质地……）。

（3）用剪刀小心剪开一个蚕茧，注意不破坏蛹。取出蛹，观察外形，用手电筒照射以及棉签轻触，观察反应。

（四）观察蚕蛾

（1）观察蚕蛾钻出蚕茧的过程。

（2）观察蚕蛾的外形。注意观察蚕蛾的身体及其各部分所包括的器官，总结昆虫的典型特征，并根据外部形态特征来区别雄蚕蛾和雌蚕蛾。

（3）对比观察：幼蚕和蚕蛾的生活习性有何不同？

（4）观察蚕蛾的交配和产卵。

六、实验记录

表6-62　蚕的生长变化记录表

蚕的一生观察计划

饲养时间：　　年　月——　　年　月

饲养地点：

食物：

观察记录方法：

观察记录内容：

蚕的生长变化记录表：

阶段	外形特征	运动	吃食	经历时间

标出蚕蛾各部分的结构

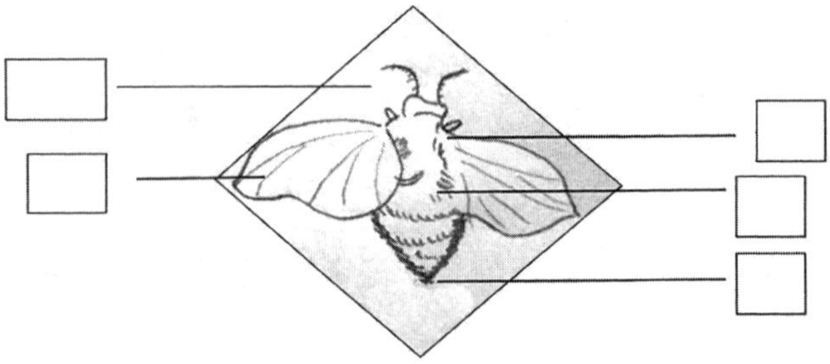

图6-76　蚕蛾的身体分部示意图

七、注意事项

（1）养殖环境须阴凉、通风、干燥、清洁，没有苍蝇、蚊虫等。养蚕房间不能喷洒杀虫剂。

（2）不要用手摸蚕；桑叶要洗干净，且要把水擦干。

（3）蚕在眠期，室内要安静，光线稍暗，不要翻动它。当它眠醒开始翻动找食时开始喂桑叶。

（4）每天检查蚕室的清洁情况，若残渣粪便较多，要将蚕移至干净衬纸上，将“室内”清理干净再将蚕移入。

思考题

（1）蚕的幼虫在生长过程中需哪些条件？

（2）哪些动物的形态结构与蚕蛾相似？它们有什么共同特点？

（3）蚕蛾一生经过卵、幼虫、蛹、成虫四个阶段，那么蜻蜓、蝗虫、苍蝇这些昆虫一生是否也经历了这四个阶段？

（4）动物的生殖方式有哪几种？人类繁衍后代的方式是哪一种？

（5）对比蚕、鱼、蛇、鸡、狗，这些动物的一生有什么相同点和不同点？

第七章

综合设计类实验

实验二十九　制作水火箭

水火箭又称气压式喷水火箭、水推进火箭。使用塑料瓶制作成动力舱和箭体，灌入一定数量的水后，利用打气筒向瓶内充入空气。发射时，利用压缩空气的压力推动水向下喷出，当水被向下喷出时，塑料瓶在水的反作用力的作用下向上冲，从而使箭体升空。水火箭是中小学较为常见的科技制作主题。制作水火箭不仅可以加深学生对作用力与反作用力的理解，还能有效提高学生的探究与实践能力。

一、实验目的

(1)掌握水火箭的制作原理及结构。

(2)能够基于所学知识设计水火箭。

(3)完成水火箭的制作及发射。

(4)能够通过水火箭发射实验探究影响水火箭飞行高度和滞空时间的因素。

二、预习要点

(1)知道火箭的基本发射过程及原理，火箭的作用及其类别。

(2)我国火箭设计与制造的发展历程。

三、实验器材

500 mL空塑料瓶3个，防水胶带，卡纸，橡胶塞，50 cm×50 cm塑料薄膜1块，细线250 cm，粗线100 cm，剪刀，手工钻，高度传感器等。

四、实验原理

水火箭的发射主要运用牛顿第三定律。水火箭在发射时通过朝装有水的瓶里充入气体增强瓶内的气压后在一瞬间释放，使气体膨胀挤压出瓶中水，反冲推进装置飞上天空。

水火箭的飞行过程可分为两个阶段，即初期的喷水阶段和后期惯性飞行阶段。在初期喷水阶段，推进器内的空气压强大于外界大气压使推进器内的水不断地喷出，火箭因此受到反冲作用而获得驱动力，并在短时间内获得较大的运动速度。在后期惯性飞行阶段，火箭停止喷水，在只受重力和空气阻力的作用下继续飞行一段距离，到达最高点后下落。

五、实验内容

（一）制作水火箭

1. 制作动力舱

一个500 mL的空塑料瓶，无须加工，如图7-1①所示。塑料瓶不能漏气。

2. 制作箭体

截取一个500 mL装的空塑料瓶的中段作为箭体，高12 cm左右，如图7-1②所示。把高度传感器放置在箭体内壁并粘牢。将箭体套入动力舱的尾部，用胶带将其与动力舱粘牢。在箭体顶部使用手工钻打一个小孔。

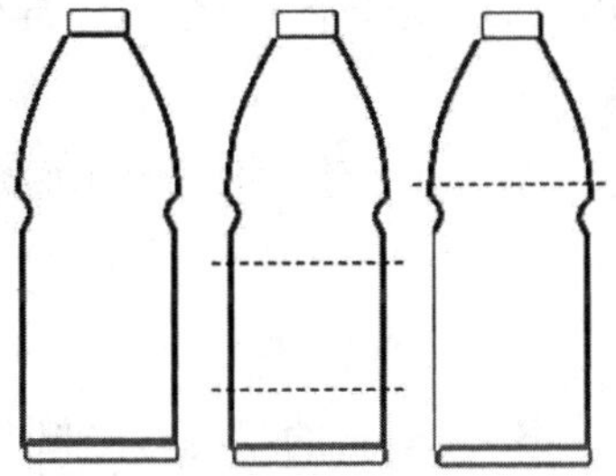

①动力舱　②箭体　③储备舱

图7-1　动力舱、箭体及储备舱裁切示意图

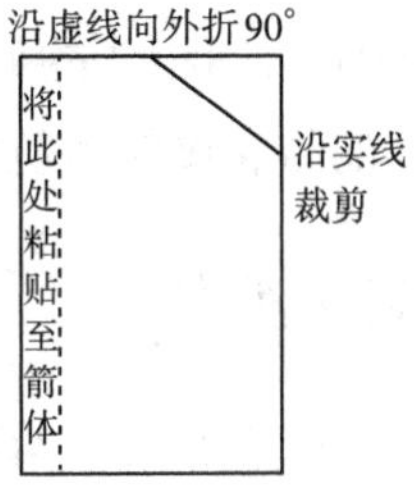

④尾翼

图7-2　尾翼裁切示意图

3. 制作储备舱

截取一个500 mL装的空塑料瓶的前端，高12 cm左右，如图7-1③所示。在储备舱底部使用手工钻打一个小孔。

4. 制作火箭头

将硬纸板根据塑料瓶瓶口的大小绕成一个锥形，套在储备舱的瓶口处，用胶带将其与储备舱粘牢。

5. 制作尾翼

如图7-2所示，先用较厚的有一定硬度的16 K大小的卡纸纵向对折，在上面画出7 cm×8 cm的长方形，将长方形剪下，在长边处沿虚线外折90°，并在另一侧的长边处剪去一个角；然后在折口处向外反折出1 cm，作为尾翼与箭体黏接的地方。再做同样大小的三片，共四片。

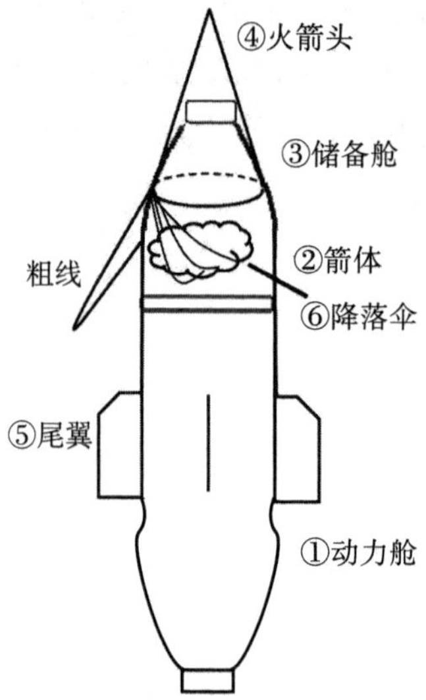

图7-3 水火箭安装示意图

(二)制作降落伞

(1)把50 cm×50 cm的塑料薄膜的四个角剪去,形成一个正8边形。再在8个角上分别系上25 cm长的线,把8根线的另一头合在一起打个结。

(2)将打好的结穿过储备舱已经打好的孔,再在里面打结,把降落伞固定在储备舱上。

(三)降落伞组装

(1)把箭体上的小孔与储备舱上的小孔用一根长65 cm的粗线连接起来。

(2)把降落伞折叠起来放进储备舱。

(3)将水火箭按照"火箭头和储备舱" "箭体""动力舱"的顺序对接在一起。

(4)"火箭头和储备舱"与"箭体"之间不需要粘贴,仅需如图7-3所示放置。"箭体"与"动力舱"需使用防水胶带粘贴在一起。

(5)将尾翼均匀地粘在"动力舱"的尾部。

(四)发射水火箭

(1)注水。往动力舱中注水,拴上带有气针的橡皮塞;将打气筒的出气口与气针拴紧。

(2)打气。将水火箭套上发射架,校正后套上火箭头,注意尾翼不要受到发射架剐蹭。用打气筒向水火箭动力舱内打气,打气时频率要尽可能快,中间不要停顿。

(3)发射。用打气筒连续打气至橡皮塞自动脱落,火箭即可凭强大的反冲力迅速上冲。

(五)探究影响水火箭飞行效果的因素

(1)保持发射角度与水平面夹角为90°,调整注水量为动力舱的1/4、1/3、1/2和2/3,每个水量发射五次并记录水火箭发射高度和滞空时间。发射高度取高度传感器最大数值,滞空时间为水火箭从发射到落地之间的时间。

(2)改变火箭头进行发射,保持发射角度与水平面夹角为90°,记录使用报纸材质、硬纸板材质及不安装火箭头的水火箭飞行的高度。

六、实验记录和数据处理

表7-1　不同注水量的水火箭发射高度

注水量	飞行高度(m)				
	第1次	第2次	第3次	第4次	第5次
动力舱的1/4					
动力舱的1/3					
动力舱的1/2					
动力舱的2/3					

表7-2　不同注水量的水火箭滞空时间

注水量	滞空时间(s)				
	第1次	第2次	第3次	第4次	第5次
动力舱的1/4					
动力舱的1/3					
动力舱的1/2					
动力舱的2/3					

表7-3　不同材质火箭头的水火箭发射高度

火箭头材质	飞行高度(m)				
	第1次	第2次	第3次	第4次	第5次
硬纸板					
报纸					
无					

表7-4　不同材质火箭头的水火箭滞空时间

火箭头材质	滞空时间(s)				
	第1次	第2次	第3次	第4次	第5次
硬纸板					
报纸					
无					

七、注意事项

水火箭以压缩气体为动力，具有很大的能量，在水火箭试飞试验的时候不能对人发射，并与人群保持一定的距离，以免发生水火箭伤人。

思考题

多节水火箭如何制作？运用了哪些科学原理？

实验三十　电磁铁及其磁性的研究

内部带有铁芯的通电螺线管叫电磁铁。电磁铁在通电后会产生磁性，断电后磁性就随之消失。电磁铁在我们的日常生活中有着极其广泛的应用，它的发明也使发电机的功率得到了很大的提高。电磁继电器、电磁起重机、磁悬浮列车中都有电磁铁的身影。

一、实验目的

(1)掌握电磁铁的结构及原理，能够自主设计并制作一个简易电磁铁。

(2)通过动手实验，分析影响电磁铁磁性强弱的因素。

(3)通过动手实验，分析影响电磁铁极性的因素。

二、预习要点

(1)电磁铁的原理及结构。

(2)电磁铁的应用场景，找寻身边有电磁铁部件的物品。

三、实验器材

干电池，导线，开关，电流表(0~0.6 A)，滑动变阻器(10 Ω)，通电螺线管，铁钉，酒精灯，铁架台，漆包线，曲别针，小磁针，砂纸。

四、实验原理

1. 电流的磁效应

通电导线旁放置的小磁针会偏转，断电后磁针又回到原位置，这说明通电导线周围存在磁场。若将导线绕在圆筒上，做成螺线管，通电后各圈导线产生的磁场叠加在一起，磁场会更强。同时，电流产生的磁场可磁化一些物体，若在螺线圈内部插入软铁棒，当线圈通有电流时，线圈内部的磁场使软铁棒磁化成暂时磁铁；当电流切断时，线圈及软铁棒的磁性随之消失。软铁棒磁化后所生成的磁场，加上原有线圈内的磁场，使得总磁场强度大为增强。这种插有软铁棒的通电螺线管就是电磁铁。

2. 安培定则

用右手握住通电螺线管，使四指弯曲方向与电流方向一致，那么大拇指所指的那一端是通电螺线管的N极。

五、实验内容

（一）制作电磁铁

（1）首先取一枚铁钉尝试吸引回形针，若回形针能够被铁钉吸引，则需要将铁钉固定在铁架台上，用酒精灯加热铁钉消磁直到其不能吸引回形针。用灯帽盖灭酒精灯。待铁钉冷却到室温后，用漆包线在铁钉上缠绕20匝，作为电磁铁使用，漆包线两头用砂纸打磨去除漆面。

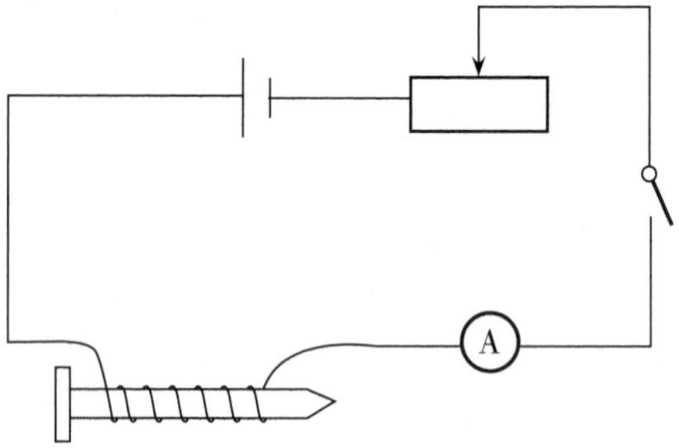

图7-4　电路连接示意图

（2）将制作的电磁铁、开关、4节干电池、滑动变阻器及电流表接入电路中，保持滑动变阻器为最大电阻，闭合开关。逐渐减小滑动变阻器的电阻大小，观察电流表的示数变化。如图7-4所示。若电流表显示电流为0 A，或在改变滑动变阻器电阻后电流表示数仍无变化，需要检查电路是否发生断路或短路。此时需要检查并调整电路连接，直到形成闭合回路。

（二）探究影响电磁铁极性的因素

（1）将小磁针靠近电磁铁，并放置在电磁铁中段，如图7-5所示。闭合开关，观察小磁针指向并记录在表7-5中。

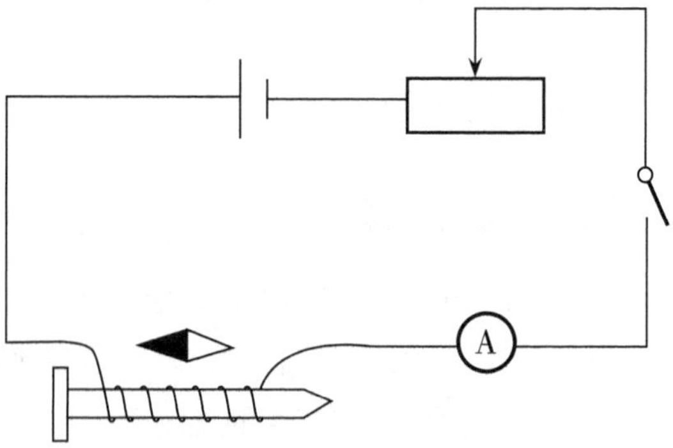

图7-5　小磁针摆放示意图

（2）改变电源正负极，再次闭合开关，观察小磁针指向并记录在表7-5中。

（3）将电磁铁旋转180°，再次接入电路，电源正负极保持不变，闭合开关，观察小磁针指向并记录在表7-5中。

（4）将电磁铁旋转180°，同时改变电源正负极，闭合开关，观察小磁针指向并记录在表7-5中。

(三)探究影响电磁铁磁性大小的因素

1. 探究匝数对电磁铁磁性大小的影响

用漆包线在铁钉上缠绕20匝,闭合开关,将回形针靠近电磁铁,观察电磁铁吸引回形针的数量,并记录于表7-6中。

改变漆包线缠绕匝数至10匝,闭合开关,调整滑动变阻器的滑片,保持电路中电流大小与20匝时电流大小相同,将回形针靠近电磁铁,观察电磁铁吸引回形针的数量,并记录于表7-6中。

再将漆包线缠绕匝数改变至30匝,重复上述步骤,并将电磁铁吸引回形针的数量记录于表7-6中。

2. 探究电流大小对电磁铁磁性大小的影响

保持漆包线在铁钉上缠绕的匝数为20匝,移动滑动变阻器的滑片,改变电路中电流大小使其分别为100 mA、200 mA及300 mA,观察电磁铁吸引回形针的数量,并记录于表7-6中。

3. 探究内置铁钉对电磁铁磁性大小的影响

取出电路中的电磁铁,将螺线圈放置在电路中,闭合开关,将回形针靠近螺线圈,观察电磁铁吸引回形针的数量,并记录于表7-7中。

将铁钉放置在通电螺线圈内部,保持线圈及其内部铁钉竖直悬空放置。闭合开关,微调滑动变阻器使电流与未放置铁钉时保持一致,观察电磁铁吸引回形针的数量,并记录于表7-7中。

六、实验记录和数据处理

表7-5 电磁铁极性影响因素记录表

比较项	观测序号	磁极(用N或S表示)		比较项	观测序号	磁极(用N或S表示)	
		钉尖一端	钉帽一端			钉尖一端	钉帽一端
(1) 电源正接 电磁铁正接	第1次			(3) 电源正接 电磁铁反接	第1次		
	第2次				第2次		
	第3次				第3次		
(2) 电源反接 电磁铁正接	第1次			(4) 电源反接 电磁铁反接	第1次		
	第2次				第2次		
	第3次				第3次		

表7-6 电磁铁磁性影响因素记录表

比较项(各三组数据)		吸引回形针的数量(个)		
		第1次	第2次	第3次
电流大小	300 mA			
	200 mA			
	100 mA			
线圈匝数	30匝			
	20匝			
	10匝			

表7-7 内置铁钉影响电磁铁磁性记录表

比较项	吸引回形针的数量(个)		
	第1次	第2次	第3次
无内置铁钉			
有内置铁钉			

七、注意事项

(1)实验中每次记录数据后应及时断开开关。

(2)用漆包线缠绕铁钉及打磨漆包线时应注意安全。

思考题

(1)电磁铁中的铁芯除使用铁钉外,还可以使用哪些物品代替?

(2)电磁铁的磁性大小与螺线圈的疏密是否有关?应如何设置实验验证?

实验三十一　植物酸碱指示剂的研究

酸碱指示剂遇酸性或碱性物质显示不同颜色，可用于指示酸碱性及酸碱滴定的指示等。许多植物的花、果、茎、叶中都含有色素，植物色素（主要是花青素）颜色会随pH值不同而发生变化，这一性质被科学家发现并应用于制取酸碱指示剂。

科学实验中常用石蕊、酚酞、甲基橙试液等作为酸碱指示剂。向酸性、中性、碱性溶液中滴加紫色石蕊试液，分别显示红色、紫色和蓝色，基本可通过颜色对照进行区分，而滴加酚酞试液时，显示的颜色分别是无色、无色和红色，利用酚酞无法区分中性和酸性溶液，因而酸碱指示剂有其适用情况和最佳pH指示范围。

本实验学习植物色素提取和制作植物酸碱指示剂的方法；设计探究和研判指示剂性能及其应用范围的实验；探索“自制植物pH试纸”的工艺方法，开发基于植物酸碱指示剂的科学学习项目。

一、实验目的

（1）通过提取植物色素、制取植物浸出液酸碱指示剂，熟练掌握过滤、离心分离等基本操作；通过配制一定pH值的标准溶液，巩固一定物质的量浓度溶液的配制方法。

（2）通过设计完成植物浸出液性能判别实验，深入理解和掌握对比实验的基本原理与方法，提高科学探究实践能力。

（3）通过设计完成植物酸碱指示剂在不同pH溶液中变色测试和性能判别实验，提高创新思维能力。

（4）通过不同条件下植物色素浸出液性状、性能的对比实验，掌握和熟练运用控制变量等科学方法。

（5）通过探索与优化自制植物酸碱pH试纸项目，以及在实际情况中解决大量植物酸碱指示剂性能筛选等综合问题，初步形成STEM项目设计与实施的能力。

二、预习要点

(1)pH值基本概念。
(2)酸碱指示剂基本概念与原理。
(3)一定物质的量浓度溶液的配制方法。
(4)过滤、离心分离等基本操作。

三、实验用品

1. 材料

乙醇(分析纯)、蒸馏水、6 mol/L盐酸、氢氧化钠固体、广范pH试纸,胡萝卜果实、火龙果果肉、红花檵木叶、生菜叶、山茶花花瓣、白玫瑰花瓣、红玫瑰花瓣、粉玫瑰花瓣、向日葵花瓣、月季花瓣、瓜叶菊花瓣、黄洋桔梗花瓣、白洋桔梗花瓣、紫雏菊花瓣、红苋菜红色菜叶、非洲菊花瓣等备选。

2. 器具

研钵、研杵、烧杯、一次性滴管、点滴板、铁架台(或漏斗架)、漏斗、尼龙布、台式离心机、试剂瓶、容量瓶、玻璃棒、移液管、洗耳球、量筒、离心试管、电子天平等。

四、实验原理

酸碱指示剂是一类结构较复杂的有机弱酸或有机弱碱,它们在溶液中部分电离成指示剂和氢离子(或氢氧根离子),由于结构上的变化,其分子和离子具有不同颜色,因而在pH值不同的溶液中呈现不同颜色。

植物色素分布很广,可存在于花、果、茎、叶等植物器官中。含植物色素,特别是花青素较多的植物或植物器官在不同的酸碱环境中,植物色素内部共轭结构发生改变,呈现不同颜色,可用作酸碱指示剂。植物色素易溶于乙醇等有机溶剂,可通过研磨、浸渍、过滤等方法进行提取。

五、实验内容

(一)制取植物色素浸出液

(1)称取已备好的某种植物器官5 g,切碎放入研钵中(可在研钵中加入少量二氧化硅、碳酸钙，使研磨充分和防止色素被破坏），研磨至出现植物汁液，加入15 mL左右乙醇溶液（不超过研钵容积的1/3），继续充分研磨后静置5 min。

（2）在漏斗中放入单层尼龙布，将上述植物浸出液倒入漏斗进行过滤。

（3）过滤结束后，将植物色素浸出液倒入离心试管，经离心机分离，取上层清液倒入试剂瓶中，用标签标明植物名称。

（二）植物色素浸出液酸碱指示性能初步测试

（1）配制1 mol/L盐酸溶液和1 mol/L氢氧化钠溶液。

（2）取植物色素浸出液2~3滴分别滴入点滴板的3个孔穴中，再向其中2个孔穴分别滴加几滴1 mol/L盐酸溶液和1 mol/L氢氧化钠溶液，观察比较指示剂遇酸碱颜色变化，并与浸出液本身颜色做对比。

（3）根据植物色素浸出液遇酸、碱变色情况初步判断其作为酸指示剂、碱指示剂或酸碱指示剂的性能，完成实验记录表7-8。

（三）植物酸碱指示剂不同pH变色响应测试及性能判定

（1）配制pH值分别为1~14的酸碱溶液（或配制pH值分别为1、3、5、7、9、11、13的酸碱溶液），分别存于标号为1~14的试剂瓶中。

（2）将实验（二）中选取的可作植物酸碱指示剂的植物色素浸出液分别滴加在点滴板的14个孔穴中。

（3）再向孔穴中分别滴加pH值为1~14的酸碱溶液，观察颜色变化，确定该种植物酸碱指示剂的pH变色响应情况。

（4）重复步骤2~3，通过比较不同pH值溶液中的变色情况判定不同酸碱指示剂的敏感pH范围，并判定其作为酸碱指示剂的性能优劣。完成实验记录表7-9。

（5）重复步骤2~4，将实验（二）中选取可作碱指示剂或酸指示剂的植物色素浸出液分别滴加在点滴板的孔穴中，再分别滴加pH值为1~7或7~14的酸、碱溶液，通过观察颜色变化判定植物酸、碱指示剂性能优劣。

（四）影响植物酸碱指示剂性能的因素

影响植物色素提取效果和酸碱指示剂性能的因素较多，如植物本身属性、乙醇溶液浓度、固（植物）液（乙醇溶液）质量比、浸泡时间、温度等。

1. 乙醇溶液浓度对植物酸碱指示剂性能的影响

(1)配制质量百分比分别为75%、50%、25%的乙醇溶液,贴标签后分别于试剂瓶中储存。

(2)分别以75%、50%、25%乙醇溶液和不含乙醇溶液的蒸馏水为浸泡液,用实验(一)中方法进行植物色素提取,取离心分离后的上层清液倒入试剂瓶中,贴标签。

(3)用实验(二)(三)中的方法对得到的四种植物酸碱指示剂进行性能测试,确定评价标准并判定最佳浸泡液浓度。

实验结论:根据判断,本植物色素提取实验中效果最好的乙醇溶液浓度是______。

原因概述:________________________________。

2. 浸泡时间对植物色素浸出液性能的影响

(1)使用上述实验1中效果最佳的乙醇浓度的浸泡液,用实验(一)中方法进行植物色素提取,浸泡时间分别为10 min、20 min、30 min,得3种植物酸碱指示剂,贴标签。

(2)用实验(二)(三)中的方法对浸泡不同时间的植物酸碱指示剂进行性能测试,确定评价标准并判定最佳浸泡时间。

实验结论:根据判断,本植物色素提取实验中效果最佳的浸泡时间是_______。

原因概述:________________________________。

(五)自制植物酸碱pH试纸

(1)取某种植物酸碱指示剂10 mL,倒入带盖样品管中。

(2)剪切滤纸为长5 cm,宽1 cm的长条若干,将其完全浸没于样品管中的指示剂溶液中。

(3)24 h后取出,晾干,制得植物酸碱pH试纸。

(4)用不同pH值溶液测试自制植物试纸性能。

(5)通过改变浸泡时间、烘干方式、试纸材料等方法,考虑时间成本、性价比等客观因素,形成最优的植物试纸制作方法。

六、实验记录和数据处理

表7-8　植物色素浸出液酸碱指示性能

序号	植物名称（及器官）	浸出液颜色	滴加酸碱溶液后变色情况（溶液浓度1 mol/L）		结论		
			盐酸溶液	氢氧化钠溶液	可作酸指示剂	可作碱指示剂	可作酸碱指示剂
1							
2							
3							
4							
5							
……							

表7-9　植物酸碱指示剂不同pH值溶液中变色测试

植物名称（及器官）	植物酸碱指示剂颜色	指示剂在不同pH值溶液中的颜色													
		1	2	3	4	5	6	7	8	9	10	11	12	13	14

实验结论：较优的植物酸碱指示剂是______________________。

较优的植物碱指示剂是____________。

较优的植物酸指示剂是_________。

原因概述：______________________________________。

七、注意事项

(1)实验过程中,用研钵将所研物质研碎、研细。

(2)用乙醇溶液吸取色素时,最好使其接触3~5 min以上,使色素被充分吸收。

(3)浸出液之间不要混合,以免破坏指示剂成分。

(4)pH值为1~14酸碱溶液建议配制为相应pH值的缓冲液。

思考题

(1)影响植物浸出液酸碱指示性能的因素还可能有哪些?请设计实验进行验证和判别。

(2)植物色素分为水溶性和脂溶性两类,请设计实验验证植物色素的溶解性,并设计更优的方法提取溶解性不同的植物色素,制取植物酸碱指示剂。

(3)植物色素多数易溶于乙醇、乙醚等有机溶剂,请设计实验方案探究混合溶剂溶解和提取植物色素的最佳配比。

实验三十二 探究影响滑动摩擦力大小的因素

摩擦力是指两个互相接触的物体，当它们发生相对运动或有相对运动的趋势时，在接触面上产生一种阻碍相对运动的力。摩擦是一种极为普遍的力学现象，在人类生活、生产中无处不在。不仅固体与固体的接触面上有摩擦，即干摩擦，就连固体与液体的接触面或固体与气体的接触面上也有摩擦，即湿摩擦。在干摩擦中，摩擦力按其性质可分为静摩擦力、滑动摩擦力和滚动摩擦力三种。不同性质的摩擦力，影响其大小的因素亦不相同。本实验主要研究滑动摩擦力，即一个物体在另一个物体表面发生滑动时，接触面间产生阻碍它们相对运动的摩擦力。滑动摩擦力的大小与接触面的粗糙程度和正压力大小有关。

本实验借助滑块、力传感器、朗威数据采集器（Dislab数字软件6.9版）、笔记本电脑，可以将实验测得的数据通过朗威数据采集器直接显示在笔记本电脑中的Dislab数字软件界面中。由于Dislab数字软件是具有多样化的自主操控能力，强大的函数功能和图像处理系统，本实验可以根据需要自定义变量摩擦力f、质量m、正压力F_n等，同时绘制出摩擦力f和正压力F_n关系图，摩擦力f和接触面积s关系图，以及摩擦力f和接触面粗糙程度关系图等。

一、实验目的

（1）理解滑动摩擦力的概念和产生条件。

（2）学会判断滑动摩擦力的方向。

（3）了解滑动摩擦力的大小和哪些因素有关。

二、预习要点

（1）生活中的滑动摩擦力现象。

（2）滑动摩擦力的产生条件。

三、实验用品

摩擦力实验导轨1个，同质量同材质不同底面积滑块6个，细砂纸1张，毛巾1条，白纸1张，塑料膜1张，有机玻璃板1张，50 g砝码6个，朗威数字化采集器1个，力传感器1个，笔记本电脑1台等。

四、实验原理

物体在平面上滑动时所受到的滑动摩擦力f,其方向总是与物体相对平面的运动方向相反,其大小与物体所受到的正压力F_n成正比,即$f=\mu F_n$。其中μ是滑动摩擦系数,在本实验中,用滑动摩擦系数μ来反映物体接触面的粗糙程度,μ越大,物体接触面就越粗糙。

二力平衡法。当水平拉动滑块做匀速直线运动时,滑块处于平衡状态,这时滑块受到二力平衡的作用。本实验是将滑块放在力学导轨上,一端连接力学传感器,然后将朗威数据采集器一端连接在电脑上。打开Dislab数字软件的通用入口界面,这时软件界面直接可以显示出摩擦力f数值。同时可以在Dislab数字软件中添加变量,例如在软件界面点击计算表格设置变量质量m、面积S等。有些变量的设置需要通过添加公式方式得出,例如本实验研究中的变量正压力F_n,滑动摩擦系数μ,需要在软件界面点击计算表格添加公式$F_n=mg$,$f=\mu F_n$。设置好变量,Dislab数字软件可以将实验中各个变量数值显示出来。同时Dislab数字软件有绘图功能,可以直接将各个变量的关系图绘制出来,例如摩擦力f和正压力F_n关系图,摩擦力f和接触面积S关系图,摩擦力f和接触面粗糙程度关系图。

五、实验内容

(一)接触面积对滑动摩擦力的影响

(1)将力传感器固定在摩擦力实验导轨一端的支架上面,一端连接朗威数据采集器,另一端连接滑块。

(2)将数据采集器连接在笔记本电脑上,打开Dislab数字软件的通用入口界面,单击计算表格,添加变量摩擦力f、接触面积S。

(3)点击调零。力传感器调零,匀速拉动滑块,点击记录1组数据。接着分别连接不同底面积的滑块,再以同样速度匀速拉动滑块,以同样的方式记录5组数据。

(4)单击软件界面中的“绘图”,设置“摩擦力f”为x轴,“接触面积S”为y轴;选“拟合”中的“线性拟合”,绘制出摩擦力f和接触面积S的关系图。

(二)正压力对摩擦力的影响

(1)将力传感器固定在摩擦力实验导轨一端的支架上面,一端连接朗威数据采集器,另一端连接滑块。

(2)将数据采集器连接在笔记本电脑上,打开Dislab数字软件的通用入口界面,单击计算表格,添加变量摩擦力f、滑块质量m,添加公式正压力$F_n=mg$。

(3)点击调零。力传感器调零,匀速拉动滑块,点击记录1组数据。接着分别往滑块上添加1、2、3、4、5个砝码,再以同样速度匀速拉动滑块,记录5组数据。

(4)单击软件界面中的“绘图”,设置“摩擦力f”为x轴,“正压力F_n”为y轴;选“拟合”中的“线性拟合”,绘制出摩擦力f和正压力F_n的关系图。

(三)接触面粗糙度对摩擦力的影响

(1)将力传感器固定在摩擦力实验导轨一端的支架上面,一端连接朗威数据采集器,另一端连接滑块。

(2)将数据采集器连接笔记本电脑,打开Dislab数字软件的界面,添加变量摩擦力f、质量m和公式滑动摩擦系数$\mu=f/mg$(粗糙程度不同的接触面滑动摩擦系数)。

(3)点击调零。力传感器调零,匀速拉动滑块,点击记录1组f、μ数据。接着分别往导轨上添加有机玻璃板、白纸、塑料膜、毛巾、细砂纸等不同垫面,再以同样速度匀速拉动滑块,记录5组数据。

(4)单击软件界面中的“绘图”,设置“摩擦力f”为x轴,“滑动摩擦系数μ”为y轴;选“拟合”中的“线性拟合”,绘制出摩擦力f和滑动摩擦系数μ的关系图。

实验思考:

(1)为什么要匀速拉动滑块?

(2)如何才能保持滑块匀速运动?

六、实验记录和数据处理

表7-10　接触面积对摩擦力的影响

数据组	1	2	3	4	5	6
面积S						
摩擦力f						

表7-11　正压力对摩擦力的影响

数据组	1	2	3	4	5	6
正压力F_n						
摩擦力f						

表7-12　接触面粗糙度对摩擦力的影响

数据组	1	2	3	4	5	6
滑动摩擦系数μ						
摩擦力f						

七、注意事项

(1)每一次拉动滑块时,尽量保持匀速运动。

(2)改变接触面粗糙程度时,每次均需固定好粗糙度不同的垫面。

(3)每次记录数据前,传感器需先调零。

思考题

(1)摩擦力大小与哪些因素有关?

(2)在操作接触面粗糙程度对摩擦力影响实验时,为什么每次实验都要固定好不同垫面?

(3)为什么每次记录数据之前传感器都要调零?

实验三十三 探究环境因素对光合作用的影响

光合速率是光合作用强弱变化的一项指标，是指单位时间、单位叶面积吸收CO_2的量或放出O_2的量或无机物的消耗量。影响光合速率的外在因素有光照、CO_2、温度、水分、矿质营养等。光是光合作用的能量来源，是形成叶绿素的必要条件，在一定范围内，光合作用随着光的强度的增加而增强。在自然条件下，植物或多或少受到不同波长的光线照射，而这些不同波长的光对植物的光合作用是有影响的。植物所需的CO_2主要是从大气中获得的，而CO_2浓度对光合作用有重要的影响。

实验借助CO_2气体传感器、Arduino主板和安装有LuxMeter App的手机，将编好的程序分别导入Arduino软件平台，然后将它们放置在植物生长的环境中，手机LuxMeter App界面可以直接读取出植物在不同生长环境中CO_2浓度的数值。

一、实验目的

(1)通过探究，知道影响光合作用的环境因素。

(2)掌握控制变量法，设计可行实验方案并进行探究。

二、预习要点

(1)光合作用基本反应。

(2)CO_2浓度测量法。

(3)真空渗水法。

三、实验用品

生长状况基本相同的小植物盆栽3盆，透明大塑料箱子3个，透明胶带1卷，可调亮度的LED灯3盏，红蓝绿三种颜色的塑料袋各1个，MQ-135气体传感器3个，Arduino主板3个，手机3台(安装有LuxMeter App)，跳线6条，打孔器1个，注射器1个，烧杯3个，碳酸饮料雪碧1瓶，菠菜少许等。

四、实验原理

1. CO_2浓度测量法

光合作用过程中植物吸收CO_2并排出O_2，在一定密闭环境中，植物吸收CO_2的快慢与光合作用的强度密切相关。植物吸收CO_2使其浓度变化越快，光合作用越强。将植物放置在一个封闭的环境中，通过改变光照强度和光质，利用CO_2传感器检测CO_2浓度，根据CO_2浓度来比较植物光合作用的强弱。

2. 真空渗水法

在光合作用的过程中植物吸收CO_2并排出O_2，产生O_2的多少与光合作用的强度密切相关。O_2溶解度很小，积累在细胞间隙从而使下沉的叶片上浮。首先利用真空渗水法排除叶片细胞间隙中的气体，使其沉入不同浓度CO_2溶液中，然后依据光合作用过程中同等数量叶片浮起来所需时间，来比较光合作用的强弱。

实验时，将准备好的三个CO_2气体传感器、三个Arduino主板和安装有LuxMeter App的三台手机同时分别放进三个有盆栽的密封环境中。打开每一台手机中的LuxMeter App，手机显示屏可以显示出当前密封环境中CO_2浓度的数值。随着时间变化，植物光合作用强度不同，手机显示屏上显示的CO_2浓度的数值也不同，从而可以探究光照强度、不同颜色的光对植物光合作用的影响。

五、实验内容

（一）探究不同光照强度对光合作用的影响

（1）将小植物盆栽、LED灯放入3个透明大塑料箱子，将Arduino主板连接好的MQ-135气体传感器的探头和装有LuxMeter App的手机放在装置里面，MQ-135气体传感器的探头朝上，打开LuxMeter App，使其观察面朝上。

（2）盖好透明大塑料箱盖，用透明胶带把塑料箱都封好，模拟一个密闭的生态系统。

（3）调节LED灯挡位为800 lx、1 200 lx和1 600 lx，几分钟后，待LuxMeter App中可观察的数据相对稳定后，每隔5 min观察小植物盆栽光合作用所消耗CO_2浓度，记录数据。

（二）探究不同颜色的光对光合作用的影响

（1）将小植物盆栽、LED灯放入3个透明大塑料箱子里，将Arduino主板连接好的MQ-135气体传感器的探头和安装有LuxMeter App的手机放在装置里面，MQ-135气体传感器的探头朝上，打开LuxMeter App，使其观察面朝上。

（2）将绿色、红色、蓝色塑料膜分别套在LED灯上，打开LED灯，光照强度控制为350 lx，待LuxMeter App中可观察的数据相对稳定后，每隔5 min观察小植物盆栽光合作用所消耗CO_2浓度，记录数据。

（三）探究不同浓度的CO_2对光合作用的影响

（1）取生长旺盛的绿叶，用直径为1 cm的打孔器打出小圆形叶片30片。

（2）将小圆形叶片置于注射器内，并让注射器吸入凉开水，待排出注射器内残留的空气后，用手堵住注射器前端的小孔并缓缓拉动活塞，使小圆形叶片内的气体逸出，该步骤重复数次。

（3）将内部气体逸出的小圆形叶片放入黑暗处盛有清水的烧杯中待用。这样的叶片因为细胞间隙充满了水，所以全都沉到水底。

（4）配制质量浓度分别为10%、20%、30%的雪碧溶液，分别取100 mL置于3个烧杯中，并在每个烧杯中放入10片沉水的小圆形叶片，同时放置在透明的密封箱里。

（5）打开LED灯，记录每个烧杯中10片小圆形叶片全部上浮所需要的时间。

实验思考：

（1）实验中灯光为什么采用冷光？

（2）与自来水相比，将小圆形叶片放在凉开水中排气有什么优势？

六、实验记录和数据处理

表7-13　不同光照强度对光合作用的影响

光强	800 lx	1 200 lx	1 600 lx
初始			
5 min			
10 min			
15 min			
20 min			
25 min			

表7-14　不同颜色的光对光合作用的影响

光质	绿光	红光	蓝光
初始			
5 min			
10 min			
15 min			
20 min			
25 min			

表7-15 不同浓度的CO_2对光合作用的影响

小圆形叶片上浮数	10%	20%	30%
2片			
4片			
6片			
8片			
10片			

七、注意事项

(1)MQ-135气体传感器通电后,需要预热20 s左右,传感器发热属于正常现象。
(2)为避免其他无关因素的干扰,测量时气体传感器的探头朝上。
(3)确保箱子的气密性良好。
(4)制备小圆形叶片时,每组实验的小圆形叶片最好来自同一株菠菜的叶片。
(5)最好将所有实验用的圆叶片同时放入针筒内进行抽气。

思考题

(1)光照强度越大,光合作用越强?试分析原因。
(2)CO_2浓度越大,光合作用越强?试分析原因。
(3)绿叶的选择有何要求?
(4)为什么要将所有小圆形叶片同时抽气?

实验三十四　设计制作戈德堡装置

戈德堡装置(Rube Goldberg Machine)是一种设计复杂且精密的机械组合,以迂回曲折的方式和更多的步骤完成目的,极富趣味性。戈德堡装置的制作者必须运用多种原理触发连锁反应,每一个机械部件均需完美发挥作用,才能保证装置的正常运行。戈德堡装置的成功搭建需要有充足的科学知识储备,并综合运用各种科学原理。

一、实验目的

(1)掌握多种简单机械的基本概念,并应用于戈德堡装置中。

(2)基于所学的知识制订工程设计及实施方案。

(3)根据工程设计完成戈德堡装置的制作及搭建。

二、预习要点

(1)戈德堡装置的来源及内涵。

(2)戈德堡装置工程图样,其基本特点。

三、实验用品

1. 绘制用品

A2白纸、铅笔、格尺、圆规、彩笔等。

2. 触发用品

玻璃球、小铁球、纸球、玩具小车等。

3. 搭建用品

硬纸板、一次性筷子、PVC管、气球、棉线、铁架台、剪刀、美工刀、胶带、热熔胶枪等。

四、实验原理

一个基本的戈德堡装置需要满足以下几点：

(1)戈德堡装置的各环节或关卡应使用尽可能多的不同科学原理完成。较为常见的装置包含以下几种。

①斜面。

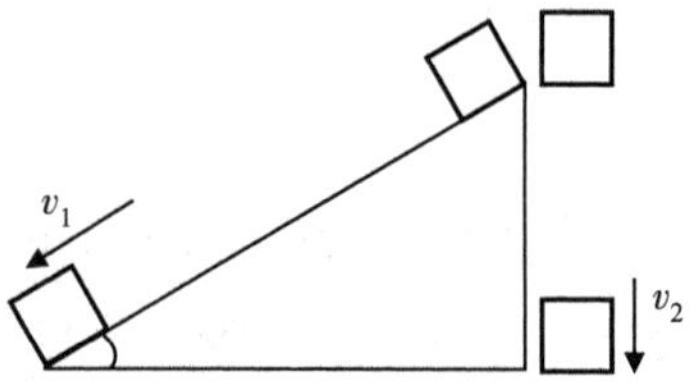

图7-6 斜面示意图

斜面是一种简单机械，与水平面呈现向上倾斜角度的平面。如图7-6所示。在戈德堡装置中，斜面通常用于减缓物体下落速度。斜面的倾角越小，斜面越长，同样高度物体运动时间越长。同时，也可以改变斜面的材质，进而改变摩擦系数，以改变物体下落的速度和时间。在实际设计过程中，也可将多个斜面组合或制作成螺旋状。

②杠杆。

杠杆是一种简单机械，是在力的作用下能绕着固定点转动的硬棒。如图7-7所示。通过力的作用点沿力的方向的直线叫作力的作用线，从支点到动力F_1的作用线的垂直距离L_1叫作动力臂，从支点到阻力F_2的作用线的垂直距离L_2叫作阻力臂。当动力×动力臂=阻力×阻力臂($F_1 \times L_1 = F_2 \times L_2$)时，杠杆就处于平衡状态。假如动力臂为阻力臂的$n$倍，则动力大小为阻力的$1/n$。动力臂越长越省力，阻力臂越长越费力。在戈德堡装置中，通常利用杠杆绕固定点转动这一特性，增长杠杆的动力臂，从而完成投射、击打等效果。

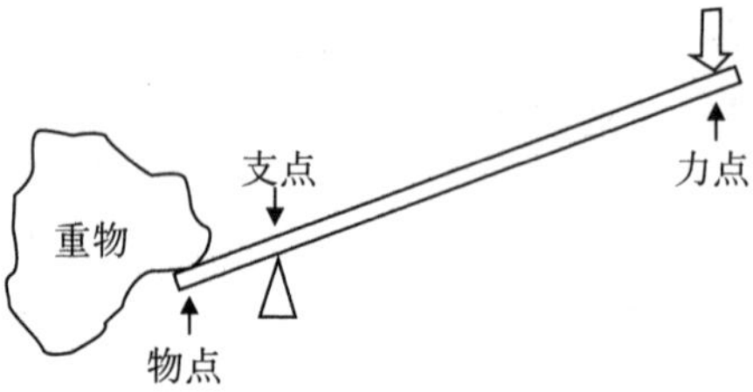

图7-7 一种省力杠杆示意图

③滑轮。

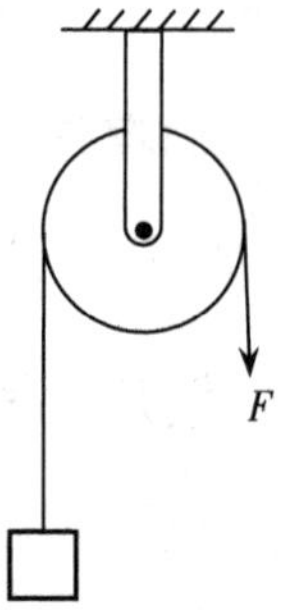

图7-8 定滑轮示意图

滑轮是一种变形的杠杆，戈德堡装置使用定滑轮较多。定滑轮是一种等臂杠杆，它的动力臂等于阻力臂，因此并不能省力，但它可以改变力的方向。如图7-8所示。利用定滑轮的原理，可以完成物体由低到高或由高到低的位移。

④轮轴。

轮轴就是由轮和轴组成，可以共同转动的机械装置。如图7-9所示。外环叫轮，内环叫轴，R为轮半径，r为轴半径，F_1为作用在轮上的力，F_2为作用在轴上的力，根据杠杆的平衡条件有：$F_1R = F_2r$（动力×轮半径=阻力×轴半径）。当动力作用在轮上，则轮轴为省力杠杆；动力作用在轴上则轮轴为费力杠杆。在戈德堡装置中，使用轮轴可以更加方便地改变力的方向，可以节省一定的材料和空间。

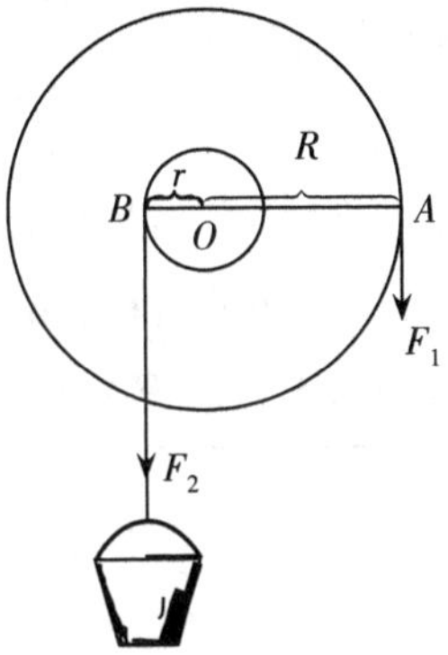

图7-9　轮轴示意图

（2）戈德堡装置是一个整体构造，除了起始环节或关卡可人为手动操作启动，其他接续的关卡均由上一个关卡结构触发后自动运行。

（3）戈德堡装置必须是过度设计的，装置使用的步骤要远多于执行简单功能所需的步骤。如通过一系列起伏的坡道、蜿蜒的通道及杠杆和滑轮将球从一个位置移动到另一个位置。

五、实验内容

（一）设计戈德堡装置

1. 确认实验任务

（1）确定戈德堡装置任务，确认最终装置要达到的目标，且目标只能在最后一个环节中被完成。可选择的任务如：升起一面小旗、使膨胀的气球突然爆破、倒一杯水、发动玩具车等。

（2）确定戈德堡装置的环节或关卡数量及装置运行的时间范围。如设置关卡在六个及六个以上，时间范围在10 s到5 min之间。

（3）确定戈德堡装置主题。戈德堡装置的情境与装饰均要与主题相关。

2. 绘制戈德堡装置工程图样

（1）参考鲁布·戈德堡在其漫画中绘制的复杂机械，绘制出一幅戈德堡装置卡通概念图。

(2)修改戈德堡装置概念图,以符合以下要求:

①装置能在现实中运行,各环节或关卡之间均能自动触发;

②装置中不能包含动物或危险物品等;

③装置各环节运用的科学原理不同;

④装置使用的材料是可获得的。

各关卡或环节设计时需要考虑连接方案,以确保装置的基本运行。戈德堡装置工程图画在表7-16中,同时标注装置搭建所需的材料及数量。

表7-16　戈德堡装置工程图

名称	制作人	材料		比例	
		数量		共　张　第　张	

(二)制作及测试戈德堡装置

1. 制作戈德堡装置

在工程图样的基础上制作戈德堡装置,根据制作的实际情况可随时修改工程图样。

2. 测试戈德堡装置

完成戈德堡装置的制作后，开始对戈德堡装置进行测试。每个装置可测试三次，以保证装置的正常运行。

表7-17 戈德堡装置测试评分表

评分项目	得分标准	分值	指标	评分
基本运作	运行流畅，未中断并完成任务	9~10	运行时，除了起始关卡可人为手动操作启动，其他接续的关卡应该由上一个关卡结构触发后自动运行；运行过程中若有中断则扣分	
	中断1~3次，在3次测试之内完成运行，并完成任务	6~8		
	中断3次以上，或3次测试之内未完成运行，或运行结束未完成任务	1~5		
环节设置	有6个及以上原理不同的环节	9~10	有6个及以上环节，环节之间的科学原理有所不同	
	有4~5个原理不同的环节	6~8		
	仅有4个以下原理不同的环节	1~5		
主题贴合	在所有环节均能贴合主题	9~10	主题需体现在作品整体设计中，各环节的情境、设计和装饰与主题贴合	
	与主题贴合较为紧密，大部分环节能体现主题	6~8		
	主题不清晰，缺少主题情境创设	1~5		
创新性	关卡设计新颖，有两个及以上多重路径设计，运用了多种技术手段	9~10	关卡的设计精巧度和新颖性；一个关卡具有两条运行路径皆可触发下一关	
	关卡设计较为新颖，有一个多重路径设计	6~8		
	没有多重路径设计，关卡设计平庸	1~5		

（三）评价及修改戈德堡装置

1. 评价戈德堡装置

在测试戈德堡装置时，使用表7-17戈德堡装置测试评分表，对戈德堡装置的基本运作、环节设置、主题贴合度以及创新性进行自评，根据自评得分提出修改建议。

2. 修改戈德堡装置

在原始装置的基础上，根据评分表及修改建议，在表7-18中绘制修改后的工程图样，并基于新图样完成戈德堡装置的制作。

表7-18 戈德堡装置工程图(修改后)

修改部分及原因					
名称	制作人	材料		比例	
		数量		共 张 第 张	

六、注意事项

(1)实验中需要根据实际情况多次修改工程图样。

(2)在搭建过程中要注意装置的稳定性,防止因搭建过高发生坍塌。

(3)实验中需要用到多种材料和工具,在使用时需注意安全。

思考题

(1)可以使用哪些材料制作戈德堡装置?如何将废旧材料应用于戈德堡装置中?

(2)将机器人编程活动融合进戈德堡装置是否可行?请设计出一个运用编程套组或传感器制作的戈德堡装置关卡。

实验三十五　设计制作杆秤

“天地之间有杆秤，那秤砣是老百姓，秤杆子挑江山，你是定盘的星……”杆秤作为中国独立发明的传统衡器，在中国应用了两千多年，其社会价值可以说是不可估量的，其制作轻巧，使用便利，让买卖中具有了人情味。它象征着公平公正，集中了东方人重直观和崇尚简洁实用的智慧，也凝结了大量精巧的工艺技术，蕴藏着丰富的专门知识，至今仍然具有特殊的科学工艺、历史人文和社会学研究价值。

一、实验目的

(1)能认识杠杆，了解动力、动力臂、阻力和阻力臂的基本概念并能识别。

(2)通过实验探究，能得出杠杆的平衡条件，并能利用杠杆平衡条件进行相关的计算。

(3)探究手提线位置、秤砣重量与秤盘重量之间的关系；设计与制作秤杆、秤盘等。

(4)能从常见工具和简单机械中识别杠杆，了解杠杆在生活中的应用，分析认识杠杆省力、费力和不省力也不费力的规律。

二、预习要点

(1)杆秤的发展历程和文化内涵。

(2)春秋战国时期墨子和古希腊阿基米德关于杠杆的论述。

(3)从日常生活中寻找杠杆的应用案例。

三、实验用品

圆木棒，不锈钢圆盘或塑料圆盘，麻绳，羊眼钉，棉线，橡皮块，铅笔，砝码，水平仪等。

四、实验原理

杠杆是一种简单机械，是在力的作用下能绕着固定点转动的硬棒。杠杆原理也称为杠杆平衡条件，如图7-10所示。力的作用线为力的作用点沿力的方向的直线，动力F_1为使杠杆转动的力；阻力F_2为阻碍杠杆转动的力；支点O为绕着转动的那个点；动力臂L_1为从支点O到动力F_1作用线的垂直距离；阻力臂L_2为支点O到阻力F_2作用线的垂直距离；要使杠杆处于平衡状态，作用在杠杆上的两个力矩($F \times L$)大小必须相等，即

$$F_1 \times L_1 = F_2 \times L_2$$

假如动力臂L_1为阻力臂L_2的n倍，则动力F_1为阻力F_2的$1/n$，即动力臂越长越省力，阻力臂越长越费力。

在使用杠杆时，为了省力，就应该用动力臂比阻力臂长的杠杆；如果想要省距离，就应该用动力臂比阻力臂短的杠杆。因此使用杠杆可以省力，也可以省距离。但是，要想省力，就必须多移动距离；要想少移动距离，就必须多费些力。要想又省力而又少移动距离，则无法实现。

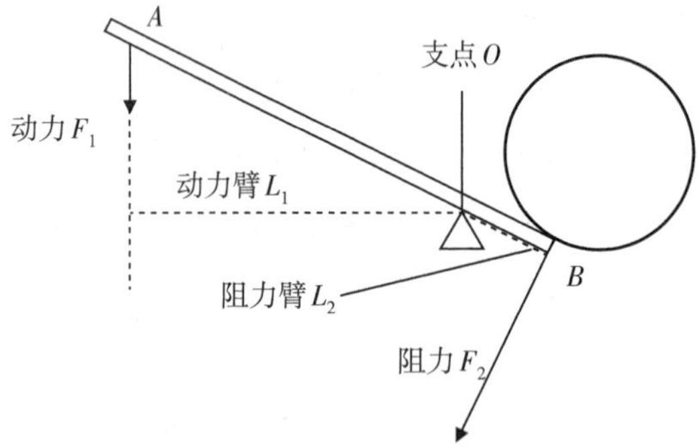

图7-10　杠杆工作原理

杆秤是秤的一种，是利用杠杆原理来称质量的简易衡器，如图7-11所示。杆秤一般是由秤杆、秤砣、提纽和秤盘(或称钩)构成，秤砣和秤盘分别位于提纽的两侧；提纽在称重的时候用来提拉整个杆秤，秤盘则是用来悬挂或承托被称重的物品。在使用的过程中，根据重物的质量左右拨动金属秤砣，以使秤杆保持平衡；根据金属秤砣的连线在秤杆上的位置读出重物的质量。

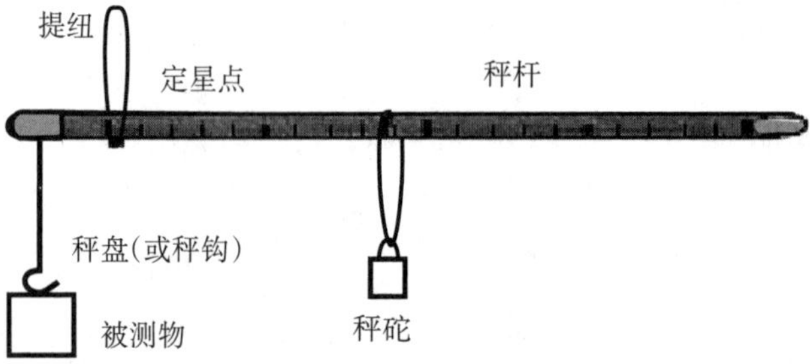

图7-11　杆秤结构

五、实验内容

1. 制作秤杆

将圆木棒切削致横截面类似椭圆形，如图7-12所示，以减小秤砣线与秤杆的接触面积，降低在称重时砣线前后移动的摩擦力，使得调节秤砣位置更加方便和灵活。此外秤杆前端（秤盘端）至后端（秤砣端）横截面须逐渐缩小。

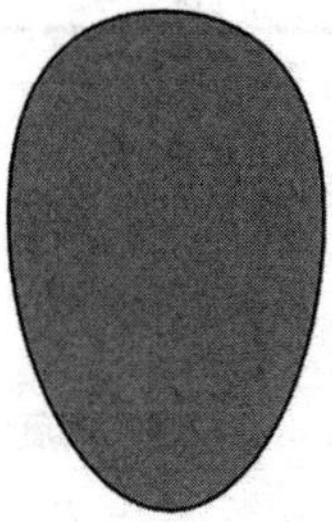

图7-12　秤杆横截面

2. 制作秤盘

不锈钢圆盘周边均匀钻3个小孔，秤杆前端1 cm处钻1个小孔并拧入羊眼钉；将麻绳的一端穿过秤盘孔系住，另一端系在秤杆前端羊眼钉上。

注意：秤盘要保持平衡。

3. 确定提纽位置

在满足最大量程的要求下确定提纽点位置；通过调整提纽的位置、调整秤盘重量、调整秤砣（橡皮块）重量，使得0刻度线位于提纽点至秤杆末端总长度的0至1/6处范围内，最大刻度线位于5/6至最末端范围内。

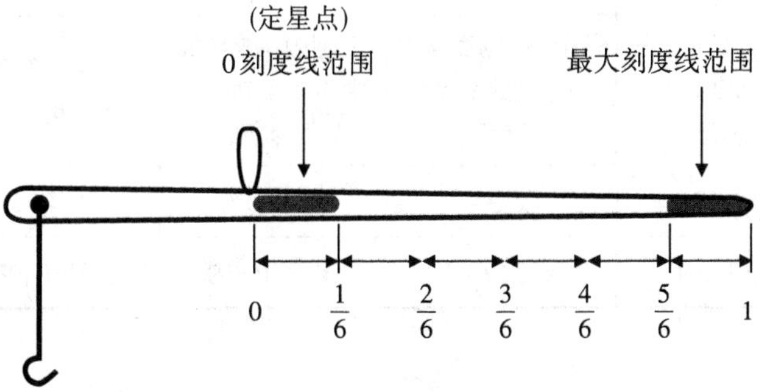

图7-13　杆秤限定条件

4. 确定0点和最大量程点

用橡皮块系上棉线作秤砣，吊到秤杆上。在秤盘中加载被测物体重量为0情况下，手提住提纽，移动秤砣，使秤杆保持平衡，用铅笔在吊线与秤杆贴合的位置上画一根刻度线，记作“0”刻度线(定星点);在秤盘中加载被测物体重量为最大量程(砝码替代)情况下,手提住提纽,移动秤砣,使秤杆保持平衡,用铅笔在吊线与秤杆贴合的位置上画一根刻度线,记作最大量程刻度线。

5. 标注刻度线

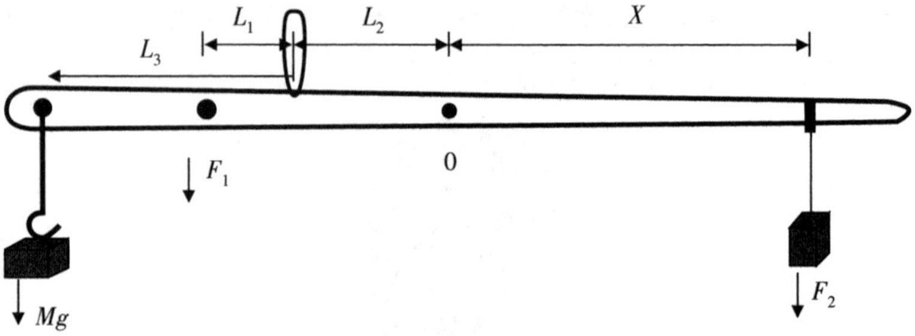

图7-14　杆秤刻度线

$$F_1 \times L_1 + Mg \times L_3 = F_2 \times (L_2 + X)$$

$$X = (g \times L_3 / F_2) \times M = C \times M$$

其中F_1为秤盘、秤钩和秤杆整体的重心力,M为被测物体的质量,g为重力常数,X为秤砣平衡移动的距离。对于一定的杆秤,被测物体阻力臂L_3和秤砣动力F_2是确定值,C为定值。由此可知,秤砣移动距离跟被测物体质量成正比,则“0”刻度线与最大量程刻度线之间距离可做等分处理,标注刻度线。

6. 杆秤评测

表7-19　杆秤测试评分表

分值	9~10分	7~8分	5~6分	3~4分	1~2分
秤杆	倒立呈鸡蛋形(上大下小明显)	标准椭圆形	基本椭圆形	圆形	其他形状
条件满足	范围内0刻度靠左和最大刻度靠右完全满足	范围内0刻度靠中和最大刻度靠中满足	范围内0刻度靠中或最大刻度靠中满足	范围内0刻度或最大刻度不满足	范围内0刻度和最大刻度都不满足
刻度标注	非常均匀	较均匀	基本均匀	不均匀	未标注
精度	误差1 g内	误差10 g内	误差20 g内	误差30 g内	没精度

思考题

(1)针对杆秤存在的以下缺点,提出自己的解决方案。

①秤杆刻度标定有赖于砣,砣若丢失,秤杆无法再使用。

②秤砣滑落伤人。

③刻度线不易辨认。

(2)在生活中寻找省力、费力和等臂杠杆,并填写表7-20。

表7-20 生活中的杠杆

省力杠杆 (动力臂>阻力臂)	$L_1>L_2$, $F_1<F_2$ 省力、费距离	例如:
费力杠杆 (动力臂<阻力臂)	$L_1<L_2$, $F_1>F_2$ 费力、省距离	例如:
等臂杠杆 (动力臂=阻力臂)	$L_1=L_2$, $F_1=F_2$ 既不省力也不费力、又不多移动距离	例如:

(3)从中国非物质文化遗产角度,思考杆秤外形的创新。

实验三十六　模拟光纤通信

光传递信息已经有几千年的历史，中国古代的烽火通信以及贝尔的“光电话”便是早期的光通信。1966年“光纤之父”高锟首次提出直径仅几微米的透明玻璃纤维可以作为传输光信号的有效手段，成为光导纤维的先驱。1970年，美国康宁公司首次拉制出了这种玻璃纤维，即光导纤维，从此拉开了现代光纤通信的帷幕。光纤即为光导纤维，光纤通信是以光波作为信息载体，以光纤作为传输媒介的一种通信方式。光纤以其传输频带宽、抗干扰性高和信号衰减小，而远优于电缆、微波。光纤通信技术是现代互联网通信的基础，是现代信息社会海量信息传输的主要途径。

一、实验目的

（1）解释光密介质、光疏介质以及全反射现象，掌握临界角的概念和全反射条件。

（2）分析光在液柱中的传播方式并能正确画出传播光路图，并进一步探究光在透明固体柱中的传输。

（3）模拟发射端电—光变换、接收端光—电变换。

二、预习要点

（1）光纤通信发展历程和“光纤之父”高锟。

（2）光纤通信优点、不足与应用领域。

三、实验原理

1. 全反射

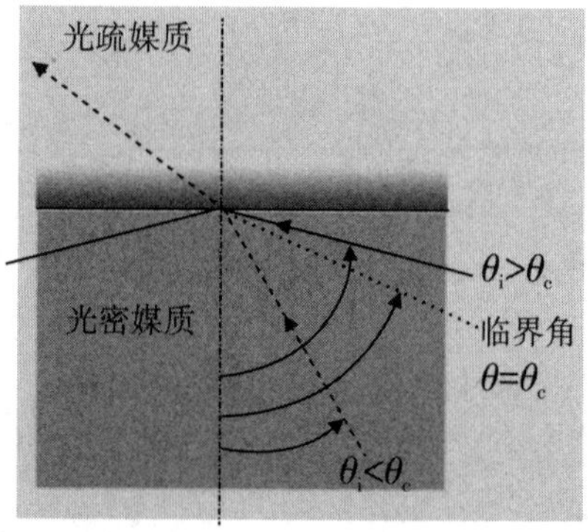

图7-15　全反射

（1）全反射。光由光密介质射向光疏介质，当入射角大于或等于临界角时，折射光全部消失，入射光全部被返回原光密介质的现象，如图7-15所示。

（2）发生全反射的条件。光必须由光密介质射向光疏介质，入射角必须大于或等于临界角，两个条件缺一不可。

（3）临界角与折射率的关系。当恰好发生全反射时，入射角等于临界角，折射角等于90°；折射率越大，对应的临界角越小，光线越容易发生全反射。

(4)全反射中的能量关系。当光线从光密介质射入光疏介质，在入射角逐渐增大的过程中，反射光的能量逐渐增强，折射光的能量逐渐减弱，当入射角等于临界角时，折射光的能量减弱为零，发生全反射。

2. 光纤通信

光纤通信系统由发射端、接收端、光传输线路和中继器等组成。

(1)发射端将数字信号转换成激光信号，主要由激光器、调制器和耦合器组成，激光器产生的激光通过调制器进行数字信号调制并送入耦合器，通过波分复用技术耦合成光信号，使信息在光纤中传播。

(2)中继器功能是补偿光的衰减，对失真的脉冲信号进行整形，对数据信号进行重新发送或者转发，借此以扩大信息传输的距离。由于光信号在光纤中传输一定距离后，光能就会衰减，从而使信息传输质量下降或失真，因此在传输过程中不得不对信息进行再次转换，使光信号转化为电信号，然后再次转化为光信号，对信息进行校对并补充传输途中所损耗的能量。

(3)接收端将激光信号转换成数字信号，主要由光电转换器、前置放大器和数字信号解调器组成，发射端发送的激光信号，通过光电转换器将激光信号转换成电信号并放大，然后通过数字信号解调器将电信号转换成数字信号，将其传输到其他设备进行后续处理。

在光纤通信系统中，光纤中传输的是二进制光脉冲0码和1码，它由二进制数字信号对光源进行通断调制而成。如果将光纤传输过来的光信号还原成电信号，就要使用光敏二极管，这种二极管具有一种特殊的性质，即受到光照后，其导电性能发生剧烈的变化，从而在电路中产生与光照强度成比例的电流变化。当光纤传输的光信号通过光敏二极管时，就可以将光信号转化成电信号。

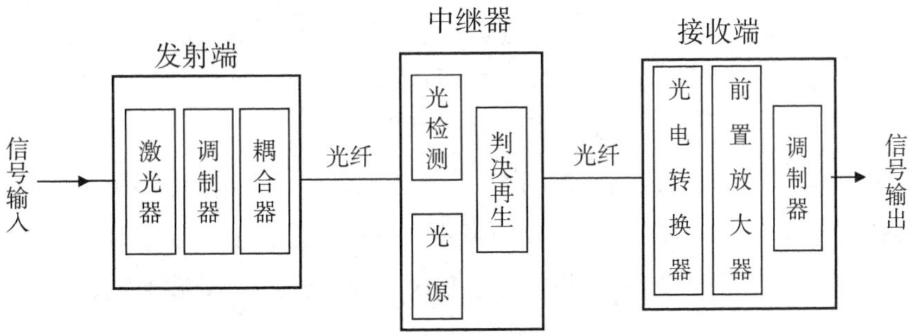

图7-16　光纤通信系统组成图

四、实验用品

(1)全反射实验：烧杯、电池、水。

(2)魔光桶实验：激光笔、一个空矿泉水塑料瓶、水、奶粉。

(3)模拟光纤通信：电子线路板(小蜜蜂扩音器或收音机中废旧模块)、变压器(220 V，50 Hz，18 V)、发光二极管、光敏二极管、电阻、纯牛奶、输液管(直径约2.5 mm，长度约1 m)，带功率放大功能的扬声器，导线若干。

五、实验内容

(一)全反射实验

在一个空烧杯后放一节电池，从杯口的斜上方向下看，可以看到烧杯后的电池，在烧杯中倒入适量水后，再从水面的斜上方向下看，发现烧杯后面的电池不见了，即光从水射向空气时，发生了全反射现象。

(二)魔光桶实验

在空矿泉水塑料瓶靠近底部侧面钻一个小孔，将溶有少许奶粉的水装满瓶子，盖上瓶盖，由于大气压强的作用，水不会流出。旋开瓶盖，当水从小孔中流出时，把激光射向小孔，水流带着激光流动，每一颗水珠都在闪闪发亮。注意到光线会被“束缚”在水流中，这个实验正是由于光在水流和空气的边界上发生了全反射，光线才能随着水流流动。

(三)模拟光纤通信

(1)光纤通信模拟思路。

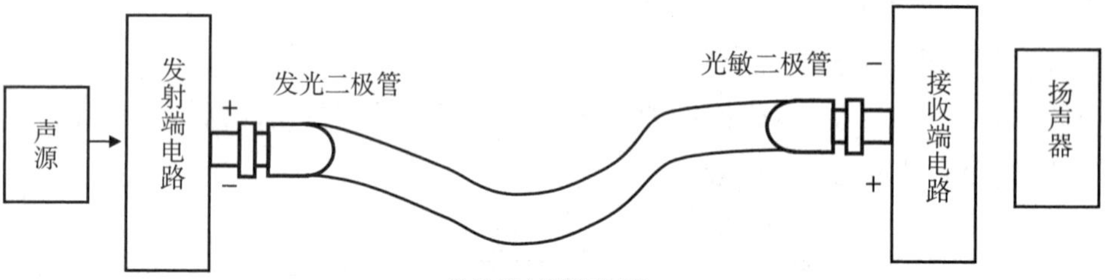

图7-17　光纤传输实验装置

如图7-17所示，选择音乐播放器、手机或收音机等作为声源，将卸下耳机头的耳机接线端与发射端相连接。接收端连接一个扬声器。主体部分由发射端、接收端、模拟光纤三部分组成，发射端和接收端之间由模拟光纤连接。模拟光纤由一截输液管加入纯水并滴入适量的纯牛奶形成的胶体(胶体略显乳白色即可，若浓度太高，散射现象就会变得明显，反而会使得光迹模糊不清)组成。同时为达到满意的信号传输效果，管内不能有气泡。发光二极管和光敏二极管套装在输液管的两端。当声源接通发光二极管发光后，通过输液管将光信号传送到另一端，光敏二极管接收到光信号后将信号传送至接收端进行处理，然后送到音箱，还原出声音信号。

（2）发射端。

如图7-18所示，采用音乐播放器、手机或收音机提供音频信号，由于其耳机接口发送的音频电信号较弱，故在发射端需加装一个放大电路，信号放大后驱动发光二极管A_1，发光二极管发出的光信号随着音频的强弱发生闪烁。如图7-19所示，放大电路也可以采用变压器来实现。

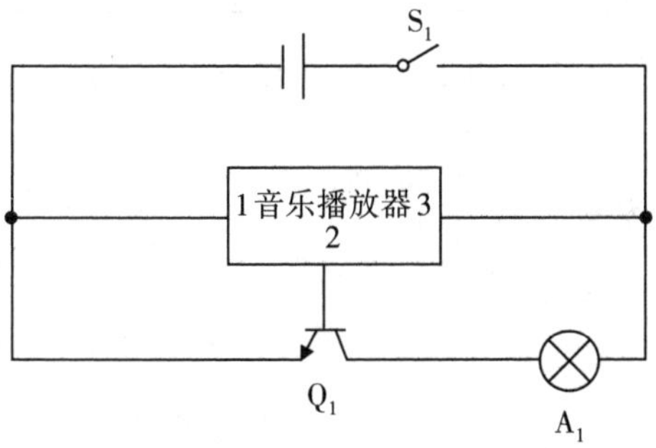

图7-18　发射端电路

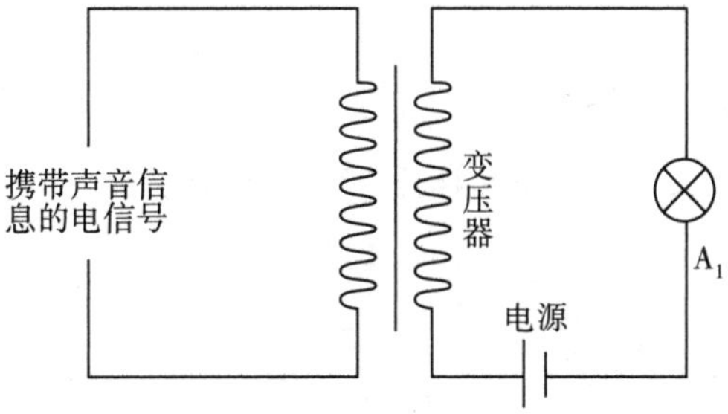

图7-19　放大电路

（3）接收端。

如图7-20，发光二极管发出的光信号经模拟光纤传送到接收部分的光敏二极管V_1，V_1将光信号转换为电信号经三极管Q_2调制和升压电感L_1放大，推动扬声器发出声音。

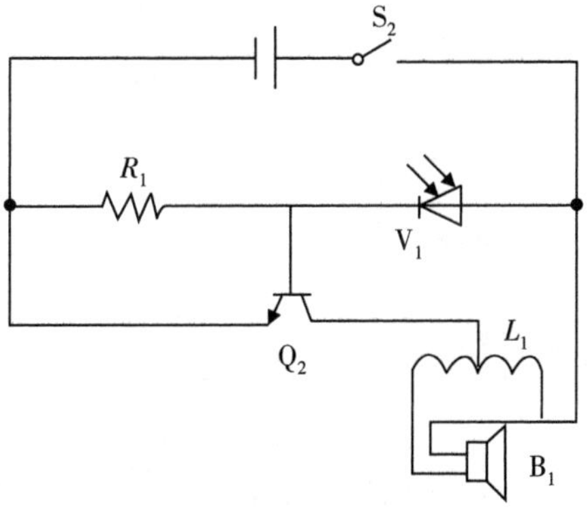

图7-20　接收端电路

（4）元件的选择。

红色发光二极管选用高亮度的，光敏二极管选择亮阻尽量小和暗阻尽量大的，因为发射端设计了放大电路，因此声源可以是音乐播放器、手机等。

（5）演示。

将声源打开，发光二极管就开始闪烁，同时接收部分的扬声器发出悦耳的音乐（如果有杂音，可以调节滑动变阻器减少杂音）。因为信息是靠光传输的，所以这时只要将输液管捏扁，声音就会消失或因受到阻塞而减弱。但在弯折输液管时，只要曲率不太大，便能保证光传导的全反射，感觉不到声音的任何变化。

(6)测试评分。

表7-21　模拟光纤通信测试评分表

9~10分	7~8分	5~6分	3~4分	1~2分
声音清晰 无杂音	声音较清晰 偶尔性点杂音	声音一般清晰 间断性段杂音	声音较模糊连续性杂音	声音很模糊、听不清

思考题

使用生活中的材料,设计可演示全反射现象的方案。

附 录

附录1 中华人民共和国法定计量单位

1. 国际单位制(SI)的基本单位

量		单位	
名称	符号	名称	符号
长度	l	米	m
质量	m	千克(公斤)	kg
时间	t	秒	s
电流	I	安[培]	A
热力学温度	T	开[尔文]	K
物质的量	n	摩[尔]	mol
发光强度	I_V	坎[德拉]	cd

2. 常用的SI导出单位

量		单位		
名称	符号	名称	符号	用SI基本单位和SI导出单位表示
频率	ν	赫[兹]	Hz	1 Hz=s^{-1}
能量	E	焦[耳]	J	1 J=1 N·m
力	F	牛[顿]	N	1 N=1 kg·m/s^2
压力	p	帕[斯卡]	Pa	1 Pa=1 N/m^2
功率	P	瓦[特]	W	1 W=1 J/s
电荷量	Q	库[仑]	C	1 C=1 A·s
电位;电压;电动势	U	伏[特]	V	1 V=1 W/A
电阻	R	欧[姆]	Ω	1 Ω=1 V/A
电导	G	西[门子]	S	1 S=1 Ω^{-1}
摄氏温度	t	摄氏度	℃	1 ℃ =1 K

3. SI词头

因数	词头名称		符号	因数	词头名称		符号
	英文	中文			英文	中文	
10^{15}	peta	拍[它]	P	10^{-1}	deci	分	d
10^{12}	tera	太[拉]	T	10^{-2}	centi	厘	c
10^{9}	giga	吉[咖]	G	10^{-3}	millli	毫	m
10^{6}	mega	兆	M	10^{-6}	micro	微	μ
10^{3}	kilo	千	k	10^{-9}	nano	纳[诺]	n
10^{2}	hecto	百	h	10^{-12}	pico	皮[可]	p
10^{1}	deca	十	da	10^{-15}	femto	飞[母托]	f

4. 某些可与国际单位制单位并用的我国法定计量单位

量的名称	单位名称	单位符号	与SI单位的关系
时间	分	min	1 min = 60 s
	[小]时	h	1 h = 60 min = 3 600 s
	日(天)	d	1 d = 24 h = 86 400 s
体积	升	L,(l)	1 L = 1 dm^3 = 10^{-3} m^3
质量	吨	t	1 t = 10^3 kg

附录2　常用物理量及其数值

物理量	数值
真空中光速	$c = 3.00\times10^{8}$ m/s
标准重力加速度	$g = 9.8$ m/s^{2}
摩尔气体常数	$R = 8.314$ J/(mol·K)
玻尔兹曼常数	$k = R/N_{A} = 1.38\times10^{-23}$ J/K
阿伏伽德罗常数	$N_{A} = 6.02\times10^{23}$ mol^{-1}
标准大气压	$p = 1.01325\times10^{5}$ Pa
基本电荷	$e = 1.60\times10^{-19}$ C
电子质量	$m_{e} = 9.11\times10^{-31}$ kg
真空电容率	$\varepsilon_{0} = 8.85\times10^{-12}$ F/m
真空磁导率	$\mu_{0} = 4\pi\times10^{-7}$ H/m
电子荷质比	$e/m_{e} = 1.76\times10^{-11}$ C/kg
质子质量	$m_{p} = 1.67\times10^{-27}$ kg
中子质量	$m_{n} = 1.67\times10^{-27}$ kg
普朗克常量	$h = 6.63\times10^{-34}$ J·s
斯特藩-玻尔兹曼常量	$\delta = 5.67\times10^{-8}$ W/(m^{2}·K^{4})

附录3　试剂溶液配制表

常用酸、碱溶液的配制

化学式	名称	密度(20 ℃) ρ_B/(g/mL)	质量分数 $w_B\times100$	物质的量浓度 c_B(mol/L)	配制方法
H_2SO_4	浓硫酸	1.84	98	18	
	稀硫酸	1.18	25	3	将浓硫酸167 mL稀释至1 L
	稀硫酸	1.06	9	1	将浓硫酸55 mL稀释至1 L
HNO_3	浓硝酸	1.42	68	16	
	稀硝酸	1.20	32	6	将浓硝酸375 mL稀释至1 L
	稀硝酸	1.07	12	2	将浓硝酸125 mL稀释至1 L
HCl	浓盐酸	1.19	38	12	
	稀盐酸	1.10	20	6	将浓盐酸498 mL稀释至1 L
	稀盐酸	1.03	7	2	将浓盐酸165 mL稀释至1 L
H_3PO_4	浓磷酸	1.69	85	15	
	稀磷酸	1.15	26	3	将浓磷酸205 mL稀释至1 L
CH_3COOH	冰醋酸	1.05	99	17	
	稀醋酸	1.02	12	2	将116 mL冰醋酸稀释至1 L
HF	氢氟酸	1.13	40	23	
HBr	氢溴酸	1.38	40	7	
HI	氢碘酸	1.70	57	7.5	
H_2S	氢硫酸			0.1	H_2S气体饱和水溶液(新制)
$NH_3\cdot H_2O$	浓氨水	0.88	28	15	
	稀氨水	0.96	11	6	将浓氨水400 mL稀释至1 L
	稀氨水	0.98	4	2	将浓氨水133 mL稀释至1 L
NaOH	浓氢氧化钠溶液	1.43	40	14	将NaOH 572 g用少量水溶解，稀释至1 L
	稀氢氧化钠溶液	1.22	20	6	将NaOH 240 g用少量水溶解，稀释至1 L
	稀氢氧化钠溶液	1.09	8	2	将NaOH 80 g用少量水溶解，稀释至1 L
$Ba(OH)_2$	饱和氢氧化钡溶液	—	2	0.1	饱和溶液，将氢氧化钡16.7 g用1 L水溶解
$Ca(OH)_2$	饱和氢氧化钙溶液	—	0.025	—	饱和溶液，将氢氧化钙1.9 g用1 L水溶解

常用酸碱指示剂配制表

指示剂	变色范围pH	酸色	碱色	配制方法
甲基橙	3.1~4.4	红	黄	0.05% 水溶液
甲基红	4.4~6.2	红	黄	0.1% 的60% 乙醇溶液
石蕊	4.5~8.3	红	蓝	加水溶解石蕊，搅拌、静置一夜后过滤，滤液稀释至1%
酚酞	8.0~10.0	无色	红	0.5% 的90% 乙醇溶液

附录4　溶解性表

不同温度下常见物质的溶解度表[g/(100g　H_2O)]

化合物	0 ℃	20 ℃	40 ℃	60 ℃	80 ℃	100 ℃
AgCl		1.5×10^{-4}				
$AgNO_3$	*122	216	311	440	585	733
$AlCl_3$	43.9	45.8	47.3	48.1	48.6	49.0
$Al_2(SO_4)_3$	31.2	36.4	45.8	59.2	73.0	89.0
$CaCl_2\cdot6H_2O$	59.5	74.5	128	137	147	159
$Ca(HCO_3)_2$	16.2	16.6	17.1	17.5	18.0	18.4
$Ca(OH)_2$	0.189	0.173	0.141	0.121	0.094	0.076
$CuSO_4\cdot5H_2O$	23.1	32.0	44.6	61.8	83.8	114
$FeCl_2$	49.7	62.5	70.0	78.3	88.7	94.9
$FeCl_3\cdot6H_2O$	*74.4	91.8			525.8	*535.7
$FeSO_4\cdot7H_2O$	15.65	26.5	40.2			
KCl	*27.6	34.0	40.0	45.5	51.1	*56.7
$K_2Cr_2O_7$	*4.9	12	26	43	61	*102
KNO_3	*13.3	31.6	61.3	106	167	*247
KOH	95.7	112	134	154		*178
$MgCl_2$	52.9	*54.3	57.5	61.0	66.1	*72.7
$Mg(OH)_2$		$*9\times10^{-4}$(18℃)				$*4\times10^{-3}$
NaCl	*35.7	36.0	36.6	37.3	38.4	*39.12
Na_2CO_3	*7.1	21.5	49.0	46.0	43.9	*45.5
$NaHCO_3$	*6.9	9.6	12.7	*16.4		
NaOH	*42	109	129	174		*347
NH_4Cl	*29.7	37.2	45.8	55.3	65.6	77.3

注：本表中有*标记的数据摘自 R C Weast，Handbook of Chemistry and physics 68th edition（1987—1988），其余数据摘自 John A. Dean Lange's Handbook of Chemistry 13th edition（1985）。

附录5　危险药品分类及管理

危险化学品是指具有毒害、腐蚀、爆炸、燃烧、助燃等性质，对人体、设施、环境具有危害的剧毒化学品和其他化学品。科学实验室常见的危险化学品可按危害性分为以下几类来管理。

类别	举例	性质	注意事项
爆炸品	硝酸铵	遇高热、摩擦、撞击等，引起剧烈反应，放出大量气体和热量，产生猛烈爆炸	存放于阴凉、干燥处。轻拿、轻放
易燃液体	酒精	沸点低，易挥发，遇火则燃烧，甚至引起爆炸	存放阴凉处，远离热源。使用时注意通风
易燃固体	红磷、硫	燃点低，受热、摩擦、撞击或遇氧化剂，可引起剧烈连续燃烧、爆炸	存放于阴凉处，远离热源。使用时注意通风
易燃气体	氢气、甲烷	因撞击、受热引起燃烧。与空气按一定比例混合，会爆炸	使用时注意通风。如为钢瓶气，不得在实验室存放
遇水易燃品	钠、钾	遇水剧烈反应，产生可燃气体并放出热量，会引起燃烧	保存于煤油中，切勿与水接触
自燃物品	黄磷	在适当温度下被空气氧化、放热，达到燃点而引起自燃	保存于水中
氧化剂	高锰酸钾、硝酸钾、过氧化氢、过氧化钠	具有强氧化性，遇酸、受热、与有机物、易燃品、还原剂等混合时，因反应易引起燃烧或爆炸	不得与易燃品、爆炸品、还原剂等一起存放
强酸、强碱腐蚀性药品	盐酸、硫酸、氢氧化钠	具有腐蚀性，触及物品造成腐蚀、破坏，触及人类皮肤，引起化学烧伤	不要与氧化剂、易燃品、爆炸品放在一起
剧毒品	氰化钾	剧毒，少量侵入人体（误食或接触伤口）引起中毒，甚至死亡	不建议存放